高职高专工程造价专业系列教材

工 程 造 价 控 制

刘　镇　主编

中国建材工业出版社

图书在版编目（CIP）数据

工程造价控制/刘镇主编．—北京：中国建材工业出版社，2010.4
（高职高专工程造价专业系列教材）（2018.1 重印）
ISBN 978-7-80227-601-7

Ⅰ．①工… Ⅱ．①刘… Ⅲ．①建筑造价管理—高等学校：技术学校—教材 Ⅳ．①TU723.3

中国版本图书馆 CIP 数据核字（2010）第 056880 号

内 容 简 介

本书内容主要包括工程造价概论、工程造价的构成、工程造价的计价依据与方法、建设项目决策阶段工程造价控制、建设项目设计阶段工程造价控制、建设项目招标投标阶段工程造价控制、建设项目施工阶段工程造价控制、建设项目竣工阶段工程造价控制。

本书通俗易懂、内容新颖、实用性强，可作为高等职业院校工程造价及其他相关专业的教材，也可作为工程造价人员的学习指导用书或常备工具书。

工程造价控制
刘 镇 主编

出版发行：中国建材工业出版社
地 址：北京市海淀区三里河路 1 号
邮 编：100044
经 销：全国各地新华书店
印 刷：北京鑫正大印刷有限公司
开 本：787mm×1092mm 1/16
印 张：15.5
字 数：392 千字
版 次：2010 年 4 月第 1 版
印 次：2018 年 1 月第 5 次
书 号：ISBN 978-7-80227-601-7
定 价：**36.00** 元

本社网址： www.jccbs.com.cn
本书如出现印装质量问题，由我社发行部负责调换。联系电话：(010)88386906

《高职高专工程造价专业系列教材》编委会

丛书顾问：杨文锋

丛书编委：（按姓氏笔画排序）

刘　镇　张　彤　张　威

张万臣　邱晓慧　杨桂芳

吴志红　庞金昌　姚继权

洪敬宇　徐　琳　黄　梅

盖卫东　虞　骞

《工程造价控制》编委会

主　编：刘　镇

参　编：卜泰巍　王旦阳　丛日旭

付　佳　刘恩娜　宋万成

宋　涛　李晓明

前　言

《工程造价控制》是工程造价专业的主干课程。其主要任务是通过本课程的学习使学生掌握建筑工程造价的控制理论和控制方法，为将来在工程造价工作岗位上较好地完成工程造价控制工作打好基础。

本教材根据当前工程造价的计算及控制的实际情况编写，重点介绍从投资估算阶段到竣工决算期间工程造价如何进行控制，并辅以相关的例题。总的来说，本书具有如下三大特色：

1. 具备完整的知识体系

从工程造价的构成到竣工决算的控制，每一章既是独立的知识体系，又前后互相关联。从投资估算到竣工决算，对每一阶段如何控制工程造价都进行了详细的讲解，信息量大，层次分明，重点突出，结构合理。

2. 参考全国造价师职业资格考试用教材

本书参考了全国造价师考试用的教材，因此也针对造价师考试的特点要求，编排了一些有针对性的习题，可以为学生在毕业后考取造价师打下一定的基础。

3. 便于教学，零距离上岗

在每一章的开头都给出了“重点提示”，结尾又附上“上岗工作要点”，使本教材尽可能地做到理论与实践相结合。此外，本教材在重要的公式下方都有详细的例题讲解，便于老师教学和学生参考。课后的思考题或习题可以随堂考察学生对基本概念和计算方法的理解。

在此，谨向为本书做出贡献的各位老师表示衷心的感谢。编者水平有限，书中论述的内容若有不妥之处，希望广大读者予以批评指正。

编　者

2010.1

目　　录

第1章 工程造价概论

重 点 提 示

1. 熟悉工程造价的基本概念。
2. 掌握工程造价的基本内容。

1.1 工程造价的基本概念

1.1.1 工程造价的定义

工程造价是指进行一个工程项目的建造所需要花费的全部费用，即从工程项目确定建设意向直至建成、竣工验收为止的整个建设期间所支出的总费用，这是保证工程项目建造正常进行的必要资金，是建设项目投资中最主要的部分。工程造价主要由工程费用和工程其他费用组成。

我们可以从两方面理解工程造价。

第一种含义：工程造价是指建设一项工程预期开支或实际开支的全部固定资产投资费用。显然，这一含义是从投资者——业主的角度来定义的。投资者选定一个投资项目，为了得到预期的效益，就要经过项目评估进行决策，然后进行设计招标、工程招标，直到竣工验收等一系列投资管理活动。在投资活动中所支付的全部费用就形成了固定资产和无形资产。所有开支就构成了工程造价。从这个意义上说，工程造价就是工程投资费用，建设项目工程造价就是建设项目固定资产投资。

第二种含义：工程造价是指工程价格。即为了建成一项工程，预计或实际在土地市场、设备市场、技术劳务市场以及承包市场等交易活动中所形成的建筑安装工程的价格和建设工程总价格。显然，工程造价的第二种含义是以社会主义商品经济和市场经济为前提的。工程造价以工程这种特定的商品形式作为交易对象，通过招标投标或其他交易方式，在进行多次预估的基础上，最终由市场形成的价格。

通常情况，人们将工程造价的第二种含义认定为工程承发包价格。可以肯定，承发包价格是工程造价中一种重要的，也是最典型的价格形式。它是在建筑市场通过招标投标，由需求主体—投资者和供给主体—承包商共同认可的价格。由于建筑安装工程价格在项目固定资产中占有50%～60%的份额，又是工程建设中最活跃的部分；由于建筑企业是建设工程的实施者，且具有重要的市场主体地位，所以工程承发包价格被界定为工程造价的第二种含义，很有现实意义。但是，如上所述，这样界定对工程造价的含义理解比较狭窄。

工程造价的这两种含义，是从不同角度来把握同一事物的本质。对建设工程的投资者来说，在市场经济条件下的工程造价就是项目投资，是“购买”项目要付出的价格；同时也是投资者在作为市场供给主体时“出售”项目时定价的基础。而对于承包商、供应商和规划、设计等机构来说，工程造价是他们作为市场供给主体出售商品和劳务的价格的总和，或者是特定范围的工程造价，例如建筑安装工程造价。

工程造价的两种含义是对客观存在的概括。它们既共生于一个统一体，又相互区别。最主要的区别是需求主体和供给主体在市场追求的经济利益不同，所以管理的性质和管理目标不同。从管理性质来看，前者属于投资管理范畴，后者属于价格管理范畴，但二者又互相交叉。从管理目标来看，作为项目投资或投资费用，投资者在进行项目决策和项目实施过程中，首先追求的是决策的正确性。投资是一种为实现预期收益而垫付资金的经济行为，项目决策是重要的一环。项目决策中投资数额的大小、功能和价格（成本）比是投资决策最重要的依据。其次，在项目实施中完善项目功能，提高工程质量，减少投资费用，按期或提前交付使用，是投资者始终最关注的问题。所以，降低工程造价是投资者始终如一的追求。作为工程价格，承包商所关注的是利润，为此，承包商一般追求的是较高的工程造价。不同的管理目标，反映了他们不同的经济利益，但他们都要受那些支配价格运动的经济规律的影响和调节。他们之间的矛盾是市场的竞争机制和利益风险机制的必然反映。

区别工程造价的两种含义，理论意义在于为投资者和以承包商为代表的供应商市场行为提供理论依据。当政府提出降低工程造价时，他是站在投资者的角度充当着市场需求主体的角色；当承包商提出要提高工程造价、提高利润率，并获得更大的实际利润时，他是要实现一个市场供给主体的管理目标。这是市场运行机制的必然。不同的利益主体绝不能混为一谈。

1.1.2 工程造价的特点

（1）大额性

能够发挥投资效用的任何一项工程，不但实物形体庞大，而且造价高昂。动辄数百万、数千万、数亿、十几亿，特大型工程项目的造价可达百亿、千亿元人民币。工程造价的大额性使其关系到有关各方面的重大经济利益，同时也对宏观经济产生重大影响。这就决定了工程造价的特殊地位，同时也说明了工程造价管理的重要意义。

（2）个别性、差异性

任何一项工程都有其特定的用途、功能、规模。所以，对每一项工程的结构、造型、空间分割、设备配置和内外装饰都有其具体要求，因而使工程内容和实物形态具有个别性、差异性。产品的差异性决定了工程造价的差异性。同时，每项工程所处的地区、地段的不同，使这一特点得到了强化。

（3）动态性

任何一项工程从决策到竣工交付使用，都会有一个较长的建设期间，而且由于不可控因素的影响，在预计工期内，许多影响工程造价的动态因素，例如工程变更，设备材料价格，工资标准以及费率、利率、汇率等发生变化。这种变化必然会影响到造价的变动。因此，工程造价在整个建设期中处于不确定状态，直至竣工决算后才能最终确定工程的实际造价。

（4）层次性

造价的层次性取决于工程的层次性。一个建设项目通常含有多个能够独立发挥设计效能的单项工程（例如车间、写字楼、住宅楼等）。一个单项工程又是由能够各自发挥专业效能的多个单位工程（例如土建工程、电气安装工程等）组成。与此相适应，工程造价有 3 个层次：建设项目总造价、单项工程造价及单位工程造价。如果专业分工更细，单位工程的组成部分——分部、分项工程也可以成为层次中的部分，这样工程造价的层次就增加了分部工程和分项工程而成为 5 个层次。

(5) 兼容性

工程造价的兼容性首先表现在第 1.1.1 节工程造价的定义中工程造价的两种含义，其次表现在工程造价构成因素的广泛性及复杂性。在工程造价中，首先，成本因素非常复杂。其中为获得建设工程用地支出的费用、项目可行性研究和规划设计费用、与政府一定时期政策（特别是产业政策和税收政策）相关的费用占有相当的份额。其次，赢利的构成也比较复杂，资金成本较大。

1.1.3 工程造价的作用

(1) 工程造价是项目决策的依据

建设工程的投资大、生产和使用周期长等特点决定了项目决策的重要性。工程造价决定着项目的一次投资费用。投资者是否有足够的财务能力支付这笔费用，是否认为值得支付这项费用，是在项目决策中要考虑的主要问题。财务能力是一个独立的投资主体必须首要解决的问题。若建设工程的价格超过投资者的支付能力，就会迫使其放弃拟建的项目；若项目投资的效果达不到预期目标，投资者也会自动放弃拟建的项目。所以，在项目决策阶段，建设工程造价就成为项目财务分析和经济评价的重要依据。

(2) 工程造价是制定投资计划和控制投资的依据

工程造价在控制投资方面的作用非常显著。工程造价是通过多次预估，最终通过竣工决算确定下来的。每一次预估的过程就是对造价控制的过程；而每一次估算对下一次估算又都是对造价严格的控制，具体来说，每一次估算都不能超过前一次估算的一定幅度。这种控制是在投资者资金能力限度内为取得既定的投资效益所必需的。建设工程造价对投资的控制也表现在利用其制定各类定额、标准和参数，对建设工程造价的计算依据进行控制。在市场经济利益风险的机制作用下，造价对投资的控制作用成为投资内部的约束机制。

(3) 工程造价是筹集建设资金的依据

投资体制的改革和市场经济的建立，要求项目的投资者必须有非常强的筹资能力，以保证工程建设有足够的资金供应。工程造价基本决定了建设资金的需求量，从而为筹集资金提供了比较准确的依据。当建设资金来源于金融机构的贷款时，金融机构在对其项目的偿贷能力进行评估的基础上，也需要依据工程造价来确定给予投资者的贷款金额。

(4) 工程造价是评价投资效果的重要指标

工程造价是一个包含多层次工程造价的体系，就一个工程项目来说，它既是建设项目的总造价，又包含单项工程的造价及单位工程的造价，同时也包含单位生产能力的造价，或是每平方米建筑面积的造价等。所有这些，使工程造价自身形成了一个指标体系。它不仅能够为评价投资效果提供多种评价指标，而且能够形成新的价格信息，为类似项目的投资提供参考。

(5) 工程造价是合理利益分配和调节产业结构的手段

工程造价的高低，涉及国民经济各部门及企业间的利益分配的多少。在市场经济体制下，工程造价也无例外地受供求状况的影响，并在围绕价值的波动中实现对建设规模、产业结构和利益分配的调节。加上政府正确的宏观调控和价格政策导向，工程造价在这方面的作用也会充分发挥出来。

1.1.4 工程造价的职能

工程造价的职能除一般商品价格职能以外，还具有特殊职能。

(1) 预测职能

工程造价的大额性和多变性，无论是投资者或者是承包商都要对拟建的工程进行预先测算。投资者预先测算工程造价不仅作为项目决策依据，而且也是筹集资金、控制造价的依据。承包商对工程造价的测算，既为投标决策提供依据，也为投标报价和成本管理提供了依据。

（2）控制职能

工程造价的控制职能表现在两个方面：一是它对投资的控制，即在投资的各个阶段，根据对造价的多次性预估，对造价进行全过程、多层次的控制；二是对以承包商为代表的商品和劳务供应企业的成本控制。在价格一定的条件下，企业实际成本开支决定企业的赢利状况。成本越高，赢利越低。若成本高于价格，就会危及企业的生存。因此，企业要以工程造价来控制成本，利用工程造价提供的信息资料作为控制成本的依据。

（3）评价职能

工程造价是评价总投资和分项投资的合理性以及投资效益的主要依据之一。在评价土地价格、建筑安装产品及设备价格的合理性时，就必须利用工程造价资料；在评价建设项目偿贷能力、获利能力和宏观效益时，也要依据工程造价资料。工程造价也是评价建筑安装企业管理水平和经营成果的重要依据。

（4）调节职能

工程建设直接关系到经济增长水平，也直接关系到国家重要资源分配和资金的流向，对国计民生都会产生重大的影响。所以，国家对建设规模、结构进行宏观调控是在任何条件下都不可或缺的，对政府投资项目进行直接调控和管理也是非常必要的。这些都要通过工程造价来对工程建设中的物质消耗水平、建设规模、投资方向等进行调节。

工程造价职能的实现最主要的条件是市场竞争机制的形成。在现代市场经济中，要求市场主体要有其自身独立的经济利益，并能根据市场信息（特别是价格信息）和利益取向来决定其经济行为。只有在这种条件下，才能实现工程造价的基本职能和其他各项职能。所以，建立和完善市场机制，创造公平竞争环境是十分迫切而且重要的任务。

1.2 工程造价的基本内容

工程造价的基本内容主要包括：设备及工器具购置费用，建筑安装工程费用，工程建设其他费用，预备费，建设期利息等。具体内容如图 1-1 所示。

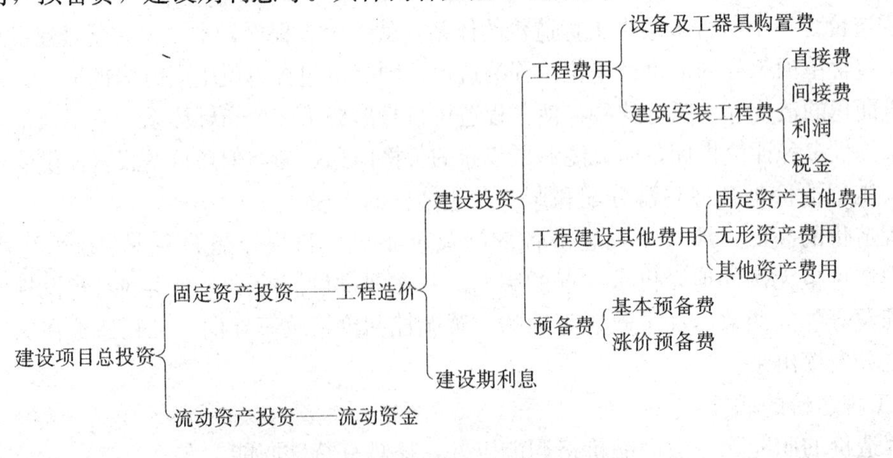

图 1-1 工程造价的基本内容

注：图中列示的项目总投资主要是指在项目可行性研究阶段用于财务分析时的总投资构成，在“项目

报批总投资”或“项目概算总投资”中只包括铺底流动资金，其金额通常为流动资金总额的30%。

上岗工作要点

对工程造价有基本的认识和了解。

思 考 题

1-1 工程造价两种含义的主要区别?

1-2 工程造价的特点有哪些?

1-3 工程造价的作用有哪些?

1-4 什么是工程造价?

1-5 为什么说工程造价是筹集建设资金的依据?

1-6 工程造价有哪些职能?

1-7 工程造价的控制职能具体表现在哪几个方面?

1-8 工程造价的基本内容主要包括哪些?

第2章 工程造价的构成

重 点 提 示

1. 掌握设备及工器具购置费的构成。
2. 掌握建筑安装工程费用的构成。
3. 了解工程建设其他费用构成。
4. 了解预备费、建设期贷款利息、固定资产投资方向调节税。

2.1 概述

2.1.1 我国现行建设项目总投资及工程造价的构成

建设项目总投资包含流动资产投资和固定资产投资两部分，固定资产投资和工程造价在量上相等。工程造价的构成按工程项目建设过程中各类费用支出或花费的性质、途径来确定，是通过费用划分和汇集所形成的工程造价的费用来分解结构。工程造价的基本构成中，包括用于购买工程项目所含各种设备的费用，用于购置土地的费用，也包括用于建设单位自身进行项目筹建和项目管理所花费的费用等。总之，工程造价是工程项目按照确定的建设内容、建设规模、建设标准、功能要求和使用要求等全部建成并验收合格交付使用所需的全部费用。

工程造价的具体构成参见图1-1，本章中分别给出了相应的介绍。

2.1.2 世界银行工程造价的构成

1978年，世界银行、国际咨询工程师联合会对项目的总建设成本（相当于我国的工程造价）作了统一规定，工程项目总建设成本包括直接建设成本、间接建设成本、应急费及建设成本上升费等。现将各部分内容详述如下。

（1）项目直接建设成本

项目直接建设成本包括下列内容：

1）土地征购费。

2）场外设施费用，例如道路、码头、桥梁、机场、输电线路等设施费用。

3）场地费用，是指用于场地准备、厂区道路、铁路、围栏、场内设施等的建设费用。

4）设备安装费，是指设备供应商的监理费用，本国劳务及工资费用，辅助材料、施工设备、消耗品和工具等费用，以及安装承包商的管理费和利润等。

5）工艺设备费，是指主要设备、辅助设备及零配件的购置费用，包括海运包装费用、交货港离岸价，但不包括税金。

6）管道系统费用，是指与系统的材料及劳务相关的全部费用。

7）电气安装费，是指设备供应商的监理费用，本国劳务与工资费用，辅助材料、电缆管道和工具费用，以及电气承包商的管理费和利润。

8）电气设备费，其内容与第 5）项类似。

9）仪器仪表费，是指所有自动仪表、控制板、配线和辅助材料的费用以及供应商的监理费用、外国或本国劳务及工资费用、承包商的管理费和利润。

10）机械的绝缘和油漆费，是指与机械及管道的绝缘和油漆相关的全部费用。

11）工艺建筑费，是指原材料、劳务费以及与基础、建筑结构、屋顶、内外装修、公共设施有关的全部费用。

12）服务性建筑费用，其内容与第 11）项相似。

13）工厂普通公共设施费，包括材料和劳务费以及与供水、燃料供应、通风、蒸汽发生及分配、下水道、污物处理等公共设施有关的费用。

14）车辆费，是指工艺操作必需的机动设备零件费用，包括海运包装费用以及交货港的离岸价，但不包括税金。

15）其他当地费用，是指那些不能归类于以上任何一个项目，也不能计入项目间接成本，但在建设期间又是必不可少的当地费用。例如临时设备、临时公共设施及场地的维护费，营地设施及其管理，建筑保险和债券，杂项开支等费用。

（2）项目间接建设成本

项目间接建设成本包括以下内容：

1）项目管理费。项目管理费包括下列四项：

①总部人员的薪金和福利费，以及用于初步和详细工程设计、采购、时间和成本控制、行政及其他一般管理的费用。

②施工管理现场人员的薪金和福利费，以及用于施工现场监督、质量保证、现场采购、时间及成本控制、行政及其他施工管理机构的费用。

③零星杂项费用，例如返工、旅行、生活津贴、业务支出等费用。

④各种酬金。

2）开工试车费。开工试车费是指工厂投料试车必需的劳务和材料费用。

3）业主的行政性费用。业主的行政性费用是指业主的项目管理人员费用和支出。

4）生产前费用。生产前费用是指前期研究、勘测、建矿、采矿等费用。

5）运费和保险费。运费和保险费是指海运、国内运输、许可证及佣金、海洋保险、综合保险等费用。

6）地方税。地方税包括地方关税、地方税及对特殊项目征收的税金。

（3）应急费

应急费包括以下内容：

1）未明确项目的准备金。未明确项目的准备金用在估算时不能明确的潜在项目，包括那些在做成本估算时，因为缺乏完整、准确和详细的资料而不能完全预见和不能注明的项目，并且这些项目是必须完成的，或是它们的费用是必定要发生的。在每一个组成部分中都单独以一定的百分比确定，并作为估算的一个项目单独列出。这项准备金是用来支付那些几乎可以肯定要发生的费用，而不是为了支付工作范围以外可能增加的项目费用或用以应付天灾、非正常经济情况及罢工等情况。所以，它是估算不可缺少的一个组成部分。

2）不可预见准备金。不可预见准备金（在未明确项目的准备金之外）用在估算达到了一定的完整性并符合技术标准的基础上，由于物质、社会和经济的变化，导致估算增加的情况。这种情况可能发生，也可能不发生。所以，不可预见准备金只是一种储备，可能不会动用。

（4）建设成本上升费用

一般，估算中使用的构成工资率、材料及设备价格基础的截止日期就是“估算日期”。必须对该日期或已知成本基础进行调整，来补偿直至工程结束时的未知价格增长。

工程各个主要的组成部分（国内劳务和相关成本、本国材料、外国材料、本国设备、外国设备、项目管理机构）的细目划分决定以后，便可确定每一个主要组成部分的增长率。这个增长率是一项判断因素。它以已发表的国内和国际成本指数、公司记录等为依据，并和实际供应商进行核对，然后根据确定的增长率及从工程进度表中获得的各主要组成部分的中点值，计算出每项主要组成部分的成本上升值。

2.2 设备及工器具购置费用的构成

2.2.1 设备购置费的构成及计算

设备购置费是指为建设项目购置或自制的达到固定资产标准的各种国产或进口设备、工具、器具的购置费用。它是由设备原价和设备运杂费构成。

$$设备购置费=设备原价+设备运杂费 \tag{2-1}$$

上式中，设备原价是指国产设备或进口设备的原价；设备运杂费是指除设备原价之外的关于设备采购、运输、途中包装及仓库保管等方面支出费用的总和。

2.2.1.1 国产设备原价的构成及计算

国产设备原价通常指的是设备制造厂的交货价或订货合同价。它通常根据生产厂或供应商的询价、报价、合同价确定，或采用一定的方法计算确定。国产设备原价包括国产标准设备原价和国产非标准设备原价。

（1）国产标准设备原价

国产标准设备是指按照主管部门颁布的标准图纸及技术要求，由我国设备生产厂批量生产的、符合国家质量检测标准的设备。国产标准设备原价有两种，即带有备件的原价和不带备件的原价。在计算时，通常采用带有备件的原价。国产标准设备一般有完善的设备交易市场，所以可通过查询相关交易市场价格或向设备生产厂家询价得到国产标准设备原价。

（2）国产非标准设备原价

国产非标准设备是指国家尚无定型标准，各设备生产厂不能在工艺过程中采用批量生产，只能按订货要求并根据具体的设计图纸制造的设备。非标准设备因为单件生产、无定型标准，所以无法获取市场交易价格，只能按其成本构成或者相关技术参数估算其价格。非标准设备原价有多种不同的计算方法，例如成本计算估价法、系列设备插入估价法、分部组合估价法、定额估价法等。无论采用哪种方法都应该使非标准设备计价接近实际出厂价，并且计算方法要简单方便。成本计算估价法是估算非标准设备原价的一种比较常用的方法。按成本计算估价法，非标准设备的原价由以下各项组成：

1）材料费

其计算公式如下：

$$材料费=材料净重\times(1+加工损耗系数)\times每吨材料综合价 \tag{2-2}$$

2）加工费

加工费包括生产工人工资和工资附加费、燃料动力费、设备折旧费、车间经费等。其计算公式如下：

$$加工费 = 设备总重量(t) \times 设备每吨加工费 \tag{2-3}$$

3）辅助材料费（简称辅材费）

辅助材料费包括焊条、焊丝、氧气、氩气、氮气、油漆、电石等费用。其计算公式如下：

$$辅助材料费 = 设备总重量 \times 辅助材料费指标 \tag{2-4}$$

4）专用工具费

按1）～3）项之和乘以一定百分比计算。

5）废品损失费

按1）～4）项之和乘以一定百分比计算。

6）外购配套件费

按设备设计图纸所列的外购配套件的名称、型号、规格、数量、重量，根据相应的价格加运杂费计算。

7）包装费

按以上1）～6）项之和乘以一定百分比计算。

8）利润

按1）～5）项加第7）项之和乘以一定利润率计算。

9）税金

主要指增值税，计算公式为：

$$增值税 = 当期销项税额 - 进项税额 \tag{2-5}$$

$$当期销项税额 = 销售额 \times 适用增值税率(\%) \tag{2-6}$$

式中，销售额为1）～8）项之和。

10）非标准设备设计费

按国家规定的设计费收费标准计算。

综上所述，单台非标准设备原价可用下面的公式表达：

$$\begin{aligned}单台非标准设备原价 = &\{[(材料费 + 加工费 + 辅助材料费) \times (1 + 专用工具费率) \times \\ &(1 + 废品损失费率) + 外购配套件费] \times (1 + 包装费率) - \\ &外购配套件费\} \times (1 + 利润率) + 销项税额 + \\ &非标准设备设计费 + 外购配套件费\end{aligned} \tag{2-7}$$

【例2-1】 ××工厂采购一台国产非标准设备，制造厂生产该台设备所用材料费25万元，加工费2.5万元，辅助材料费5000元，专用工具费率1.5%，废品损失费率10%，外购配套件费6万元，包装费率1%，利润费率7%，增值税率17%，非标准设备设计费3万元，求该国产非标准设备的原价。

【解】 专用工具费=(25+2.5+0.5)×1.5%=0.42(万元)

废品损失费=(25+2.5+0.5+0.42)×10%=2.842(万元)

包装费=(28+0.42+2.842+6)×1%=0.373(万元)

利润=(28+0.42+2.842+0.373)×7%=2.214(万元)

销项税金=(28+0.42+2.842+6+0.373+2.214)×17%=6.774(万元)

该国产非标准设备的原价=28+0.42+2.842+0.373+2.214+6.774+3+6

=49.623(万元)

2.2.1.2 进口设备原价的构成及计算

进口设备的原价是指进口设备的抵岸价，一般是由进口设备到岸价（CIF）及进口从属费构成。进口设备的到岸价，即抵达买方边境港口或者边境车站的价格。在国际贸易中，交易双方所使用的交货类别不同，则交易价格的构成内容也有所不同。进口从属费用包括银行财务费、外贸手续费、进口关税、消费税、进口环节增值税等，进口车辆还需缴纳车辆购置税。

(1) 进口设备的交易价格

1) FOB (free on board)，意为装运港船上交货，亦称为离岸价格。FOB术语是指当货物在指定的装运港越过船舷，卖方即完成交货义务。风险转移，以指定的装运港货物越过船舷时为分界点。费用划分与风险转移的分界点相同。

在FOB交货方式下，卖方的基本义务有：办理出口清关手续，自负风险和费用，领取出口许可证和其他官方文件；在约定的日期或者期限内，在合同规定的装运港，按照港口惯常的方式，把货物装上买方指定的船只，并及时通知买方；承担货物在装运港越过船舷之前的一切费用和风险；向买方提供商业发票和证明货物已交至船上的装运单据或具有同等效力的电子单证。买方的基本义务有：负责租船订舱，按时派船到合同约定的装运港接运货物，支付运费，并将船期、船名及装船地点及时通知卖方；负担货物在装运港越过船舷后的各种费用以及货物灭失或损坏的一切风险；负责获取进口许可证或其他官方文件，以及办理货物入境手续；受领卖方提供的各种单证，按合同规定支付货款。

2) CFR (cost and freight)，意为成本加运费，或称之为运费在内价。CFR是指在装运港货物越过船舷卖方即完成交货，卖方必须支付将货物运至指定的目的港所需的运费和费用，但交货后货物灭失或损坏的风险，以及由于各种事件造成的任何额外费用，却由卖方转移到买方。与FOB价格相比，CFR的费用划分与风险转移的分界点是不相同的。

在CFR交货方式下，卖方的基本义务有：提供合同规定的货物，负责订立运输合同并租船订舱，在合同规定的装运港和规定的期限内，将货物装上船并及时通知买方，支付运至目的港的运费；负责办理出口清关手续，提供出口许可证或其他官方批准的文件；承担货物在装运港越过船舷之前的一切费用和风险；按合同规定提供正式有效的运输单据、发票或具有同等效力的电子单证。买方的基本义务有：承担货物在装运港越过船舷以后的一切风险及运输途中因遭遇风险所引起的额外费用；在合同规定的目的港受领货物，办理进口清关手续，缴纳进口税；受领卖方提供的各种约定的单证，并按合同规定支付货款。

3) CIF (cost insurance and freight)，意为成本加保险费、运费，习惯称之为到岸价格。在CIF术语中，卖方除负有与CFR相同的义务以外，还需要办理货物在运输途中最低险别的海运保险，并应支付保险费。若买方需要更高的保险险别，则需要与卖方明确地达成协议，或者自行做出额外的保险安排。除保险这项义务之外，买方的义务与CFR相同。

(2) 进口设备到岸价的构成及计算

进口设备到岸价(CIF)＝离岸价格(FOB)＋国际运费＋运输保险费
＝运费在内价(CFR)＋运输保险费　(2-8)

1) 货价。货价一般是指装运港船上交货价（FOB)。设备货价包括原币货价和人民币货价，原币货价一律折算成美元表示，人民币货价按原币货价乘以外汇市场美元兑换人民币汇率中间价来确定。进口设备货价按有关生产厂商询价、报价、订货合同价计算。

2) 国际运费。国际运费即从装运港（站）到达我国目的港（站）的运费。我国进口设备大部分采用海洋运输，小部分采用铁路运输，个别采用航空运输。进口设备国际运费计算公式为：

国际运费(海、陆、空)＝原币货价(FOB)×运费率(%)　(2-9)

$$国际运费(海、陆、空) = 单位运价 \times 运量 \tag{2-10}$$

其中，运费率或单位运价按照有关部门或进出口公司的规定执行。

3）运输保险费。对外贸易货物运输保险是由保险人（保险公司）与被保险人（出口人或进口人）订立保险契约，在被保险人交付一定的保险费后，保险人根据保险契约的规定对货物在运输过程中发生的承保责任范围内的损失给予经济上的补偿。这是一种财产保险。计算公式为：

$$运输保险费 = \frac{原币货价(FOB) + 国外运费}{1 - 保险费率(\%)} \times 保险费率(\%) \tag{2-11}$$

其中，保险费率按照保险公司规定的进口货物保险费率计算。

（3）进口从属费的构成及计算

$$进口从属费 = 银行财务费 + 外贸手续费 + 关税 + 消费税 + 进口环节增值税 + 车辆购置税 \tag{2-12}$$

1）银行财务费。银行财务费一般是指在国际贸易结算中，中国银行为进出口商提供金融结算服务所收取的费用，可按下式简化计算：

$$银行财务费 = 离岸价格(FOB) \times 人民币外汇汇率 \times 银行财务费率 \tag{2-13}$$

2）外贸手续费。外贸手续费指按对外经济贸易部规定的外贸手续费率计取的费用，外贸手续费率一般取1.5%。计算公式为：

$$外贸手续费 = 到岸价格(CIF) \times 人民币外汇汇率 \times 外贸手续费率 \tag{2-14}$$

3）关税。关税是指由海关对进出国境或关境的货物和物品征收的一种税。计算公式为：

$$关税 = 到岸价格(CIF) \times 人民币外汇汇率 \times 进口关税税率 \tag{2-15}$$

到岸价格作为关税的计征基数时，通常又可称为关税完税价格。进口关税税率分为优惠和普通两种。优惠税率适用于和我国签订关税互惠条款的贸易条约或协定的国家的进口设备；普通税率适用于和我国未签订关税互惠条款的贸易条约或协定的国家的进口设备。进口关税税率按照我国海关总署发布的进口关税税率计算。

4）消费税。消费税仅对部分进口设备（如轿车、摩托车等）征收，一般计算公式为：

$$应纳消费税税额 = \frac{到岸价格(CIF) \times 人民币外汇汇率 + 关税}{1 - 消费税税率(\%)} \times 消费税税率(\%) \tag{2-16}$$

其中，消费税税率根据规定的税率计算。

5）进口环节增值税。进口环节增值税是对从事进口贸易的单位和个人，在进口商品报关进口后征收的税种。我国增值税条例规定，进口应税产品均按组成计税价格和增值税税率直接计算应纳税额。即：

$$进口环节增值税额 = 组成计税价格 \times 增值税税率(\%) \tag{2-17}$$

$$组成计税价格 = 关税完税价格 + 关税 + 消费税 \tag{2-18}$$

增值税税率根据规定的税率计算。

6）车辆购置税。进口车辆需缴进口车辆购置税。其公式如下：

$$进口车辆购置税 = (关税完税价格 + 关税 + 消费税) \times 车辆购置税率(\%) \tag{2-19}$$

2.2.1.3 设备运杂费的构成及计算

（1）设备运杂费的构成

1）运费和装卸费。国产设备由设备制造厂交货地点起至工地仓库（或施工组织设计指定的需要安装设备的堆放地点）止所发生的运费和装卸费；进口设备则由我国到岸港口或边境车站起至工地仓库（或施工组织设计指定的需安装设备的堆放地点）止所发生的运费和装卸费。

2）包装费。在设备原价中没有包含的，为运输而进行的包装支出的各种费用。

3）设备供销部门的手续费。按有关部门规定的统一费率计算。

4）采购与仓库保管费。采购与仓库保管费是指采购、验收、保管和收发设备所发生的各种费用，包括设备采购人员、保管人员和管理人员的工资、工资附加费、办公费、差旅交通费，设备供应部门办公和仓库所占固定资产使用费、工具用具使用费、劳动保护费、检验试验费等。这些费用可按照主管部门规定的采购与保管费费率计算。

（2）设备运杂费的计算

设备运杂费按设备原价乘以设备运杂费率计算，其公式为：

$$设备运杂费 = 设备原价 \times 设备运杂费率(\%) \quad (2\text{-}20)$$

其中，设备运杂费率按照各部门及省、市有关规定计取。

2.2.2 工具、器具及生产家具购置费的构成及计算

工具、器具及生产家具购置费，是指新建或扩建项目初步设计规定的，保证初期正常生产必须购置的没有达到固定资产标准的设备、仪器、工卡模具、器具、生产家具和备品备件等的购置费用。通常以设备购置费为计算基数，按照部门或行业规定的工具、器具及生产家具费率计算。计算公式为：

$$工具、器具及生产家具购置费 = 设备购置费 \times 定额费率 \quad (2\text{-}21)$$

2.3 建筑安装工程费用构成

2.3.1 建筑安装工程费用内容及构成概述

2.3.1.1 建筑安装工程费用内容

（1）建筑工程费用内容

1）各类房屋建筑工程和列入房屋建筑工程预算的供水、供暖、卫生、通风、煤气等设备费用及其装饰、油饰工程的费用，列入建筑工程预算的各种管道、电力、电信和电缆导线敷设工程的费用。

2）设备基础、支柱、工作台、烟囱、水塔、水池、灰塔等建筑工程以及各种炉窑的砌筑工程和金属结构工程的费用。

3）为了施工而进行的场地平整，工程和水文地质勘察，原有的建筑物和障碍物的拆除以及施工临时用水、电、气、路和完工后的场地清理、环境绿化、美化等工作的费用。

4）矿井开凿、井巷延伸、露天矿剥离，石油、天然气钻井、修建铁路、公路、桥梁、水库、堤坝、灌渠及防洪等工程的费用。

（2）安装工程费用内容

1）生产、动力、起重、运输、传动和医疗、实验等各种需要安装的机械设备装配费用，和设备相连的工作台、梯子、栏杆等设施的工程费用，附属于被安装设备的管线敷设工程费用，以及被安装设备的绝缘、防腐、保温、油漆等工作的材料费及安装费。

2）为了测定安装工程的质量，对单台设备进行单机试运转、对系统设备进行系统联动无负荷试运转工作的调试费。

2.3.1.2　我国现行建筑安装工程费用项目组成

我国现行建筑安装工程费用项目主要由四部分组成：直接费、间接费、利润及税金，其具体构成如图 2-1 所示。

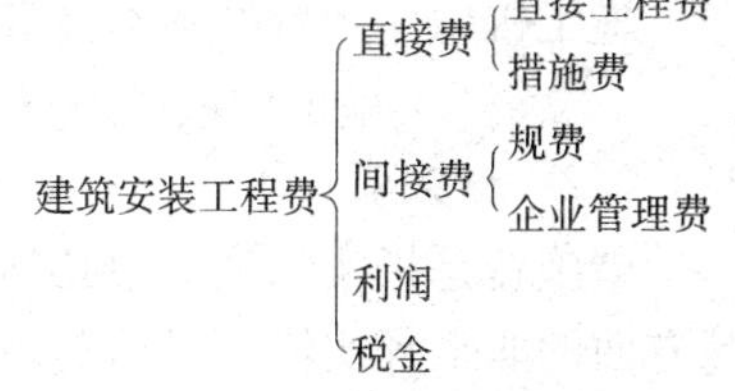

图 2-1　建筑安装工程费用组成

2.3.2　直接费

建筑安装工程直接费由直接工程费和措施费组成。

2.3.2.1　直接工程费

直接工程费是指施工过程中耗费的直接构成工程实体的各项费用，包括人工费、材料费、施工机械使用费。

（1）人工费

建筑安装工程费中的人工费，是指直接从事建筑安装工程施工作业的生产工人开支的各项费用。构成人工费的基本要素有两个，即人工工日消耗量和人工日工资单价。

1）人工工日消耗量，是指在正常施工生产条件下，建筑安装产品（分部分项工程或结构构件）必须消耗的某种技术等级的人工工日数量。它是由分项工程所综合的各个工序施工劳动定额包括的基本用工、其他用工两部分构成。

2）相应等级的日工资单价包括生产工人基本工资、工资性补贴、生产工人辅助工资、职工福利费及生产工人劳动保护费。

人工费的基本计算公式为：

$$人工费 = \sum(工日消耗量 \times 日工资单价) \tag{2-22}$$

（2）材料费

建筑安装工程费中的材料费，是指施工过程中耗费的构成工程实体的原材料、辅助材料、构配件、零件、半成品的费用。构成材料费的基本要素包括材料消耗量、材料基价和检验试验费。

1）材料消耗量。材料消耗量是指在合理和节约使用材料的条件下，生产单位假定建筑安装产品（分部分项工程或结构构件）必须消耗的一定品种规格的原材料、辅助材料、构配件、零件、半成品等的数量标准。它包括材料净用量和材料不可避免的损耗量。

2）材料基价。材料基价是指材料在购买、运输、保管过程中形成的价格，其内容包括材料原价（或供应价格）、材料运杂费、运输损耗费、采购及保管费等。

3）检验试验费。检验试验费是指对建筑材料、构件和建筑安装物进行一般鉴定、检查所发生的费用，包括自设试验室进行试验所耗用的材料和化学药品等费用。不包括新结构、新材料的试验费和建设单位对具有出厂合格证明的材料进行检验，对构件做破坏性试验及其他特殊要求检验试验的费用。

材料费的基本计算公式为：

$$材料费 = \sum(材料消耗量 \times 材料基价) + 检验试验费 \tag{2-23}$$

（3）施工机械使用费

建筑安装工程费中的施工机械使用费，是指施工机械作业所发生的机械使用费以及机械安拆费和场外运费。构成施工机械使用费的基本要素是施工机械台班消耗量和机械台班单价。

1）施工机械台班消耗量。施工机械台班消耗是指在正常施工条件下，生产单位假定建筑安装产品（分部分项工程或结构构件）必须消耗的某类某种型号施工机械的台班数量。

2）机械台班单价。机械台班单价的内容包括台班折旧费、台班大修理费、台班经常修理费、台班安拆费及场外运输费、台班人工费、台班燃料动力费、台班养路费及车船使用税。

施工机械使用费的基本计算公式为：

$$施工机械使用费 = \sum(施工机械台班消耗量 \times 机械台班单价) \tag{2-24}$$

2.3.2.2 措施费

措施费是指实际施工中必须发生的施工准备和施工过程中技术、生活、安全、环境保护等方面的非工程实体项目的费用。所谓非实体性项目，是指其费用的发生和金额的大小与使用时间、施工方法或者两个以上工序相关，并且不形成最终的实体工程，例如大型机械设备进出场及安拆、文明施工和安全防护、临时设施等。措施费项目的构成需考虑多种因素，除工程本身的因素外，还涉及水文、气象、环境、安全等因素。综合《建筑安装工程费用项目组成》、《建设工程工程量清单计价规范》（GB 50500—2008）（以下简称《清单计价规范》）以及《建筑工程安全防护、文明施工措施费用及使用管理规定》（建办［2005］89号）的规定，措施项目费可以归纳为以下几项：

（1）安全、文明施工费

安全防护、文明施工措施费用，是指按照国家现行的建筑施工安全、施工现场环境与卫生标准和有关规定，购置和更新施工安全防护用具及设施、改善安全生产条件和作业环境所需要的费用。

建筑工程安全防护、文明施工措施费用是由《建筑安装工程费用项目组成》中措施费所含的环境保护费、文明施工费、安全施工费、临时设施费组成。

1）环境保护费。环境保护费的计算方法如下：

$$环境保护费 = 直接工程费 \times 环境保护费费率(\%) \tag{2-25}$$

$$环境保护费费率(\%) = \frac{本项费用年度平均支出}{全年建安产值 \times 直接工程费占总造价比例(\%)} \tag{2-26}$$

2）文明施工费。文明施工费的计算方法如下：

$$文明施工费 = 直接工程费 \times 文明施工费费率(\%) \tag{2-27}$$

$$文明施工费费率(\%) = \frac{本项费用年度平均支出}{全年建安产值 \times 直接工程费占总造价比例(\%)} \tag{2-28}$$

3）安全施工费。安全施工费的计算方法如下：

$$安全施工费 = 直接工程费 \times 安全施工费费率(\%) \tag{2-29}$$

$$安全施工费费率(\%) = \frac{本项费用年度平均支出}{全年建安产值 \times 直接工程费占总造价比例(\%)} \tag{2-30}$$

4）临时设施费。临时设施费的构成包括周转使用临建费、一次性使用临建费及其他临时设施费。其计算公式为：

$$临时设施费 = (周转使用临建费 + 一次性使用临建费) \times [1 + 其他临时设施所占比例(\%)] \tag{2-31}$$

①周转使用临建费的计算。

$$周转使用临建费 = \sum[\frac{临建面积 \times 每平方米造价}{使用年限 \times 365 \times 利用率(\%)} \times 工期(天)] + 一次性拆除费 \tag{2-32}$$

②一次性使用临建费的计算。

$$一次性使用临建费 = \sum\{临建面积 \times 每平方米造价 \times [1 - 残值率(\%)]\} + 一次性拆除费 \tag{2-33}$$

③其他临时设施在临时设施费中所占比例，可由各地区造价管理部门依据典型施工企业的成本资料经分析后综合测定。

(2) 夜间施工增加费

夜间施工增加费是指因夜间施工所发生的夜班补助费、夜间施工降效、夜间施工照明设备摊销及照明用电等费用。计算方法如下：

$$\text{夜间施工增加费}=\left(1-\frac{\text{合同工期}}{\text{定额工期}}\right)\times\frac{\text{直接工程费中的人工费合计}}{\text{平均日工资单价}}\times\text{每工日夜间施工费开支} \tag{2-34}$$

(3) 二次搬运费

二次搬运费是指因施工场地狭小等特殊情况而发生的二次搬运费用。计算方法如下：

$$\text{二次搬运费}=\text{直接工程费}\times\text{二次搬运费费率}(\%) \tag{2-35}$$

$$\text{二次搬运费费率}=\frac{\text{年平均二次搬运费开支额}}{\text{全年建安产值}\times\text{直接工程费占总造价比例}(\%)} \tag{2-36}$$

(4) 冬雨期施工增加费

冬雨期施工增加费是指在冬季、雨季施工期间，为了确保工程质量，采取保温防雨措施所增加的材料费、人工费和设施费用，以及因工效和机械作业效率降低所增加的费用。计算方法如下：

$$\text{冬雨期施工增加费}=\text{直接工程费}\times\text{冬雨期施工增加费费率}(\%) \tag{2-37}$$

$$\text{冬雨期施工增加费费率}(\%)=\frac{\text{年平均冬雨期施工增加费开支额}}{\text{全年建安产值}\times\text{直接工程费占总造价的比例}(\%)} \tag{2-38}$$

(5) 大型机械设备进出场及安拆费

大型机械设备进出场及安拆费是指机械整体或分体自停放场地运至施工现场或由一个施工地点运至另一个施工地点，所发生的机械进出场运输及转移费用，及机械在施工现场进行安装、拆卸所需的人工费、材料费、机械费、试运转费和安装所需的辅助设施的费用。

计算方法如下：

$$\text{大型机械设备进出场及安拆费}=\frac{\text{一次进出场及安拆费}\times\text{年平均安拆次数}}{\text{年工作台数}} \tag{2-39}$$

(6) 混凝土、钢筋混凝土模板及支架费

混凝土、钢筋混凝土模板及支架费是指混凝土施工过程中需要的各种钢模板、木模板、支架等的支、拆、运输费用及模板、支架的摊销（或租赁）费用。

模板及支架分为自有和租赁两种，采取不同的计算方法。

1) 自有模板及支架费的计算。

$$\text{模板及支架费}=\text{模板摊销量}\times\text{模板价格}+\text{支、拆、运输费} \tag{2-40}$$

$$\text{摊销量}=\text{一次使用量}\times(1+\text{施工损耗})\times\left[\frac{1+(\text{周转次数}-1)\times\text{补损率}}{\text{周转次数}}-\frac{(1-\text{补损率})\times 50\%}{\text{周转次数}}\right] \tag{2-41}$$

2) 租赁模板及支架费的计算。

$$\text{租赁费}=\text{模板使用量}\times\text{使用日期}\times\text{租赁价格}+\text{支、拆、运输费} \tag{2-42}$$

(7) 脚手架费

脚手架费是指施工需要的各种脚手架搭、拆、运输费用及脚手架的摊销（或租赁）费用。脚手架同样分为自有和租赁两种，采取不同的计算方法。

1）自有脚手架费的计算。

$$脚手架搭拆费 = 脚手架摊销量 \times 脚手架价格 + 搭、拆、运输费 \tag{2-43}$$

$$脚手架摊销量 = \frac{单位一次使用量 \times (1 - 残值率)}{(耐用期 / 一次使用量)} \tag{2-44}$$

2）租赁脚手架费的计算。

$$租赁费 = 脚手架每日租金 \times 搭设周期 + 搭、拆、运输费 \tag{2-45}$$

（8）已完成工程及设备保护费

已完工程及设备保护费是指竣工验收前，对已完工程及设备进行保护所需费用。计算方法如下：

$$已完成工程及设备保护费 = 成品保护所需机械费 + 材料费 + 人工费 \tag{2-46}$$

（9）施工排水、降水费

1）施工排水费是指为确保工程在正常条件下施工，采取各种排水措施所发生的各种费用。计算方法如下：

$$施工排水费 = \sum 排水机械台班费 \times 排水周期 + 排水使用材料费、人工费 \tag{2-47}$$

2）施工降水费是指为确保工程在正常条件下施工，采取各种降水措施所发生的各种费用。计算方法如下：

$$施工降水费 = \sum 降水机械台班费 \times 降水周期 + 降水使用材料费、人工费 \tag{2-48}$$

2.3.3 间接费

建筑安装工程间接费是指虽不是直接由施工的工艺过程所引起，但却与工程的总体条件有关的，建筑安装企业为组织施工和进行经营管理，以及间接为建筑安装生产服务的各项费用。

2.3.3.1 间接费的组成

按现行规定，建筑安装工程间接费由规费和企业管理费组成。

（1）规费

规费是指政府和有关权力部门规定必须缴纳的费用。主要包括以下内容：

1）工程排污费：是指施工现场按规定缴纳的用于工程排污所需的费用。

2）社会保障费：包括养老保险费、失业保险费、医疗保险费。

3）住房公积金：是指企业按规定标准为职工缴纳的住房公积金。

4）危险作业意外伤害保险：是指按照建筑法规定，企业为从事危险作业的建筑安装施工人员支付的意外伤害保险费。

（2）企业管理费

企业管理费是指建筑安装企业组织施工生产和经营管理所需费用，包括：

1）管理人员工资：是指管理人员的基本工资、工资性补贴、职工福利费、劳动保护费等。

2）办公费：是指企业管理办公用的文具、纸张、账表、印刷、邮电、书报、会议、水电、烧水和集体取暖（包括现场临时宿舍取暖）用煤等费用。

3）差旅交通费：是指职工因公出差、调动工作的差旅费、住勤补助费，市内交通费和误餐补助费，职工探亲路费，劳动力招募费，职工离退休、退职一次性路费，工伤人员就医路费，工地转移费以及管理部门使用的交通工具的油料、燃料、养路费及牌照费。

4）固定资产使用费：是指管理和试验部门及附属生产单位使用的属于固定资产的房屋、设备仪器等的折旧、大修、维修或租赁费。

5）工具用具使用费：是指企业管理过程中使用的不属于固定资产的生产工具、器具、家具、交通工具和检验、试验、测绘、消防用具等的购置、维修和摊销费。

6）劳动保险费：是指由企业支付离退休职工的易地安家补助费、职工退职金、6个月以上的病假人员工资、职工死亡丧葬补助费、抚恤费、按规定支付给离休干部的各项经费。

7）工会经费：是指企业按职工工资总额计提的工会经费。

8）职工教育经费：是指企业为职工学习先进技术和提高文化水平。按职工工资总额计提的费用。

9）财产保险费：是指施工管理用财产、车辆保险。

10）财务费：是指企业为筹集资金而发生的各种费用。

11）税金：是指企业按规定缴纳的房产税、车船使用税、土地使用税、印花税等。

12）其他：包括技术转让费、技术开发费、业务招待费、绿化费、广告费、公证费、法律顾问费、审计费、咨询费等。

2.3.3.2 间接费的计算方法

$$\text{间接费} = \text{取费基数} \times \text{间接费费率} \tag{2-49}$$

间接费的取费基数有三种，分别是：以直接费为计算基础，以人工费和机械费合计为计算基础，以及以人工费为计算基础。

$$\text{间接费费率}(\%) = \text{规费费率}(\%) + \text{企业管理费费率}(\%) \tag{2-50}$$

在不同的取费基数下，规费费率和企业管理费费率计算方法也不相同。

（1）以直接费为计算基础

1）规费费率

$$\text{规费费率}(\%) = \frac{\sum \text{规费缴纳标准} \times \text{每万元发承包价计算基数}}{\text{每万元发承包价中的人工费含量}} \times \text{人工费占直接费的比例}(\%) \tag{2-51}$$

2）企业管理费费率

$$\text{企业管理费费率}(\%) = \frac{\text{生产工人年平均管理费}}{\text{年有效施工天数} \times \text{人工单价}} \times \text{人工费占直接费比例}(\%) \tag{2-52}$$

（2）以人工费和机械费合计为计算基础

1）规费费率

$$\text{规费费率}(\%) = \frac{\sum \text{规费缴纳标准} \times \text{每万元发承包价计算基数}}{\text{每万元发承包价中的人工费含量和机械费含量}} \times 100\% \tag{2-53}$$

2）企业管理费费率

$$\text{企业管理费费率}(\%) = \frac{\text{生产工人年平均管理费}}{\text{年有效施工天数} \times (\text{人工单价} + \text{每一工日机械使用费})} \times 100\% \tag{2-54}$$

（3）以人工费为计算基础

1）规费费率

$$\text{规费费率}(\%) = \frac{\sum \text{规费缴纳标准} \times \text{每万元发承包价计算基数}}{\text{每万元发承包价中的人工费含量和机械费含量}} \times 100\% \tag{2-55}$$

2）企业管理费费率

$$企业管理费费率(\%)=\frac{生产工人年平均管理费}{年有效施工天数\times人工单价}\times100\% \quad (2\text{-}56)$$

2.3.4 利润及税金

建筑安装工程费用中的利润和税金是建筑安装企业职工为社会劳动所创造的那部分价值在建筑安装工程造价中的体现。

2.3.4.1 利润

利润是指施工企业完成所承包工程获得的赢利。利润的计算同样因计算基础的不同而不同。

（1）以直接费为计算基础时利润的计算方法。

$$利润=(直接费+间接费)\times相应利润率(\%) \quad (2\text{-}57)$$

（2）以人工费和机械费为计算基础时利润的计算方法。

$$利润=直接费中的人工费和机械费合计\times相应利润率(\%) \quad (2\text{-}58)$$

（3）以人工费为计算基础时利润的计算方法。

$$利润=直接费中的人工费合计\times相应利润率(\%) \quad (2\text{-}59)$$

在建筑产品的市场定价过程中，应根据市场的竞争情况适当确定利润水平。取定的利润水平过高可能会导致丧失一定的市场机会，取定的利润水平过低又会面临很大的市场风险，相对于相对固定的成本水平来说，利润率的选定体现了企业的定价政策，利润率的确定是否合理也反映了企业的市场成熟度。

2.3.4.2 税金

建筑安装工程税金是指国家税法规定的应计入建筑安装工程费用的营业税，城市维护建设税及教育费附加。

（1）营业税

营业税是按计税营业额乘以营业税税率确定。其中，建筑安装企业营业税税率为3%。计算公式为：

$$应纳营业税=计税营业额\times3\% \quad (2\text{-}60)$$

计税营业额是含税营业额，指从事建筑、安装、修缮、装饰及其他工程作业收取的全部收入，包括建筑、修缮、装饰工程所用原材料及其他物资和动力的价款。当安装设备的价值作为安装工程产值时，亦包括所安装设备的价款。但建筑安装工程总承包方将工程分包或转包给他人的，其营业额中不包括付给分包或转包方的价款。营业税的纳税地点为应税劳务的发生地。

（2）城市维护建设税

城市维护建设税是为筹集城市维护和建设资金，稳定和扩大城市、乡镇维护建设的资金来源，而对有经营收入的单位和个人征收的一种税。

城市维护建设税是按应纳营业税额乘以适用税率确定，计算公式为：

$$应纳税额=应纳营业税额\times适用税率(\%) \quad (2\text{-}61)$$

城市维护建设税的纳税地点在市区，其适用税率为营业税的7%；所在地为县镇，其适用税率为营业税的5%，所在地为农村，其适用税率为营业税的1%。城建税的纳税地点与营业税纳税地点相同。

(3) 教育费附加

教育费附加是按应纳营业税额乘以3%确定，计算公式为：

$$应纳税额 = 应纳营业税额 \times 3\% \tag{2-62}$$

建筑安装企业的教育费附加要与其营业税同时缴纳。即使办有职工子弟学校的建筑安装企业，也应当先缴纳教育费附加，教育部门可根据企业的办学情况，酌情返还给办学单位，作为对办学经费的补助。

(4) 税金的综合计算

在工程造价的计算过程中，三种税金一般一并计算。由于营业税的计税依据是含税营业额，城市维护建设税及教育费附加的计税依据是应纳营业税额，而在计算税金时，通常已知条件是税前造价，即直接费、间接费、利润之和。所以，税金的计算通常需要将税前造价先转化为含税营业额，再按相应的公式计算缴纳税金。营业额的计算公式为：

$$营业额 = \frac{直接费 + 间接费 + 利润}{1 - 营业税率 - 营业税率 \times 城市维护建设税率 - 营业税率 \times 教育费附加率} \tag{2-63}$$

为了简化计算，可以直接将三种税合并为一个综合税率，按下式计算应纳税额：

$$应纳税额 = (直接费 + 间接费 + 利润) \times 综合税率(\%) \tag{2-64}$$

综合税率的计算因企业所在地的不同而不同。

1) 纳税地点在市区的企业综合税率的计算：

$$税率(\%) = \frac{1}{1 - 3\% - (3\% \times 7\%) - (3\% \times 3\%)} - 1 \tag{2-65}$$

2) 纳税地点在县城、镇的企业综合税率的计算：

$$税率(\%) = \frac{1}{1 - 3\% - (3\% \times 5\%) - (3\% \times 3\%)} - 1 \tag{2-66}$$

3) 纳税地点不在市区、县城、镇的企业综合税率的计算：

$$税率(\%) = \frac{1}{1 - 3\% - (3\% \times 1\%) - (3\% \times 3\%)} - 1 \tag{2-67}$$

【例2-2】 ××建筑公司承建××县政府办公楼，工程不含税造价为1200万元，求该施工企业应缴纳的营业税。

【解】 含税造价 $= \frac{1200}{1 - 3\% - (3\% \times 7\%) - (3\% \times 3\%)} = 1240.95$(万元)

$$应缴纳的营业税 = 1240.95 \times 3\% = 37.23(万元)$$

2.4 工程建设其他费用构成

工程建设其他费用，是指从工程筹建起到工程竣工验收交付使用止的整个建设期间，除建筑安装工程费用和设备及工器具购置费以外的，为保证工程建设顺利完成和交付使用后能够正常发挥效用而发生的各项费用。

工程建设其他费用，按其内容大体可分为三类。第一类是固定资产其他费用；第二类是无形资产费用；第三类是其他资产费用。

2.4.1 固定资产其他费用

固定资产其他费用是固定资产费用的一部分。固定资产费用系指项目投产时将直接形成固定资产的建设投资，包括工程费用以及在工程建设其他费用中按规定将形成固定资产的费用，后者被称为固定资产其他费用。

（1）建设管理费

建设管理费是指建设单位从项目筹建开始直至工程竣工验收合格或交付使用为止发生的项目建设管理费用。

1）建设管理费的内容包括以下几个方面：

①建设单位管理费。是指建设单位发生的管理性质的开支。包括：工作人员工资、工资性补贴、施工现场津贴、职工福利费、住房基金、基本养老保险费、基本医疗保险费、失业保险费、工伤保险费、办公费、差旅交通费、劳动保护费、工具用具使用费、固定资产使用费、必要的办公及生活用品购置费、必要的通信设备及交通工具购置费、零星固定资产购置费、招募生产工人费、技术图书资料费、业务招待费、设计审查费、工程招标费、合同契约公证费、法律顾问费、咨询费、完工清理费、竣工验收费、印花税和其他管理性质开支。

②工程监理费。是指建设单位委托工程监理单位实施工程监理的费用。此项费用按有关规定计算。依法必须实行监理的建设工程施工阶段的监理收费实行政府指导价；其他建设工程施工阶段的监理收费和其他阶段的监理与相关服务收费实行市场调节价。

2）建设单位管理费的计算。

建设单位管理费按照工程费用之和（包括设备工器具购置费和建筑安装工程费用）乘以建设单位管理费费率计算。

$$建设单位管理费 = 工程费用 \times 建设单位管理费费率 \qquad (2\text{-}68)$$

建设单位管理费费率按照建设项目的不同性质、不同规模来确定。有的建设项目按照建设工期和规定的金额计算建设单位管理费。例如采用监理，建设单位部分管理工作量可转移至监理单位。监理费应根据委托的监理工作范围及监理深度在监理合同中商定或是按当地或所属行业部门有关规定计算；如建设单位采用工程总承包方式，其总包管理费由建设单位与总包单位根据总包工作范围在合同中商定，从建设管理费中支出。

（2）建设用地费

任何一个建设项目都固定在一定地点与地面相连接，必须占用一定量的土地，也就必然会发生为获得建设用地而支付的费用，这就是土地使用费。它是指通过划拨方式取得土地使用权而支付的土地征用及迁移补偿费，或者通过土地使用权出让方式取得土地使用权而支付的土地使用权出让金。

1）土地征用及迁移补偿费。土地征用及迁移补偿费，是指建设项目通过划拨方式取得无限期的土地使用权，依照《中华人民共和国土地管理法》等规定所支付的费用。其总和一般不得超过被征土地年产值的30倍，土地年产值则按该地被征用前三年的平均产量和国家规定的价格计算。其内容包括：

①土地补偿费。征用耕地（包括菜地）的补偿标准，按照政府规定，为该耕地被征用前三年平均年产值的6～10倍，具体的补偿标准由省、自治区、直辖市人民政府在此范围内制定。征用园地、鱼塘、藕塘、苇塘、宅基地、林地、牧场、草原等的补偿标准，由省、自治区、直辖市参照征用耕地的土地补偿费来制定。征收无收益的土地，不予补偿。土地补偿费归农村集体经济组织所有。

②青苗补偿费和被征用土地上的房屋、水井、树木等附着物补偿费。这些补偿费的标准由省、自治区、直辖市人民政府制定。在征用城市郊区的菜地时，还应按照有关规定向国家

缴纳新菜地开发建设基金。地上附着物及青苗补偿费归地上附着物及青苗的所有者所有。

③安置补助费。征用耕地、菜地的，其安置补助费按照需要安置的农业人口数计算。每一个需要安置的农业人口的安置补助费标准，为该耕地被征用前三年平均年产值的4～6倍。但是，每公顷被征用耕地的安置补助费，最高不得超过被征用前三年平均年产值的15倍。征用土地的安置补助费必须专款专用，不得挪作他用。需要安置的人员由农村集体经济组织安置的，安置补助费支付给农村集体经济组织，由农村集体经济组织管理和使用；由其他单位安置的，安置补助费支付给安置单位；不需要统一安置的，安置补助费发放给被安置人员个人或者征得被安置人员同意后用于支付被安置人员的保险费用。市、县和乡（镇）人民政府应当加强对安置补助费使用情况的监督。

④缴纳的耕地占用税或城镇土地使用税、土地登记费和征地管理费等。县市土地管理机关从征地费中提取土地管理费的比率，按征地工作量的大小，视不同情况，在1%～4%幅度内提取。

⑤征地动迁费。包括征用土地上的房屋及附属构筑物、城市公共设施等拆除、迁建补偿费、搬迁运输费，企业单位因搬迁造成的减产、停工损失补偿费，拆迁管理费等。

⑥水利水电工程水库淹没处理补偿费。包括农村移民安置迁建费，城市迁建补偿费，库区工矿企业、交通、电力、通信、广播、管网、水利等的恢复、迁建补偿费，库底清理费，防护工程费，环境影响补偿费用等。

2）土地使用权出让金。土地使用权出让金，指建设项目通过土地使用权出让方式，取得有限期的土地使用权，依照《中华人民共和国城镇国有土地使用权出让和转让暂行条例》规定支付的土地使用权出让金。

①明确国家是城市土地的唯一所有者，并分层次、有偿、有限期地出让、转让城市土地。第一层次是城市政府将国有土地使用权出让给用地者，该层次是由城市政府垄断经营。出让对象可以是有法人资格的企事业单位，也可以是外商。第二层次及以下层次的转让则发生在使用者之间。

②城市土地的出让和转让可采用协议、招标、公开拍卖等方式。

A. 协议方式是由用地单位申请，经市政府批准同意后双方洽谈具体地块和地价。该方式适用于市政工程、公益事业用地和需要减免地价的机关、部队用地及需要重点扶持、优先发展的产业用地。

B. 招标方式是在规定的期限内，由用地单位以书面形式投标，市政府根据投标报价、所提供的规划方案以及企业信誉综合考虑，择优而取。该方式适用于一般工程建设用地。

C. 公开拍卖是指在指定的地点和时间，由申请用地者叫价应价，价高者得。这完全是由市场竞争决定，适用于赢利高的行业用地。

③在有偿出让和转让土地时，政府对地价不作统一规定，但应坚持以下原则：

A. 地价对目前的投资环境不产生大的影响。

B. 地价与当地的社会经济承受能力相适应。

C. 地价要考虑已投入的土地开发费用、土地市场供求关系、土地用途和使用年限。

④关于政府有偿出让土地使用权的年限，各地可根据时间、区位等各种条件作不同的规定。根据《中华人民共和国城镇国有土地使用权出让和转让暂行条例》，土地使用权出让最高年限按下列用途确定：

A. 居住用地70年。

B. 工业用地 50 年。

C. 教育、科技、文化、卫生、体育用地 50 年。

D. 商业、旅游、娱乐用地 40 年。

E. 综合或者其他用地 50 年。

⑤土地有偿出让和转让，土地使用者和所有者都要签约，明确使用者对土地享有的权利和对土地所有者应承担的义务。

A. 有偿出让和转让使用权，但要向土地受让者征收契税。

B. 转让土地若有增值，要向转让者征收土地增值税。

C. 在土地转让期间，国家要区别不同地段、不同用途向土地使用者收取土地占用费。

(3) 可行性研究费

可行性研究费是指在建设项目前期工作中，编制和评估项目建议书（或预可行性研究报告）、可行性研究报告所需的费用。此项费用应依据前期研究委托合同，或参照有关规定计算。

(4) 研究试验费

研究试验费是指为建设项目提供和验证设计参数、数据、资料等所进行的必要的试验费用以及设计规定在施工中必须进行试验、验证所需的费用。包括自行或者委托其他部门研究试验所需人工费、材料费、试验设备及仪器使用费等。这项费用按照设计单位依据本工程项目的需要提出的研究试验内容和要求计算。在计算时要注意不应包括以下项目：

1) 已有科技三项费用（新产品试制费、中间试验费和重要科学研究补助费）开支的项目。

2) 已在建筑安装费用中列出的施工企业对建筑材料、构件和建筑物进行一般鉴定、检查所发生的费用及技术革新的研究试验费。

3) 已有勘察设计费或工程费用中开支的项目。

(5) 勘察设计费

勘察设计费是指委托勘察设计单位进行工程水文地质勘察、工程设计所发生的各项费用。包括：工程勘察费、初步设计费（基础设计费）、施工图设计费（详细设计费）、设计模型制作费。此项费用应按有关规定计算。

(6) 环境影响评价费

环境影响评价费是指按照《中华人民共和国环境保护法》、《中华人民共和国环境影响评价法》等规定，为全面、详细评价本建设项目对环境可能产生的污染或造成的重大影响所需的费用。包括编制环境影响报告书（含大纲）、环境影响报告表以及对环境影响报告书（含大纲）、环境影响报告表进行评估等所需的费用。此项费用可参照有关规定计算。

(7) 场地准备及临时设施费

1) 场地准备及临时设施费的内容。

①建设项目场地准备费是指建设项目为达到工程开工条件进行的场地平整和对建设场地余留的有碍于施工建设的设施进行拆除清理的费用。

②建设单位临时设施费是指为满足施工建设需要而供到场地界区的、未列入工程费用的临时水、电、路、气、通信等其他工程费用和建设单位的现场临时建（构）筑物的搭设、维修、拆除、摊销或建设期间租赁费用，以及施工期间专用公路或桥梁的加固、养护、维修等费用。

2）场地准备及临时设施费的计算。

①场地准备和临时设施应尽量与永久性工程统一考虑。建设场地的大型土石方工程应计入工程费用中的总运输费用中。

②新建项目的场地准备和临时设施费应依据实际工程量估算，或按工程费用的比例计算。改扩建项目通常只计拆除清理费。

$$场地准备和临时设施费 = 工程费用 \times 费率 + 拆除清理费 \tag{2-69}$$

③发生拆除清理费时可按新建同类工程造价或主材费、设备费的比例计算。凡可回收材料的拆除工程采用以料抵工方式冲抵拆除清理费。

④该项费用不包括已列入建筑安装工程费用中的施工单位临时设施费用。

（8）引进技术和引进设备其他费

1）引进项目图纸资料翻译复制费、备品备件测绘费，可根据引进项目的具体情况计列或按引进货价（FOB）的比例估列；引进项目发生备品备件测绘费时按具体情况估列。

2）出国人员费用，包括买方人员出国设计联络、出国考察、联合设计、培训等所发生的旅费、生活费等。根据合同或协议规定的出国人次、期限以及相应的费用标准计算。生活费按照财政部、外交部规定的现行标准计算，旅费按中国民航公布的票价计算。

3）来华人员费用，包括卖方来华工程技术人员的现场办公费用、往返现场交通费用、接待费用等。根据引进合同或协议有关条款及来华技术人员派遣计划进行计算。来华人员接待费用可按每人次费用指标计算。引进合同价款中已包括的费用内容不得重复计算。

4）银行担保及承诺费是指引进项目由国内外金融机构出面承担风险和责任担保所发生的费用，以及支付贷款机构的承诺费用。应按担保或承诺协议计取。投资估算和概算编制时可以担保金额或承诺金额为基数乘以费率计算。

（9）工程保险费

工程保险费是指建设项目在建设期间根据需要对建筑工程、安装工程、机器设备和人身安全进行投保而发生的保险费用。包括建筑安装工程一切险、引进设备财产保险和人身意外伤害险等。

根据不同的工程类别，分别以其建筑、安装工程费乘以建筑、安装工程保险费率计算。民用建筑（例如住宅楼、综合性大楼、商场、旅馆、医院、学校）占建筑工程费的2‰～4‰；其他建筑（例如工业厂房、仓库、道路、码头、水坝、隧道、桥梁、管道等）占建筑工程费的3‰～6‰；安装工程（例如农业、工业、机械、电子、电器、纺织、矿山、石油、化学及钢铁工业、钢结构桥梁等）占建筑工程费的3‰～6‰。

（10）联合试运转费

联合试运转费是指新建项目或新增加生产能力的工程，在交付生产前按照批准的设计文件所规定的工程质量标准和技术要求，进行整个生产线或装置的负荷联合试运转或局部联动试车所发生的费用净支出（试运转支出大于收入的差额部分费用）。试运转支出包括试运转所需原材料、燃料及动力消耗、低值易耗品、其他物料消耗、工具用具使用费、机械使用费、保险金、施工单位参加试运转人员工资，以及专家指导费等；试运转收入包括试运转期间的产品销售收入和其他收入。联合试运转费不包括应由设备安装工程费用开支的调试及试车费用，以及在试运转中暴露出来的因施工原因或设备缺陷等发生的处理费用。

（11）特殊设备安全监督检验费

特殊设备安全监督检验费是指在施工现场组装的锅炉及压力容器、压力管道、消防设备、燃气设备、电梯等特殊设备和设施，由安全监察部门按照有关安全监察条例和实施细则以及设计技术要求进行安全检验，应由建设项目支付的、向安全监察部门缴纳的费用。该项费用按照建设项目所在省（自治区、直辖市）安全监察部门的规定标准计算。没有具体规定的，在编制投资估算和概算时可按受检设备现场安装费的比例估算。

（12）市政公用设施费

市政公用设施费是指使用市政公用设施的建设项目，按照项目所在地省一级人民政府有关规定建设或缴纳的市政公用设施建设配套费用，以及绿化工程补偿费用。该项费用按工程所在地人民政府规定标准计列。

2.4.2 无形资产费用

无形资产费用是指直接形成无形资产的建设投资，主要是指专利及专有技术使用费。

（1）专利及专有技术使用费的主要内容

1）国外设计和技术资料费，引进有效专利、专有技术使用费和技术保密费。

2）国内有效专利、专有技术使用费。

3）商标权、商誉和特许经营权费用等。

（2）专利及专有技术使用费的计算

在专利及专有技术使用费计算时应注意以下问题：

1）按专利使用许可协议和专有技术使用合同的规定计列。

2）专有技术的界定应以省、部级鉴定批准为依据。

3）项目投资中只计需要在建设期支付的专利及专有技术使用费。协议或合同规定在生产期支付的使用费应在生产成本中核算。

4）一次性支付的商标权、商誉及特许经营权费按协议或合同规定计列。协议或合同规定在生产期支付的商标权或特许经营权费应在生产成本中核算。

5）为项目配套的专用设施投资，包括专用铁路线、专用公路、专用通信设施、送变电站、地下管道、专用码头等，如果由项目建设单位负责投资但产权不归属本单位的，应作无形资产处理。

2.4.3 其他资产费用

其他资产费用是指建设投资中除形成固定资产和无形资产以外的部分，主要包括生产准备及开办费等。

（1）生产准备及开办费的内容

生产准备及开办费是指建设项目为保证正常生产（或营业、使用）而发生的人员培训费、提前进厂费以及投产使用必备的生产办公、生活家具用具及工器具等购置费用。包括：

1）人员培训费及提前进厂费，包括自行组织培训或委托其他单位培训的人员工资、工资性补贴、职工福利费、差旅交通费、劳动保护费、学习资料费等。

2）为了保证初期正常生产（或营业、使用）所必需的生产办公、生活家具用具购置费。

3）为了保证初期正常生产（或营业、使用）必需的第一套不够固定资产标准的生产工具、器具、用具购置费。不包括备品备件费。

（2）生产准备及开办费的计算

1）新建项目按设计定员为基数计算，改扩建项目按新增设计定员为基数计算：

$$\text{生产准备费} = \text{设计定员} \times \text{生产准备费指标(元/人)} \qquad (2\text{-}70)$$

2）可采用综合的生产准备费指标进行计算，也可以按费用内容的分类指标计算。

2.5 预备费、建设期利息

2.5.1 预备费

按我国现行规定，预备费包括基本预备费和涨价预备费。

（1）基本预备费

1）基本预备费。基本预备费是指针对在项目实施过程中可能发生难以预料的支出，需要事先预留的费用，又称工程建设不可预见费。主要指设计变更及施工过程中可能增加工程量的费用。基本预备费通常由以下三部分构成：

①在批准的初步设计范围内，技术设计、施工图设计及施工过程中所增加的工程费用；设计变更、工程变更、材料代用、局部地基处理等增加的费用。

②一般自然灾害造成的损失和预防自然灾害所采取的措施费用。实行工程保险的工程项目，该费用应适当降低。

③竣工验收时为鉴定工程质量对隐蔽工程进行必要的挖掘和修复费用。

2）基本预备费的计算。

基本预备费 =（工程费用 + 工程建设其他费用）× 基本预备费费率　　(2-71)

基本预备费费率的取值应执行国家及有关部门的规定。

（2）涨价预备费

1）涨价预备费。涨价预备费是指针对建设项目在建设期间内由于材料、人工、设备等价格可能发生变化引起工程造价变化，而事先预留的费用，亦称为价格变动不可预见费。涨价预备费的内容包括：人工、设备、材料、施工机械的价差费，建筑安装工程费及工程建设其他费用调整，利率、汇率调整等增加的费用。

2）涨价预备费的测算方法。涨价预备费通常根据国家规定的投资综合价格指数，以估算年份价格水平的投资额为基数，采用复利方法计算。计算公式为：

$$PF = \sum_{t=1}^{n} I_t[(1+f)^m(1+f)^{0.5}(1+f)^{t-1}-1] \tag{2-72}$$

式中 PF——涨价预备费；

n——建设期年份数；

I_t——建设期中第 t 年的投资计划额，包括工程费用、工程建设其他费用及基本预备费，即第 t 年的静态投资；

f——年均投资价格上涨率；

m——建设前期年限（从编制估算到开工建设，单位：年）。

【例 2-3】 某建设项目建筑安装工程费 6000 万元，设备购置费 4000 万元，工程建设其他费用 3000 万元，已知基本预备费率 5%，项目建设前期年限为 1 年，建设期为 4 年，各年投资计划额为：第一年完成投资 20%，第二年 50%，第三年 30%。年均投资价格上涨率为 6%。求建设项目建设期间涨价预备费。

【解】 基本预备费=(6000+4000+3000)×5%=650(万元)

静态投资=6000+4000+3000+650=13650(万元)

建设期第一年完成投资=13650×20%=2730(万元)

第一年涨价预备费为：$PF_1 = I_1[(1+f)(1+f)^{0.5}-1] = 249.35$(万元)

第二年完成投资=13650×50%=6825(万元)

第二年涨价预备费为：$PF_2 = I_2[(1+f)(1+f)^{0.5}(1+f)-1] = 1070.28$（万元）

第三年完成投资＝13650×30％＝4095（万元）

第三年涨价预备费为：$PF_3 = I_3[(1+f)(1+f)^{0.5}(1+f)^2-1] = 926.40$（万元）

所以，建设期的涨价预备费为：

$$PF = 249.35 + 1070.28 + 926.40 = 2246.03\text{（万元）}$$

2.5.2 建设期利息

建设期利息包括向国内银行及其他非银行金融机构贷款、出口信贷、外国政府贷款、国际商业银行贷款以及在境内外发行的债券等在建设期间应计的借款利息。

当总贷款是分年均衡发放时，建设期利息的计算可按当年借款在年中支用考虑，即当年贷款按半年计息，上年贷款按全年计息。计算公式为：

$$q_j = \left(P_{j-1} + \frac{1}{2}A_j\right) \times i \tag{2-73}$$

式中 q_j——建设期第 j 年应计利息；

P_{j-1}——建设期第（$j-1$）年末累计贷款本金与利息之和；

A_j——建设期第 j 年贷款金额；

i——年利率。

在国外贷款利息的计算中，还应包括国外贷款银行根据贷款协议向贷款方以年利率的方式收取的手续费、管理费、承诺费；以及国内代理机构经国家主管部门批准的以年利率的方式向贷款单位收取的转贷费、担保费、管理费等。

【例 2-4】 某新建项目，建设期为 3 年，分年均衡进行贷款，第一年贷款 200 万元，第二年贷款 500 万元，第三年贷款 300 万元，年利率为 10％，建设期内利息只计息不支付，计算建设期利息。

【解】 在建设期，各年利息计算如下：

$$q_1 = \frac{1}{2}A_1 \times i = \frac{1}{2} \times 200 \times 10\% = 10\text{（万元）}$$

$$q_2 = \left(p_1 + \frac{1}{2}A_2\right) \times i = \left(200 + 10 + \frac{1}{2} \times 500\right) \times 10\% = 46\text{（万元）}$$

$$q_3 = \left(p_2 + \frac{1}{2}A_3\right) \times i = \left(200 + 10 + 46 + \frac{1}{2} \times 300\right) \times 10\% = 90.6\text{（万元）}$$

上岗工作要点

1. 工具、器具及生产家具购置费的构成及计算。
2. 建筑安装工程费用的构成及计算。

思考题

2-1 项目直接建设成本的具体内容有哪些？

2-2 为什么未明确项目的准备金是估算不可缺少的一个组成部分？

2-3 简述设备购置费的定义以及其计算公式。

2-4 按成本计算估价法，非标准设备的原价由哪些构成？

2-5 简述FOB、CIF的含义。

2-6 简述进口设备到岸价的计算公式及各项含义。

2-7 工具、器具及生产家具购置费的定义是什么？

2-8 建筑工程费用的内容包括哪些？

2-9 措施项目费可以归纳为哪几项？

2-10 固定资产其他费用包括哪些？

2-11 专利及专有技术使用费的主要内容包括哪些？

习　题

单选题：

2-1 根据我国现行建筑安装工程费用项目组成的规定，直接从事建筑安装工程施工的生产工人的福利费应计入（　　）。

A. 人工费　　B. 规费　　C. 企业管理费　　D. 现场管理费

2-2 根据我国现行建筑安装工程费用项目组成的规定，工地现场材料采购人员的工资应计入（　　）。

A. 人工费　　B. 材料费　　C. 现场经费　　D. 企业管理费

2-3 建筑安装工程费用由（　　）组成。

A. 直接工程费、间接费、利润和税金

B. 直接费、间接费、利润和税金

C. 直接费、间接费、法定利润和规费

D. 直接工程费、间接费、法定利润和税金

2-4 进口设备运杂费中运输费的运输区间是指（　　）。

A. 出口国供货地至进口国边境港口或车站

B. 出口国的边境港口或车站至工地仓库

C. 出口国的边境港口或车站至进口国的边境港口或车站

D. 进口国的边境港口或车站至进口国的边境港口或车站

多选题：

2-5 下列各项费用中的（　　）没有包含关税。

A. 到岸价　　B. FOB价

C. 抵岸价　　D. CIF价

E. 关税完税价

2-6 根据我国现行建筑安装工程费用项目组成，下列属于社会保障费的是（　　）。

A. 住房公积金　　B. 养老保险费

C. 失业保险费　　D. 医疗保险费

E. 危险作业意外伤害保险费

2-7 在设备购置费的构成内容中，不包括（　　）。

A. 设备运输包装费　　B. 设备联合试运转费

C. 设备安装保险费　　D. 设备采购招标费

E. 设备检验费

计算题：

2-8　某企业拟兴建一项工业生产项目。同行业同规模的已建类似项目工程造价结算资料见表1。

表1　已建类似项目工程造价结算资料

序号	工程和费用名称	工程结算费用（万元）				
		建筑工程	设备购置	安装工程	其他费用	合　计
一	主要生产项目	11664.00	26050.00	7166.00		44880.00
1	A生产车间	5050.00	17500.00	4500.00		27050.00
2	B生产车间	3520.00	4800.00	1880.00		10200.00
3	C生产车间	3094.00	3750.00	786.00		7630.00
二	辅助生产项目	5600.00	5680.00	470.00		11750.00
三	附属工程	4470.00	600.00	280.00		5350.00
	工程费用合计	21734.00	32330.00	7916.00		61980.00

表1中，A生产车间的进口设备购置费为16430万元人民币，其余为国内配套设备费；在进口设备购置费中，设备货价（离岸价）为1200万美元（1美元=8.3元人民币），其余为其他从属费用和国内运杂费。

问题：

1. 类似项目建筑工程费用所含的人工费、材料费、机械费和综合税费占建筑工程造价的比例分别为13.5%、61.7%、9.3%、15.5%，因建设时间、地点、标准等不同，相应的价格调整系数分别为1.36、1.28、1.23、1.18；拟建项目建筑工程中的附属工程工程量与类似项目附属工程工程量相比减少了20%，其余工程内容不变。

试计算建筑工程造价综合差异系数和拟建项目建筑工程总费用。

2. 试计算进口设备其他从属费用和国内运杂费占进口设备购置的比例。

3. 拟建项目A生产车间的主要生产设备仍为进口设备，但设备货价（离岸价）为1100万美元（1美元=7.2元人民币）；进口设备其他从属费用和国内运杂费按已建类似项目相应比例不变；国内配套采购的设备购置费综合上调25%。A生产车间以外的其他主要生产项目、辅助生产项目和附属工程的设备购置费均上调10%。

试计算拟建项目A生产车间的设备购置费、主要生产项目设备购置费和拟建项目设备购置总费用。

4. 假设拟建项目的建筑工程总费用为30000万元，设备购置总费用为40000万元；安装工程总费用按表1中数据综合上调15%；工程建设其他费用为工程费用的20%，基本预备费费率为5%，拟建项目的建设期涨价预备费为静态投资的3%。

试确定拟建项目全部建设投资。

（注意：问题1～4计算过程和结果均保留两位小数。）

第3章 工程造价的计价依据与方法

重 点 提 示

1. 掌握工程造价计价依据的分类。
2. 掌握定额计价的基本原理和特点。
3. 掌握工程量清单计价的基本原理。
4. 掌握工程量清单计价的步骤。

3.1 工程造价计价依据概述

3.1.1 工程造价计价依据的含义

工程造价计价依据的含义有广义和狭义之分。广义上是指从事建设工程造价管理所需各类基础资料的总称；狭义上是指用于计算和确定工程造价的各类基础资料的总称。因为影响工程造价的因素很多，每一项工程的造价都要根据工程的用途、类别、规模尺寸、结构特征、建设标准、所在地区、建设地点、市场造价信息以及政府的有关政策具体来计算。所以需要确定与上述各项因素有关的各种量化的基本资料作为计算和确定工程造价的计价基础。

计价依据反映的是一定时期内的社会生产水平，它是建设管理科学化的产物，同时也是进行工程造价科学管理的基础。主要包括建设工程定额、工程造价指数和工程造价资料等，其中建设工程定额是工程计价的核心依据。

3.1.2 工程造价计价依据的分类

工程造价计价依据有很多，概括起来有六类：

（1）计算工程量的依据

1）建设工程项目可行性研究资料。

2）初步设计、扩大初步设计、施工图设计等设计图纸和资料。

3）工程量计算规则。

（2）计算分部分项工程人工、材料、机械台班消耗量及费用的依据

1）企业定额、预算定额、概算定额、概算指标和估算指标等各种定额指标。

2）人工、材料、机械台班等资源的要素价格。

（3）计算建筑安装工程费用的依据

1）措施费费率。

2）间接费费率。

3）利润率。

4）税率。

5）工程造价指数。

6）计价程序。

（4）计算设备费的依据

设备价格和运杂费率等。

（5）计算工程建设其他费用的依据

1）建设工程项目用地指标。

2）各项工程建设其他费用定额。

（6）与计算造价相关的法规和政策依据

1）包含在工程造价内的税费等相关税率。

2）与产业政策、能源政策、环境政策、技术政策及土地等资源利用政策有关的取费标准。

3）利率和汇率。

4）其他计价依据。

3.1.3 工程造价计价依据的基本特征

（1）科学性

工程造价计价依据的科学性首先表现在用科学的态度和方法，揭示了工程建设过程中资源消耗的客观规律；其次表现在计价依据制定时必须符合国家的有关法律、法规和技术标准，反映了一定时期各地生产力的发展水平，并充分考虑相关企业生产技术和管理的条件；再次表现在制定计价依据的技术方法上，必须以现代化管理科学的理论为指导，通过严密的测定、统计和分析整理进行编制。

（2）权威性

工程计价依据的权威性是指计价依据是由国家或授权部门通过一定程序审批颁发的在一定范围内有效的建设生产消费指标，具有经济法规的性质，所以具有很强的权威性，凡是属于执行范围内的建设、设计、监理、施工等单位，都必须严格遵照执行。权威性的客观基础是其科学性。只有科学的才具有权威性。

（3）统一性

计价依据的统一性是由国家对经济发展的有计划的宏观调控职能决定的，它是指按照计价依据的执行范围可以划分为全国统一的、行业统一的和地方统一的等各类计价依据；同时，计价依据的制定、颁布和执行有统一的程序、统一的原则、统一的要求和统一的用途。

（4）系统性

计价依据的系统性是指计价依据之间相互作用、相互联系，形成了一个完整的系统，这是由工程建设的特点决定的。工程建设是一个相当庞大的系统工程，种类多、层次多。因此，以工程建设为服务对象的计价依据也必然是种类多、层次多的。

（5）稳定性和时效性

计价依据反映了一定时期内的社会生产力水平和技术管理水平，所以在这一时期具有相对稳定性。保持计价依据的稳定性是维护其权威性以及贯彻和落实计价依据所必需的前提条件。但是，随着生产力水平的发展，计价依据的内容和水平也需要不断进行修改、调整和更新，即计价依据具有一定的时效性。

通常情况下，在各种计价依据中，工程量计算规则等比较稳定，能保持十年以上基本不变；基础定额能相对稳定5～10年；预算定额通常能稳定3～5年；价格信息和工程造价指数等稳定的时间较短，通常只有几个月时间。

3.1.4　工程造价计价依据的主要作用

工程造价计价依据是确定和控制工程造价的基础资料，它依照不同的建设管理主体，在不同的工程建设阶段，针对不同的管理对象具有不同的作用。

(1) 它是编制计划的基本依据

无论是国家建设计划、业主投资计划、资金使用计划还是施工企业的施工进度计划、年度计划、月旬作业计划以及下达生产任务单等，都是以计价依据来计算人工、材料、机械、资金等需要的数量，合理地平衡和调配人力、物力、财力等各项资源，以保证提高投资与企业经济效益，落实各种建设计划。

(2) 它是计算和确定工程造价的依据

工程造价的计算和确定必须依赖定额等计价依据。例如估算指标用来计算和确定投资估算，概算定额用于计算和确定设计概算，预算定额用于计算和确定施工图预算，施工定额用于计算确定施工项目成本。

(3) 它是企业实行经济核算的依据

经济核算制是企业管理的重要经济制度，它可以促使企业以最少的资源消耗，取得最大的经济效益，定额等计价依据是考核资源消耗的主要标准。如对资源消耗和生产成果进行计算、对比和分析，就可以发现改进的途径，采取措施加以改进。

(4) 它有利于建筑市场的良好发育

计价依据既是投资决策的依据，又是价格决策的依据。对于投资者来说，可以利用定额等计价依据有效地提高其项目决策的科学性，优化其投资行为；对于施工企业来说，定额等计价依据是施工企业适应市场投标竞争和企业进行科学管理的重要工具。

计价依据的公开、公平及合理有助于各类建筑市场主体之间展开公平竞争，充分优化市场资源的有效利用。同时，各类计价依据是对市场大量信息的加工、传递和反馈等一系列工作的总和。所以，计价依据的可靠性、完善性和灵敏性是市场成熟和市场效率的重要标志，加强各类计价依据的管理有利于完善建筑市场管理信息系统和提高我国工程造价管理的水平。

3.2　定额计价方法

3.2.1　定额计价的基本原理和特点

我国长期以来在工程造价形成过程中采用定额计价模式，这是一种与计划经济相适应的工程造价管理模式。定额计价模式实际上是国家通过颁布统一的估算指标、概算指标，以及概算、预算和有关费用定额，对建筑产品价格进行有计划管理的计价方法。国家以假定的建筑安装产品为对象，制定统一的预算和概算定额，计算出每一单元子项的费用后，再综合形成整个工程的造价。定额计价模式的基本原理如图 3-1 所示。

从上述工程造价定额计价模式的原理示意图可以看出，编制建设工程项目造价最基本的过程有两个：工程量计算和工程计价。即首先按照预算定额规定的分部分项子目工程量计算规则和施工图逐项计算工程量；然后套用预算定额单价（或单位估价表）来确定直接工程费；再按照一定的计费程序和取费标准确定措施费、企业管理费（间接费）、利润和税金；最后计算出工程预算造价（或投标报价）。

工程造价定额计价方法的特点就是“量、价、费”的合一。概预算的单位价格的形成过程，是依据概预算定额所确定的消耗量乘以定额单价或市场价，通过不同层次的计算达到

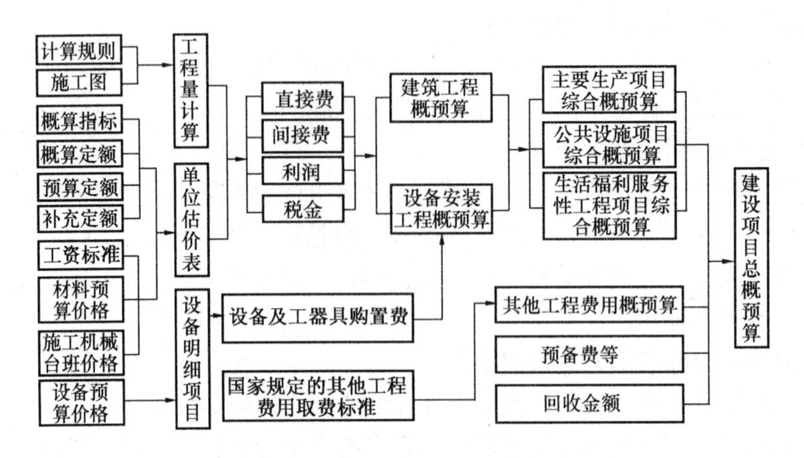

图 3-1　定额计价原理示意图

"量、价、费"结合的过程。

用公式进一步表明按建设工程项目造价定额计价的基本方法和程序，如下所述：

每一计量单位假定建筑产品的直接工程费单价为：

$$直接工程费单价=人工费+材料费+机械使用费 \tag{3-1}$$

式中

$$人工费=\sum(单位人工工日消耗量\times人工工日单价) \tag{3-2}$$

$$材料费=\sum(单位材料消耗量\times材料预算价格) \tag{3-3}$$

$$机械使用费=\sum(单位机械台班消耗量\times机械台班单价) \tag{3-4}$$

$$单位工程直接费=\sum(假定建筑产品工程量\times直接工程费单价)+措施费 \tag{3-5}$$

$$单位工程概预算造价=单位工程直接费+间接费+利润+税金 \tag{3-6}$$

$$单项工程概预算造价=\sum 单位工程概预算造价 \tag{3-7}$$

$$\begin{aligned}建设工程项目总概预算造价=&\sum 单项工程概预算造价+设备、工器具购置费+\\&工程建设其他费用+预备费+建设期贷款利息+\\&固定资产投资方向调节税(暂停征收)\end{aligned} \tag{3-8}$$

3.2.2　定额计价方法的性质

在不同的经济发展时期，建筑产品有不同的价格形式、不同的定价主体和不同的价格形成机制，而建筑产品价格的形式，产生并存在于一定的建设工程项目造价管理体制和一定的建筑产品交换方式当中。我国建筑产品价格市场化经历了"国家定价→国家指导价→国家调控价"三个阶段。

工程造价定额计价是以各种概预算定额、费用定额为基础，按照规定的计算程序确定和计算工程造价的特殊计价方法。因为在完全的定额计价模式下，建筑安装工程的生产要素（人工、材料、机械）的消耗量、价格、有关费用标准都由政府主管部门（即造价管理部门）制定发布，双方只是执行价格规定，不存在自主定价、价格竞争的过程。在预算定额从指令性走向指导性的过程中，虽然不是全部执行，但其调整（包括人工、材料和机械价格的调整）也都是由造价管理部门进行，造价管理部门不可能准确地把握市场价格的随时变化，其公布的造价与市场总有一定的滞后和偏离，这就决定了定额计价模式的局限性。因此定额计价方法的实质是政府定价。

（1）国家定价阶段

在我国计划经济体制下，工程建设任务是由国家主管部门按计划分配，建筑业不是一个独立的物质生产部门，建设单位、施工单位的财务收支实行统收统支，建筑产品价格仅仅是一个经济核算的工具而不是工程价值的货币反映，这一时期的建筑产品并不具有商品性质，建筑产品价格也不存在。在这种工程建设管理体制下，建筑产品价格实际上是在建设过程的各个阶段利用国家或地区所颁布的各种定额进行投资费用的预估和计算，也可以说是概预算加签证的形式。其主要特征有以下两个方面：

1）"工程价格"分为投资估算价、设计概算价、施工图预算价、工程费用签证和竣工结算价。

2）"工程价格"属于国家定价的价格形式，国家是这一价格的决定主体。建设单位、设计单位、施工单位都按照国家有关部门规定的定额标准、材料价格和取费标准，计算和确定工程价格，工程价格水平是由国家规定。

（2）国家指导价阶段

在市场经济建立初期，新的建筑产品价格形式逐渐取代了传统的建筑产品价格形式，主要是国家指导定价，国家指导定价的形式主要有预算包干价格和工程招标投标价格两种形式。预算包干价格是按照国家有关部门规定的包干系数、包干标准和计算方法来计算包干额，再以此形成包干价格。工程招标投标价格是在建筑产品招标投标交易过程中形成的工程价格，表现为标底价、投标报价、中标价、合同价、结算价等形式，这一阶段的工程招标投标价格属于国家指导价，是在最高限价范围内国家指导下的竞争价格。在这种价格形成过程中，国家和企业是价格的双重决定主体。其价格形成的特征有以下三个方面。

1）计划控制性。标底价格作为评标主要依据，要按照国家或地方工程造价管理部门制定的定额和有关取费标准编制。标底价格的最高数额受控于上级部门批准的工程概算价。

2）国家指导性。国家工程招标管理部门对标底价格进行审查，管理部门组成的监督小组直接监督和指导大中型工程招标、投标、评标和决标过程。

3）竞争性。投标单位可以根据本企业的条件和经营状况确定投标报价，并以该投标价格作为竞争承包工程的手段。招标单位可以在标底价格的基础上，择优确定中标单位及工程中标价格。

（3）国家调控价阶段

以国家调控的招标投标价格形式，是一种以市场形成价格为主的价格机制。它是在国家有关部门的调控下，由工程承、发包双方根据建筑市场中建筑工程产品供求关系变化来自主确定工程价格。其价格的形式可以不受国家工程造价管理部门的直接干预，而是根据市场的具体情况，由承、发包双方协商确定形成。这种价格形式与前两者相比，有以下三个方面的特征：

1）自发形成。由工程承、发包双方根据工程自身的物质劳动消耗、供求状况等协商议定，不受国家计划调控。

2）自发波动。随着建筑市场供求关系的不断变化，工程价格处于上升或者下降的波动之中，由市场决定价格。

3）自发调节。通过价格的波动，自发调节建筑产品的品种和数量，以保持工程投资与工程生产能力的平衡。

3.2.3 定额计价方法的改革与发展

我国的经济体制是从计划经济到社会主义市场经济，其中价格体制的变化是主要表现，但在整个改革过程中，建筑工程造价体制一直没有和市场经济合拍，总是滞后。以预算定额为依据的定额计价模式虽然也在努力适应市场要求，但由于其政府定价的本质特性，在其固有的框架内是很难有突破的。在市场经济体制的进程中，定额计价制度一直在不断地改革之中，其改革进程可以从三次“全国标准定额工作会议”精神中体现出来。

(1) 1992 年全国标准定额工作会议

为适应建立社会主义市场经济体制的要求，1992 年全国标准定额工作会议提出了一个“控制量，指导价，竞争费”的计价指导原则。这一原则对我国一直沿用的定额预结算制度是一个突破，但仍是政府定价的思路。它将工程造价的确定分为三个层次，生产要素的消耗量要“控制”，而控制的标准是定额，生产要素的价格由作为造价管理部门公布作为主要参考，竞争费的主要含义（按当时的理解）是按工程类别取费以体现出计价的平等性。因此这个思路有着很大的局限性。在当时，它未能与其他行业价格改革同步。

(2) 1997 年全国标准定额工作会议

根据“价格法”和市场经济体制要求，1997 年全国标准定额工作会议提出了“市场形成造价”的指导原则，但由于缺少法律依据和具体的实施办法，这一原则显得有些空洞。市场形成造价的原则是正确的，但在当时主要以预算定额及其体系为依据的条件下，怎样由市场形成造价，没有一个明确的思路。这以后在一段时间工程造价的管理仍然是在定额计价框架内的调整和完善，没有突破。

(3) 2003 年全国标准定额工作会议

这次会议的主要成果是“工程量清单”计价形式的提出，会后不久，原建设部与国家质量监督检验检疫总局联合推出国家标准《建设工程工程量清单计价规范》（GB 50500—2003），要求国有投资及国有投资为主的大中型建设工程项目执行工程量清单计价规范。从工程造价体制改革的进程来看，这次会议具有里程碑式的意义，因为它突破了建国后五十多年一直沿用的定额计价模式，以新的模式来取代旧有计价方式，是工程造价领域的一次“革命”。

我国工程定额计价制度从“量、价、费”合一到“量、价、费”分离，再到政府推行工程量清单计价制度，基本反映了政府定价、政府指导定价、政府宏观调控价的发展进程。工程量清单计价方法适应市场定价的改革目标，由招标者给出工程清单，投标者报价，单价完全依据企业技术、管理水平的整体实力而定，能充分发挥工程建设市场主体的主动性和能动性，是一种与市场经济相适应的工程计价方式。

3.3 工程量清单计价方法

3.3.1 工程量清单与工程量清单计价的概念

(1) 工程量清单

工程量清单是表现拟建工程的分部分项工程项目、措施项目、其他项目、规费项目和税金项目名称及其相应工程数量等的明细清单。它是招标人按照招标文件要求和施工设计图纸要求规定将拟建招标工程的全部项目和内容，依据《清单计价规范》附录中统一的项目编码、项目名称、计量单位和工程量计算规则等进行编制。

(2) 工程量清单计价

工程量清单计价是指投标人完成由招标人提供的工程量清单所需的全部费用，包括分部分项工程费、措施项目费、其他项目费、规费和税金。

3.3.2 实行工程量清单计价的意义

（1）实行工程量清单计价，是我国工程造价管理深化改革与发展的需要。实行工程量清单计价，将改变以工程预算定额为计价依据的计价模式，适应工程招标投标和由市场竞争形成工程造价的需要，推进我国工程造价事业的快速发展。

（2）实行工程量清单计价，是整顿和规范建设市场秩序，适应社会主义市场经济发展的需要。工程造价是工程建设的核心内容，也是建设市场运行的核心内容。实行工程量清单计价，是由市场竞争形成工程造价。工程量清单计价反映工程的个别成本，有利于企业自主报价和公平竞争，实现由政府定价到市场定价的转变；有利于规范业主在招标中的行为，有效纠正招标单位在招标中盲目压价的行为，避免工程招标中弄虚作假、暗箱操作等不规范行为，促进其提高管理水平，从而真正体现公开、公平、公正的原则，反映市场经济规律；有利于规范建设市场计价行为，从源头上遏制工程招标投标中滋生的腐败，整顿建设市场的秩序，促进建设市场的有序竞争。

（3）实行工程量清单计价，是适应我国工程造价管理政府职能转变的需求。按照政府部门真正履行“经济调节、市场监管、社会管理和公共服务”的职能要求，政府对工程造价的管理，将推行政府宏观调控、企业自主报价、市场形成价格、社会全面监督的工程造价管理体制。实行工程量清单计价，有利于我国工程造价管理政府职能的转变，由过去行政直接干预转变为对工程造价依法监管，有效地强化政府对工程造价的宏观调控，以适应建设市场发展的需要。

（4）实行工程量清单计价，是我国建筑业发展适应国际惯例，与国际接轨，融入世界大市场的需要。在我国实行工程量清单计价，会为我国建设市场主体创造一个与国际惯例接轨的市场竞争环境，有利于进一步对外开放交流，有利于提高国内建设各方主体参与国际竞争的能力，有利于提高我国工程建设的管理水平。

3.3.3 《清单计价规范》简介

《清单计价规范》主要包括：总则、术语、工程量清单编制、工程量清单计价、工程量清单及其计价格式、附录等内容。

3.3.3.1 总则

（1）为规范工程造价计价行为，统一建设工程工程量清单的编制和计价方法，根据《中华人民共和国建筑法》、《中华人民共和国合同法》、《中华人民共和国招标投标法》等法律法规，制定《清单计价规范》。

（2）《清单计价规范》适用于建设工程工程量清单计价活动。

（3）全部使用国有资金投资或国有资金投资为主（以下二者简称“国有资金投资”）的工程建设项目，必须采用工程量清单计价。

（4）非国有资金投资的工程建设项目，可采用工程量清单计价。

（5）工程量清单、招标控制价、投标报价、工程价款结算等工程造价文件的编制与核对应由具有资格的工程造价专业人员承担。

（6）建设工程工程量清单计价活动应遵循客观、公正、公平的原则。

（7）《清单计价规范》附录A～附录F应作为编制工程量清单的依据。

1）附录A为建筑工程工程量清单项目及计算规则，适用于工业与民用建筑物和构筑物工程。

2）附录B为装饰装修工程工程量清单项目及计算规则，适用于工业与民用建筑物和构筑物的装饰装修工程。

3）附录C为安装工程工程量清单项目及计算规则，适用于工业与民用安装工程。

4）附录D为市政工程工程量清单项目及计算规则，适用于城市市政建设工程。

5）附录E为园林绿化工程工程量清单项目及计算规则，适用于园林绿化工程。

6）附录F为矿山工程工程量清单项目及计算规则，适用于矿山工程。

（8）建设工程工程量清单计价活动，除应遵守《清单计价规范》外，尚应符合国家现行有关标准的规定。

3.3.3.2 术语（表3-1）

表3-1 《清单计价规范》术语解释

序号	术语	解释
1	工程量清单	建设工程的分部分项工程项目、措施项目、其他项目、规费项目和税金项目的名称和相应数量等的明细清单
2	项目编码	分部分项工程量清单项目名称的数字标识
3	项目特征	构成分部分项工程量清单项目、措施项目自身价值的本质特征
4	综合单价	完成一个规定计量单位的分部分项工程量清单项目或措施清单项目所需的人工费、材料费、施工机械使用费和企业管理费与利润，以及一定范围内的风险费用
5	措施项目	为完成工程项目施工，发生于该工程施工准备和施工过程中的技术、生活、安全、环境保护等方面的非工程实体项目
6	暂列金额	招标人在工程量清单中暂定并包括在合同价款中的一笔款项。用于施工合同签订时尚未确定或者不可预见的所需材料、设备、服务的采购，施工中可能发生的工程变更、合同约定调整因素出现时的工程价款调整以及发生的索赔、现场签证确认等的费用
7	暂估价	招标人在工程量清单中提供的用于支付必然发生但暂时不能确定的材料的单价以及专业工程的金额
8	计日工	在施工过程中，完成发包人提出的施工图纸以外的零星项目或工作，按合同中约定的综合单价计价
9	总承包服务费	总承包人为配合协调发包人进行的工程分包自行采购的设备、材料等进行管理、服务以及施工现场管理、竣工资料汇总整理等服务所需的费用
10	索赔	在合同履行过程中，对于非己方的过错而应由对方承担责任的情况造成的损失，向对方提出补偿的要求
11	现场签证	发包人现场代表与承包人现场代表就施工过程中涉及的责任事件所作的签证证明
12	企业定额	施工企业根据本企业的施工技术和管理水平而编制的人工、材料和施工机械台班等的消耗标准
13	规费	根据省级政府或省级有关权力部门规定必须缴纳的，应计入建筑安装工程造价的费用
14	税金	国家税法规定的应计入建筑安装工程造价内的营业税、城市维护建设税以及教育费附加等
15	发包人	具有工程发包主体资格和支付工程价款能力的当事人以及取得该当事人资格的合法继承人
16	承包人	被发包人接受的具有工程施工承包主体资格的当事人以及取得该当事人资格的合法继承人
17	造价工程师	取得《造价工程师注册证书》，在一个单位注册从事建设工程造价活动的专业人员
18	造价员	取得《全国建设工程造价员资格证书》，在一个单位注册从事建设工程造价活动的专业人员
19	工程造价咨询人	取得工程造价咨询资质等级证书，接受委托从事建设工程造价咨询活动的企业

续表

序号	术　语	解　　释
20	招标控制价	招标人根据国家或省级、行业建设主管部门颁发的有关计价依据和办法，按设计施工图纸计算的，对招标工程限定的最高工程造价
21	投标价	投标人投标时报出的工程造价
22	合同价	发、承包人在施工合同中约定的工程造价
23	竣工结算价	发、承包双方依据国家有关法律、法规和标准规定，按照合同约定的最终工程造价

3.3.3.3　工程量清单编制

（1）编制人

工程量清单是对招标投标双方都具有约束力的重要文件，是招标投标活动的重要依据。由于专业性强，内容复杂，所以对编制人的业务技术水平要求高。因此，《清单计价规范》规定了工程量清单应由具有编制能力的招标人或受其委托，具有相应资质的工程造价咨询人编制。

（2）工程量清单组成

工程量清单包括分部分项工程量清单、措施项目清单、其他项目清单、规费项目清单和税金项目清单。

（3）分部分项工程量清单编制

1）分部分项工程量清单应包括项目编码、项目名称、项目特征、计量单位和工程量。

2）分部分项工程量清单应根据《清单计价规范》中附录所规定的项目编码、项目名称、项目特征、计量单位和工程量计算规则进行编制。

3）分部分项工程量清单的项目编码，应采用十二位阿拉伯数字表示。一至九位应按附录的规定设置。十至十二位应根据拟建工程的工程量清单项目名称设置，同一招标工程的项目编码不得有重码。

4）分部分项工程量清单的项目名称应按附录的项目名称结合拟建工程的实际确定。

5）分部分项工程量清单中所列工程量应按附录中规定的工程量计算规则计算。

6）分部分项工程量清单的计量单位应按附录中规定的计量单位确定。

7）分部分项工程量清单项目特征应按附录中规定的项目特征，结合拟建工程项目的实际予以描述。

8）编制工程量清单出现附录中未包括的项目，编制人应作补充，并报省级或行业工程造价管理机构备案，省级或行业工程造价管理机构应汇总报住房和城乡建设部标准定额研究所。补充项目的编码由附录的顺序码与B和三位阿拉伯数字组成，并应从×B001起顺序编制，同一招标工程的项目不得重码。工程量清单中需附有补充项目的名称、项目特征、计量单位、工程量计算规则、工程内容。

（4）措施项目清单编制

1）措施项目清单应根据拟建工程的实际情况列项。通用措施项目可按表3-2选择列项，专业工程的措施项目可按附录中规定的项目选择列项。若出现《清单计价规范》中未列的项目，可根据工程实际情况补充。

2）措施项目中可以计算工程量的项目清单宜采用分部分项工程量清单的方式编制，列出项目编码、项目名称、项目特征、计量单位和工程量计算规则；不能计算工程量的项目清单，以“项”为计量单位。

表 3-2　通用措施项目一览表

序　　号	项　　目　　名　　称
1	安全文明施工（含环境保护、文明施工、安全施工、临时设施）
2	夜间施工
3	二次搬运
4	冬雨期施工
5	大型机械设备进出场及安拆
6	施工排水
7	施工降水
8	地上、地下设施，建筑物的临时保护设施
9	已完工程及设备保护

（5）其他项目清单编制

1）其他项目清单宜按照下列内容列项：

①暂列金额。

②暂估价：包括材料暂估单价、专业工程暂估价。

③计日工。

④总承包服务费。

2）出现第（1）条未列的项目，可根据工程实际情况补充。

（6）规费项目清单编制

1）规费项目清单应按照下列内容列项：

①工程排污费。

②工程定额测定费。

③社会保障费：包括养老保险费、失业保险费、医疗保险费。

④住房公积金。

⑤危险作业意外伤害保险。

2）出现第 1）条未列的项目，应根据省级政府或省级有关权力部门的规定列项。

（7）税金项目清单编制

1）税金项目清单应包括下列内容：

①营业税。

②城市维护建设税。

③教育费附加。

2）出现第 1）条未列的项目，应根据税务部门的规定列项。

3.3.3.4　工程量清单计价

（1）工程量清单计价的适用范围

实行工程量清单计价的招标投标工程，其招标标底和投标标底的编制、合同价款的确定和调整、工程结算等都按《清单计价规范》执行。

（2）工程量清单计价价款构成

工程量清单计价应包括招标文件规定的完成工程量清单所列项目的全部费用，包括分部分项工程费、措施项目费、其他项目费和规费、税金。

(3) 工程量清单应采用综合单价计价

工程量清单计价的分部分项工程费，应采用综合单价计算。措施项目费、其他项目费也可以采用综合单价的方法计算。

(4) 标底编制

招标工程如设标底，标底应根据招标文件中的工程量清单和有关要求、施工现场实际情况、合理的施工办法以及按照省、自治区、直辖市建设行政主管部门规定的有关工程造价计价办法进行编制。

(5) 投标报价编制

投标报价应根据招标文件中的工程量清单和有关要求、施工现场实际情况及拟定的施工方案或施工组织设计，依据企业定额和市场价格信息，或参照建设行政主管部门发布的社会平均消耗量定额进行编制。

3.3.3.5 工程量清单及其计价格式

参见本书附录中的工程量清单计价格式。

3.3.3.6 附录

附录中分别收录了建筑工程工程量清单项目及计算规则、装饰装修工程工程量清单项目及计算规则、安装工程工程量清单项目及计算规则、市政工程工程量清单项目及计算规则、园林绿化工程工程量清单项目及计算规则、矿山工程工程量清单项目及计算规则，参见3.3.3.1总则中（7）。

3.3.4 工程量清单计价的基本原理

工程量清单计价采用综合单价计价。综合单价是指完成规定计量单位项目所需的人工费、材料费、机械使用费、管理费、利润，并考虑风险因素。

工程量清单计价方法是在建设工程项目招标投标中，招标人按照国家统一的工程量计算规则提供工程数量，由投标人依据工程量清单自主报价，并按照经评审低价中标的工程造价计价方式。

以招标人提供的工程量清单为平台，投标人依据自身的技术、财务、管理能力进行投标报价，招标人依据具体的评标细则进行优选，这种计价方式是市场定价体系的具体表现形式。

(1) 工程量清单计价的基本方法与程序

工程量清单计价的基本过程可描述为：在统一的工程量计算规则的基础上，设置工程量清单项目名称，依据具体工程的施工图纸计算出各个清单项目的工程量，再根据各种渠道所获得的工程造价信息和经验数据进行计算得到工程造价。计价过程如图 3-2 所示。

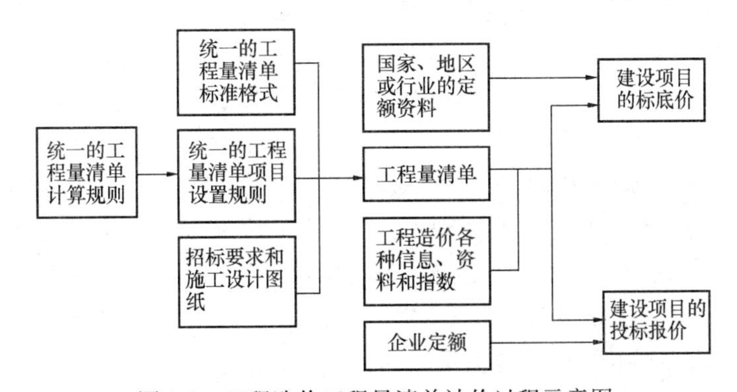

图 3-2 工程造价工程量清单计价过程示意图

从工程量清单计价过程的示意图中可以看出，其编制过程可分为两个阶段：工程量清单的编制阶段和利用工程量清单投标的报价阶段。投标报价是在业主提供的工程量清单的基础上，根据企业自身所掌握的各种信息、资料，结合企业定额进行报价。

1）分部分项工程费用＝$\sum$分部分项工程量清单数量×分部分项工程综合单价　(3-9)

其中：分部分项工程综合单价是由人工费、材料费、机械费、管理费、利润等组成，并考虑风险费用。

2）措施项目费＝$\sum$措施项目工程量×措施项目综合单价　(3-10)

其中：措施项目包括通用措施项目和与其相对应的单位工程的专用措施项目，措施项目综合单价的构成与分部分项工程综合单价的构成类似。

3）其他项目费。按招标文件规定计算。

4）单位工程造价＝分部分项工程费＋措施项目费＋其他项目费＋规费＋税金　(3-11)

5）单项工程造价＝$\sum$单位工程费　(3-12)

6）工程项目总造价＝$\sum$单项工程费　(3-13)

（2）工程量清单计价的操作过程

目前，工程量清单计价作为一种市场价格的形成机制，其主要适用于工程招标投标阶段。所以，工程量清单计价的操作过程可以从招标、投标、评标三个阶段来阐述。

1）工程招标阶段。招标单位在工程方案设计、初步设计或部分施工图设计完成后，即可委托标底编制单位（或招标代理单位）按照统一的工程量计算规则，以单位工程为对象，计算并列出各分部分项工程的工程量清单（应附有关的施工内容说明），作为招标文件的组成部分发放给各投标单位。其工程量清单的粗细程度、准确程度取决于工程的设计深度及编制人员的技术水平和经验。在分部分项工程量清单中，项目编码、项目名称、计量单位和工程数量等项由招标单位依据全国统一的工程量清单项目设置和计量规则填写。综合单价和合价由投标人根据自己的施工组织设计（如工程量的大小、施工方案的选择、施工机械和劳动力的配备及材料供应等），以及招标单位对工程的质量要求等因素综合评定后填写。

2）投标单位制作标书阶段。投标单位在对招标文件中所列的工程量清单进行审核时，要视招标单位是否允许对工程量清单内所列的工程量误差进行调整而决定审核办法。如果允许调整，就要详细审核工程量清单内所列的各工程项目的工程量，对有较大误差的，通过招标单位答疑会提出调整意见，取得招标单位同意后进行调整；如果不允许调整工程量，则不需要对工程量进行详细的审核，只对主要项目或工程量大的项目进行审核，发现这些项目有比较大误差时，可以利用调整这些项目单价的方法解决。工程量单价的套用有两种方法，即工料单价法及综合单价法。工料单价法即工程量清单的单价按照现行预算定额的工、料、机消耗标准及预算价格确定。措施费、间接费、利润、有关文件规定的调价、风险金、税金等费用，计入其他相应标价计算表中。综合单价法即工程量清单的单价，综合了人工费、材料费、机械台班费、管理费、利润等，并考虑风险费用的综合单价。工料单价法虽然价格的构成比较清楚，但缺点也是明显的，它反映不出工程实际的质量要求和投标企业的真实技术水平，容易使企业再次陷入定额计价的老路。综合单价法的优点，是当工程量发生变更时，易于查对，能够反映本企业的技术能力、工程管理能力。根据我国现行的工程量清单计价办法，单价采用的是综合单价。

3）评标阶段。在评标时可以对投标单位的最终总报价以及分部分项工程项目和措施项目的综合单价的合理性进行评判。由于采用了工程量清单计价方法，所有投标单位都站在同一起跑线上，因而竞争更为公平合理，有利于实现优胜劣汰，而且在评标时应坚持倾向于合理低价中标的原则。当然，在评标时仍然可以采用综合计分的方法，即不仅考虑报价因素，而且还对投标单位的施工组织设计、企业业绩和信誉等按一定的权重分值分别进行计分，按总评分的高低确定中标单位；或者采用两阶段评标的办法，即先对投标单位的技术方案进行评判，在技术方案可行的前提下，再以投标单位的报价作为评标定标的唯一因素，这样既可以保证工程建设质量，又有利于业主选择一个合理的、报价比较低的单位中标。

3.3.5 工程量清单计价的步骤

（1）熟悉工程量清单

工程量清单是计算工程造价最重要的依据，在计价时必须全面了解每一个清单项目的特征描述，熟悉其所包括的所有工程内容，以便在计价时不漏项，不重复计算。

（2）研究招标文件

工程招标文件的有关条款、要求和合同条件，是工程量清单计价的重要依据。在招标文件中对有关承、发包工程范围、内容、期限、工程材料、设备采购及供应方法等都有具体规定，只有在计价时按规定进行，才能保证计价的有效性。所以，投标单位拿到招标文件后，根据招标文件的要求，要对照图纸，对招标文件提供的工程量清单进行复查或复核，其内容主要有：

1）分专业对施工图进行工程量的数量审查。招标文件上要求投标人审核工程量清单，若投标人不审核，则不能发现清单编制中存在的问题，也就不能充分利用招标人给予投标人澄清问题的机会，则由此产生的后果由投标人自行负责。如投标人发现由招标人提供的工程量有误，招标人可按合同约定进行处理。

2）根据图纸说明和各种选用规范对工程量清单项目进行审查。这主要是指根据规范和技术要求，审查清单项目是否漏项。

3）根据技术要求和招标文件的具体要求，对工程需要增加的内容进行审查。认真研究招标文件是投标人争取中标的首要要素。表面上看，各招标文件基本相同，但每个项目都有自己的特殊要求，这些要求一定会在招标文件中反映出来，这需要投标人仔细研究。有的工程量清单要求增加的内容、技术要求，如与招标文件不一致，只有通过审查和澄清才能统一起来。

（3）熟悉施工图纸

全面、系统地阅读图纸，是准确计算工程造价的重要基础。阅读图纸时应注意以下几点：

1）按设计要求，收集图纸选用的标准图、大样图。

2）认真阅读设计说明，掌握安装构件的部位和尺寸、施工要求及特点。

3）了解本专业施工与其他专业施工工序之间的关系。

4）对图纸中的错、漏以及表示不清楚的地方予以记录，以便在招标答疑会上询问解决。

（4）熟悉工程量计算规则

当采用消耗量定额分析分部分项工程的综合单价时，对消耗量定额的工程量计算规则的熟悉和掌握，是快速、准确地分析综合单价的重要保证。

（5）了解施工组织设计

施工组织设计或施工方案是施工单位的技术部门针对具体工程编制的施工作业的指导性文件，其中对施工技术措施、安全措施、施工机械配置、是否增加辅助项目等，都应在工程计价的过程中予以注意。施工组织设计所涉及的费用主要属于措施项目费。

（6）熟悉加工订货的有关情况

明确建设、施工单位双方在加工订货方面的分工。对需要进行委托加工订货的设备、材料、零件等，提出委托加工计划，并且落实加工单位及加工产品的价格。

（7）明确主材和设备的来源情况

主材和设备的型号、规格、数量、材质、品牌等对工程计价影响很大，因此应对主材和设备的采购范围及有关内容予以明确，必要时注明产地和厂家。

（8）计算工程量

清单计价的工程量主要有两部分内容：一是核算工程量清单所提供清单项目工程量是否准确；二是计算每一个清单主体项目所组合的辅助项目工程量，以便分析综合单价。

在计算工程量时，应注意清单计价和定额计价计算方法的不同。清单计价时，是辅助项目随主体项目计算，将不同工程内容发生的辅助项目组合在一起，计算出该主体项目的分部分项工程费。

（9）确定措施项目清单内容

措施项目清单是完成项目施工必须采取的措施所需的工作内容，该内容必须结合项目的施工方案或施工组织设计的具体情况填写，因此，在确定措施项目清单内容时，一定要根据自己的施工方案或施工组织设计加以修改。

（10）计算综合单价

将工程量清单主体项目及其组合的辅助项目汇总，填入分部分项综合单价计算表。如采用消耗量定额分析综合单价的，则应按照定额的计量单位，选套相应定额，计算出各项的管理费和利润，汇总为清单项目费合价，分析出综合单价。综合单价是报价和调价的主要依据。

投标人可以用企业定额，也可以用建设行政主管部门的消耗量定额，甚至可以根据本企业的技术水平调整消耗量定额的消耗量来计价。

（11）计算措施项目费、其他项目费、规费、税金等

（12）汇总计算单位工程造价

将分部分项工程项目费、措施项目费、其他项目费和规费、税金，汇总计算出单位工程造价，将各个单位工程造价汇总计算出单项工程造价。

3.4 定额计价与工程量清单计价的比较

自从《清单计价规范》实施以来，我国建设工程项目计价逐渐转向以工程量清单计价为主、定额计价为辅的模式。由于我国各地经济发展状况不一致，市场经济的程度存在差异，将定额计价立即转变为清单计价还存在一定困难，定额计价模式在一定时期内还有其发挥作用的市场。清单计价在我国需要有一个适应和完善的过程。清单计价和定额计价两种计价模式的比较见表3-3。

表 3-3　清单计价和定额计价两种计价模式的比较

内　容	定　额　计　价	清　单　计　价
项目设置	《综合定额》的项目一般是按施工工序、工艺进行设置的，定额项目包括的工程内容一般是单一的	工程量清单项目的设置是以一个“综合实体”考虑的，“综合项目”一般包括多个子目工程内容
定价原则	按工程造价管理机构发布的有关规定及定额中的基价计价	按清单的要求，企业自主报价，市场决定价格
计价价款构成	定额计价价款包括：直接工程费、措施项目费、间接费、利润和税金。而直接工程费中的子目基价是指完成《综合定额》分部分项工程项目所需的人工费、材料费、机械费。子目单价是定额基价，它没有反映企业的真实水平，没有考虑风险的因素	工程量清单计价价款是指完成招标文件规定的工程量清单项目所需的全部费用。包括：分部分项工程费、措施项目费、其他项目费、规费和税金；包含完成每分项工程所含全部工程内容的费用；包含工程量清单中没有体现的，施工中又必须发生的工程内容所需的费用；考虑了风险因素而增加的费用
单价构成	定额计价采用定额子目基价，定额子目基价只包括定额编制时期的人工费、材料费、机械费，并不包括利润和各种风险因素带来的影响	工程量清单采用综合单价。综合单价包括人工费、材料费、机械费、管理费和利润，且各项费用均由投标人根据企业自身情况并考虑各种风险因素自行编制
价差调整	按工程承、发包双方约定的价格与定额价对比，调整价差	按工程承、发包双方约定的价格直接计算，除招标文件规定外，不存在价差调整的问题
计价过程	招标方只负责编写招标文件，不设置工程项目内容，也不计算工程量。工程计价的子目和相应的工程量是由投标方根据设计文件确定。项目设置、工程量计算、工程计价等工作在一个阶段内完成	招标方必须设置清单项目并计算清单工程量，同时在清单中对清单项目的特征和包括的工程内容必须清晰、完整地告诉投标人，以便投标人报价，故清单计价模式由两个阶段组成：一是由招标方编制工程量清单；二是投标方拿到工程量清单后根据清单报价
人工、材料、机械消耗量	定额计价的人工、材料、机械消耗量按《综合定额》标准计算，《综合定额》标准是按社会平均水平编制的	工程量清单计价的人工、材料、机械消耗量由投标人根据企业的自身情况或《企业定额》自定，它真正反映企业的自身水平
工程量计算规则	按定额工程量计算规则	按清单工程量计算规则
计价方法	根据施工工序计价，即将相同施工工序的工程量相加汇总，选套定额，计算出一个子项的定额分部分项工程费，每一个项目独立计价	按一个综合实体计价，即子项目随主体项目计价，由于主体项目与组合项目是不同的施工工序，所以往往要计算多个子项才能完成一个清单项目的分部分项综合单价、每一个项目组合计价
价格表现形式	只表示工程造价，分部分项工程费不具有单独存在的意义	主要为分部分项工程综合单价，是投标、评标、结算的依据，单价一般不调整
适用范围	编审标底，设计概算，工程造价鉴定	全部使用国有资金投资或国有资金投资为主的大中型建设工程和需招标的小型工程
工程风险	工程量由投标人计算和确定，价差一般可调整，故投标人一般只承担工程量计算风险，不承担材料价格风险	招标人编制工程量清单，计算工程量，数量不准会被投标人发现并利用，招标人要承担差量的风险。投标人报价应考虑多种因素，由于单价通常不调整，故投标人要承担组成价格的全部因素风险

上岗工作要点

熟练使用工程造价的两种计价方法，并能够区分出两者之间的区别。

思　考　题

3-1　什么是工程造价计价依据?

3-2　工程造价计价依据概括可分为哪几类?

3-3　工程造价计价依据的主要特征是什么?

3-4　工程造价计价依据的主要作用有哪些?

3-5　定额计价的基本原理及特点有哪些?

3-6　定额计价方法的性质有哪些?

3-7　简述工程量清单的定义。

3-8　实行工程量清单计价的意义有哪些?

3-9　工程量清单计价的基本方法和程序有哪些?

3-10　怎样制定工程量清单计价?

习　　题

单选题:

3-1　概算定额与预算定额的主要不同之处在于（　　）。

A. 贯彻的水平原则不同　　B. 表达的主要内容不同

C. 表达的方式不同　　D. 项目划分和综合扩大程度不同

3-2　工程量清单计价是指投标人完成由招标人提供的工程量清单所需的全部费用，包括（　　）。

A. 仅有分部分项工程费

B. 仅有措施项目费、其他项目费

C. 仅有规费和税金

D. 分部分项工程费、措施项目费、其他项目费、规费和税金

3-3　招标人在工程量清单中提供的用于支付必然发生但暂时不能确定的材料的单价以及专业工程的金额，指的是（　　）。

A. 暂估价　　B. 暂列金额

C. 总承包服务费　　D. 人工费

3-4　综合单价是指完成规定计量单位项目所需的人工费、材料费、机械使用费、管理费、利润，并考虑（　　）。

A. 自然因素　　B. 风险因素

C. 可能发生的费用　　D. 环境因素

多选题:

3-5　定额计价方法与工程量清单计价方法的主要区别在于（　　）。

A. 计价依据不同　　B. 单价与报价组成不同

C. 编制工程量的主体不同　　D. 对招投标代理机构的要求不同

E. 对招标程序要求不同

第4章　建设项目决策阶段工程造价控制

重　点　提　示

1. 了解决策阶段与工程造价的关系。
2. 了解建设项目可行性研究。
3. 熟悉投资估算方法和计算。
4. 熟悉财务评价方法和计算。
5. 熟悉经济费用和效益的计算。

4.1　建设项目决策阶段与工程造价的关系

4.1.1　建设项目决策的含义

项目投资决策是选择和决定投资行动方案的过程，是对拟建项目的必要性和可行性进行技术经济论证，对不同建设方案进行技术经济比较及作出判断和决定的过程。正确的项目投资行动来源于正确的项目投资决策。项目决策正确与否，直接关系到项目建设的成功与失败，关系到工程造价的高低及投资效果的好坏。正确决策是合理确定与控制造价的前提。

4.1.2　建设项目决策与工程造价的关系

（1）项目决策的正确性是工程造价合理性的前提

项目决策正确，意味着对项目建设做出科学的决断，优选出最佳投资行动方案，达到资源的合理配置。这样才能合理地估算和计算工程造价，并且在实施最优投资方案的过程中，有效地控制工程造价。项目决策失误，主要体现在对不应该建设的项目进行投资建设，或者项目建设地点选择错误，或者投资方案的确定不合理等。诸如此类的决策失误，会直接带来不必要的资金投入和人力、物力及财力的浪费，甚至造成不可弥补的损失。在这种情况下，合理地进行工程造价的计价与控制已经毫无意义了。所以，要达到工程造价的合理性，事先就要保证项目决策的正确性，避免决策失误。

（2）项目决策的内容是决定工程造价的基础

工程造价的计价与控制贯穿于项目建设全过程，但决策阶段各项技术经济决策，对该项目的工程造价有重大的影响，特别是建设标准的确定、建设地点的选择、工艺的评选、设备选用等，直接关系到工程造价的高低。据有关资料的统计，在项目建设各阶段中，投资决策阶段影响工程造价的程度最高，达到70%～90%。所以，决策阶段是决定工程造价的基础阶段，直接影响决策阶段之后的各个建设阶段工程造价的计价与控制是否科学、合理。

（3）造价高低、投资多少也影响项目决策

决策阶段的投资估算是进行投资方案选择的重要依据之一，同时也是决定项目是否可行及主管部门进行项目审批的参考依据。

（4）项目决策的深度影响投资估算的精确度，也影响工程造价的控制效果投资决策的过程，是一个由浅入深、不断深化的过程，依次分为若干个工作阶段，不同阶段决策的深度不同，投资估算的精确度也不同。除此之外，由于在项目建设各阶段中，即决策阶段、初步设计阶段、技术设计阶段、施工图设计阶段、工程招标投标和承包发包阶段、施工阶段以及竣工验收阶段，通过工程造价的确定与控制，相应的形成投资估算、设计概算、修正概算、施工图预算、承包合同价、结算价及竣工决算。这些造价形式之间存在着前者控制后者，后者补充前者这样的相互作用关系。按照“前者控制后者”的制约关系，意味着投资估算对其后面的各种形式的造价起着制约的作用，作为限额目标。由此可见，只有加强项目决策的深度，采用科学的估算方法及可靠的数据资料，合理地计算投资估算，保证投资估算充足，才能保证其他阶段的造价被控制在合理的范围，使投资控制目标能够得到实现，避免“三超”现象的发生。

4.1.3 项目决策阶段影响工程造价的主要因素

项目工程造价的多少主要取决于项目的建设标准。建设标准是工程项目前期工作中，对项目决策中有关建设的原则、等级、规模、建筑面积、工艺设备配置、建设用地及主要技术经济指标等方面进行的规定。

建设标准的内容包括影响工程项目投资效益的主要方面，其具体内容应依据各类工程项目的不同情况来确定。工业项目一般包括：建设条件、建设规模、项目构成、工艺与装备、配套工程、建筑标准、建设用地、环境保护、劳动定员、建设工期、投资估算指标和主要技术经济指标等；民用项目一般包括：建设规模、建设等级、建筑标准、建设设备、建设用地、建设工期、投资估算指标和主要技术经济指标等。能否起到控制工程造价、指导建设投资的作用，关键在于标准水平定得是否合理。标准水平定得过高，会脱离我国的实际情况及财力、物力的承受能力，增加造价；标准水平定得过低，将会妨碍技术进步，影响国民经济的发展和人民生活的提高。大多数工业交通项目应采用中等适用的标准，对少数的引进国外先进技术和设备的项目或少数有特殊要求的项目，标准可以适当高些。在建筑方面，应该坚持经济、适用、安全、朴实的原则。建设项目标准中的各项规定，能定量的应尽量给出指标，不能定量的要有定性的原则要求。

（1）项目建设规模

项目建设规模又称项目生产规模，是指项目设定的正常生产运营年份可能达到的生产能力或者使用效益。建设规模的确定，就是要合理选择拟建项目的生产规模，解决“生产多少”的问题。每一个建设项目都存在着选择一个合理规模的问题。生产规模过小，使得资源得不到有效的配置，单位产品成本较高，经济效益低下；生产规模过大，超过了项目产品市场的需求量，则会导致开工不足、产品积压或降价销售，致使项目经济效益也低下。所以，项目规模的合理选择关系着项目的成败，决定着工程造价是否合理。项目规模合理化的制约因素有：

1）市场因素。市场因素是项目规模确定中需考虑的首要因素。

①项目产品的市场需求状况是确定项目生产规模的前提。通过市场分析与预测，确定市场的需求量、了解竞争对手的情况，最终确定项目建成时的最佳生产规模，使所建项目在未来能够保持合理的赢利水平及持续发展的能力。

②原材料市场、资金市场、劳动力市场等对项目规模的选择起着不同程度的制约作用。如项目规模过大可能会导致材料供应紧张和价格上涨，造成项目所需投资资金的筹集困难和资金成本上升等，将会制约项目的规模。

③市场价格分析是制定营销策略和影响竞争力的主要因素。市场价格预测应考虑影响价格变动的各种因素，根据项目具体情况采用回归法和比价法进行预测。

④市场风险分析也是确定建设规模的重要依据。市场风险主要包括技术进步加快，新产品和新替代产品的出现，导致部分用户转向购买新产品和新替代产品，减少了对项目产品的需求，影响项目产品的预期效益；新竞争对手的加入，市场趋于饱和，导致项目产品市场占有份额减少；市场竞争加剧，出现产出品市场买方垄断，项目产出品的价格急剧下降；或者出现投入品市场卖方垄断，项目所需的投入品价格大幅度上涨。这种激烈的价格竞争，将会导致项目产品的预期效益减少；国内外政治经济条件出现突发性变化，引起市场激烈震荡，导致项目产出品销售锐减，或者项目主要投入品供应中断。

2）技术因素。先进适用的生产技术及技术装备是项目规模效益赖以存在的基础，而相应的管理技术水平则是实现规模效益的保证。如果与经济规模生产相适应的先进技术及其装备的来源没有保障，或者获取技术的成本过高，或者管理水平跟不上，则不仅预期的规模效益难以实现，还会给项目的生存和发展带来危机，导致项目投资效益低下，工程支出浪费严重。

3）环境因素。项目建设、生产和经营都是在特定的社会经济环境下进行的，项目规模确定中需考虑的主要环境因素有：政策因素、燃料动力供应、协作及土地条件、运输及通信条件。其中，政策因素包括产业政策，投资政策，技术经济政策，国家、地区及行业经济发展规划等。尤其是为了取得较好的规模效益，国家对部分行业的新建项目规模作了下限规定，选择项目规模时应遵照执行。

不同行业、不同类型的项目确定建设规模，还应分别考虑以下因素：

①对于煤炭、金属与非金属矿山、石油、天然气等矿产资源开发项目，应根据资源合理开发利用的要求和资源可采储量、贮存条件等确定建设规模。

②对于水利水电项目，应根据水的资源量、可开发利用量、地质条件、建设条件、库区生态影响、占用土地以及移民安置等确定建设规模。

③对于铁路、公路项目，应根据建设项目影响区域内一定时期运输量的需求预测，以及该项目在综合运输系统和本系统中的作用确定线路等级、线路长度和运输能力。

④对于技术改造项目，应深入研究建设项目生产规模与企业现有生产规模的关系；新建生产规模属于外延型还是外延内涵复合型，以及利用现有场地、公用工程和辅助设施的可能性等因素，确定项目建设规模。

4）建设规模方案比选。在对以上因素进行充分考核以后，应该确定相应的产品方案、产品组合方案和项目建设规模。

项目合理建设规模的确定方法包括：

①盈亏平衡产量分析法。通过项目产量与项目费用和收入的变化关系，分析项目的盈亏平衡点，以探求项目的合理的建设规模。当产量提高到一定程度，如果继续扩大规模，项目就出现亏损，此点称为项目的最大规模盈亏平衡点。当规模处于这两点之间时，项目赢利，所以这两点是合理建设规模的下限和上限，可作为确定合理经济规模的依据之一。

②平均成本法。最低成本和最大利润属“对偶现象”。成本最低，利润最大；成本最大，利润最低。因此，有人以争取项目达到最低平均成本为手段，来确定项目的合理建设规模。

③生产能力平衡法。在技改项目中，可采用生产能力平衡法来确定合理的生产规模。最大工序生产能力法是以现有最大生产能力的工序为标准，逐步填平补齐，成龙配套，使之满

足最大生产能力的设备要求。最小公倍数法是以项目各工序生产能力或现有标准设备的生产能力为基础，并以各工序生产能力的最小公倍数为准，通过填平补齐，成龙配套，形成最佳的生产规模。

④政府或行业规定。为了防止投资项目效率低下和浪费资源，国家对某些行业的建设项目规定了规模界限。投资项目的规模，必须满足这些规定。

经过多方案的比较，在初步可行性研究（或项目建议书）阶段，应提出项目建设（或生产）规模的倾向意见，报上级机构审批。

（2）建设地区及建设地点（厂址）

通常情况下，确定某个建设项目的具体地址（或厂址），需要经过建设地区选择和建设地点选择（厂址选择）这样两个不同层次的、相互联系又相互区别的工作阶段。这两个阶段是一种递进关系。其中，建设地区选择是指在几个不同地区之间对拟建项目适宜配置在哪个区域范围的选择；建设地点选择是指对项目具体坐落位置的选择。

1）建设地区的选择。建设地区选择是否合理，在相当大的程度上决定着拟建项目的命运，影响着工程造价的高低、建设工期的长短、建设质量的好坏，还影响到项目建成后的运营状况。所以，建设地区的选择要充分考虑各种因素的制约，具体要考虑以下因素：

①要符合国民经济发展战略规划、国家工业布局总体规划和地区经济发展规划的要求。

②要根据项目的特点和需要，充分考虑原材料条件、能源条件、水源条件、各地区对项目产品需求以及运输条件等。

③要综合考虑气象、地质、水文等建厂的自然条件。

④要充分考虑劳动力来源、生活环境、协作、施工力量、风俗文化等社会环境因素的影响。

在综合考虑上述因素的基础上，建设地区的选择要遵循以下两个基本原则：

A. 靠近原料、燃料提供地和产品消费地的原则。满足这一要求，在项目建成投产后，可以避免原料、燃料和产品的长期远途运输，减少费用，降低产品的生产成本，并且缩短流通时间，加快流动资金的周转速度。但这一原则并不是意味着项目安排在距原料、燃料提供地和产品消费地的等距离范围内，而是根据项目的技术经济特点和要求具体对待。

B. 工业项目适当聚集的原则。在工业布局中，通常是一系列相关的项目聚集成适当规模的工业基地和城镇，从而有利于发挥“集聚效益”。集聚效益形成的客观基础是：第一，现代化生产是一个复杂的分工合作体系，只有相关企业集中配置，才能对各种资源和生产要素充分利用，便于形成综合生产能力，特别对那些具有密切投入产出链环关系的项目，集聚效益尤为显著；第二，现代产业需要有相应的生产性和社会性基础设施相配合，其能力和效率才能充分发挥出来，企业布点适当集中，才有可能统一建设比较齐全的基础设施，避免重复建设，节约投资，提高这些设施的效益；第三，企业布点适当集中，才能为不同类型的劳动者提供就业的机会。

但是，工业布局的集聚程度，并非越高越好。当工业集聚超越客观条件时，也会带来许多弊端，促使项目投资增加，经济效益下降。

2）建设地点（厂址）的选择。建设地点的选择是一项非常复杂的、技术经济综合性很强的系统工程，它不仅涉及项目建设条件、产品生产要素、生态环境和未来产品销售等重要问题，受社会、政治、经济、国防等多种因素的制约；而且还直接影响到项目建设投资、建设速度和施工条件，以及未来企业的经营管理及所在地点的城乡建设规划与发展。所以，必须从国民经济和社会发展的全局出发，运用系统观点及方法分析决策。

①选择建设地点的要求：

A. 节约土地，少占耕地。项目的建设应尽可能地节约土地，尽量把厂址放在荒地、劣地、山地和空地，尽可能不占或少占耕地，并力求节约用地。尽量节省土地的补偿费用，降低工程造价。

B. 减少拆迁移民。工程选址、选线应着眼于少拆迁、少移民，尽可能不靠近、不穿越人口密集的城镇或居民区，减少或不发生拆迁安置费，降低工程造价。若必须拆迁移民，应制定征地拆迁移民安置方案，考虑移民数量、安置途径、补偿标准，拆迁安置工作量和所需资金等情况，作为前期费用计入项目投资成本。

C. 应尽量选在工程地质、水文地质条件较好的地段，土壤耐压力应满足拟建厂的要求，严防选在断层、溶岩、流沙层与有用矿床上以及洪水淹没区、已采矿坑塌陷区、滑坡区。厂址的地下水位应尽可能低于地下建筑物的基准面。

D. 要有利于厂区合理布置和安全运行。厂区土地面积与外形能够满足厂房与各种构筑物的需要，并适合于按科学的工艺流程布置厂房与构筑物，满足生产安全的要求。厂区地形力求平坦而略有坡度（一般5%～10%为宜），以减少平整土地的土方工程量，节约投资，又便于地面排水。

E. 应尽量靠近交通运输条件和水电等供应条件好的地方。厂址应靠近铁路、公路、水路，以缩短运输距离，减少建设投资和未来的运营成本；厂址应设在供电、供热和其他协作条件便于取得的地方，有利于施工条件的满足和项目运营期间的正常运作。

F. 应尽量减少对环境的污染。对于大量排放有害气体和烟尘的项目，不能建在城市的上风向，以免对整个城市造成污染；对于噪声大的项目，厂址应选在距离居民集中地区较远的地方，同时，要设置一定宽度的绿化带，以减弱噪声的干扰；对于生产或使用易燃、易爆、辐射产品的项目，厂址应远离城镇和居民密集区。

②厂址选择时的费用分析。在进行厂址多方案技术经济分析时，除了比较上述厂址条件外，还应具有全寿命周期的理念，从以下两方面进行分析：

A. 项目投资费用。包括：土地征购费、拆迁补偿费、土石方工程费、运输设施费、排水及污水处理设施费、动力设施费、生活设施费、临时设施费、建材运输费等。

B. 项目投产后生产经营费用比较。包括：原材料、燃料运入及产品运出费用，给水、排水、污水处理费用，动力供应费用等。

③项目选址方案的技术经济论证。选址方案的技术经济论证，是寻求合理的经济和技术决策的必要手段，也是项目选址工作的重要组成部分。在项目选址工作中，通过实地调查和基础资料的搜集，拟定项目选址的备选方案，然后就是对各种方案进行技术经济论证，选择最佳厂址方案。场址比较的主要内容有：建设条件比较、建设费用比较、经营费用比较、运输费用比较、环境影响比较和安全条件比较。

（3）技术方案

生产技术方案指产品生产所采用的工艺流程和生产方法。技术方案不仅影响项目的建设成本，也影响项目建成后的运营成本。所以，技术方案的选择直接影响项目的工程造价，必须认真选择和确定。

1）技术方案选择的基本原则。

①先进适用原则。这是评定技术方案最基本的标准。先进与适用，是对立的统一。保证

工艺技术的先进性是首先要满足的，它能够带来产品质量、生产成本的优势。但是不能单独强调先进而忽视适用，还要考察工艺技术是否符合我国国情和国力，是否符合我国的技术发展政策。有的引进项目，可以在主要工艺上采用先进技术，而其他部分则采用适用技术。总之，一定要根据我国的国情和建设项目的经济效益，综合考虑先进与适用的关系。

②安全可靠原则。项目所采用的技术或工艺，必须经过多次试验和实践证明是成熟的，技术过关，质量可靠，有详尽的技术分析数据和可靠性记录，并且生产工艺的危害程度控制在国家规定的标准之内。只有这样，才能确保生产安全运行，发挥项目的经济效益。对于核电站、产生有毒有害和易燃易爆物质的项目（例如油田、煤矿等）及水利水电枢纽等项目，更应该重视技术的安全性和可靠性。

③经济合理原则。经济合理是指所用的技术或工艺应能以尽可能小的消耗获得最大的经济效果，要求综合考虑所用技术或工艺所能产生的经济效益和国家的经济承受能力。在可行性研究中可能提出多种不同的技术方案，各个方案的劳动需要量、能源消耗量、投资数量等可能不同，在产品质量和产品成本等方面也可能有差异，因而应反复进行比较，从中挑选最经济最合理的技术或工艺。

2）技术方案选择内容。

①生产方法选择。生产方法直接影响生产工艺流程的选择。通常在选择生产方法时，从以下几个方面着手：

A. 研究与项目产品相关的国内外生产方法，分析比较优缺点和发展趋势，采用先进适用的生产方法。

B. 研究拟采用的生产方法是否与采用的原材料相适应。

C. 研究拟采用生产方法的技术来源是否能够得到，如果采用引进技术或专利，应比较所需费用。

D. 研究拟采用生产方法是否符合节能和清洁的要求。

②工艺流程方案选择。工艺流程是指投入物（原料或半成品）经过有次序的生产加工，成为产出物（产品或加工品）的过程。选择工艺流程方案的具体内容包括以下几个方面：

A. 研究工艺流程方案对产品质量的保证程度。

B. 研究工艺流程各个工序间的合理衔接，工艺流程应通畅、简捷。

C. 研究选择先进合理的物料消耗定额，提高收效和效率。

D. 研究选择主要工艺参数。

E. 研究工艺流程的柔性安排，既能保证主要工序生产的稳定性，又能根据市场需求的变化，使生产的产品在品种规格上保持一定的灵活性。

③工艺方案的比选。确定不同工艺方案之后，要在可选方案之间进行比选，内容包括技术的先进程度、可靠程度，技术对产品质量性能的保证程度，技术对原材料的适应性，工艺流程的合理性，自动化控制水平，估算本国及外国各种工艺方案的成本、成本耗费水平，对环境的影响程度等技术经济指标等。工艺改造项目工艺方案的比选论证，还应与原有的工艺方案进行比较。

比选论证后提出的推荐方案，应绘制其主要的工艺流程图，编制主要物料平衡表，主要原材料、辅助材料以及水、电、气等的消耗量等图表。

（4）设备方案

在生产工艺流程和生产技术确定后，就要根据工厂生产规模和工艺过程的要求，选择设备的型号和数量。设备的选择与技术密切相关，二者必须匹配。没有先进的技术，再好的设备也没用，没有先进的设备，技术的先进性无法得到体现。

设备方案选择应符合以下要求：

1）主要设备方案应与确定的建设规模、产品方案和技术方案相适应，并满足项目投产后生产或使用的要求。

2）主要设备之间、主要设备与辅助设备之间能力要相互匹配。

3）设备质量可靠、性能成熟，保证生产和产品质量稳定。

4）在保证设备性能的前提下，力求经济合理。

5）选择的设备应符合政府部门或专门机构发布的技术标准要求。

（5）工程方案

工程方案构成项目的实体。工程方案选择是在已选定项目建设规模、技术方案和设备方案的基础上，研究论证主要建筑物、构筑物的建造方案，包括对于建筑标准的确定。一般工业项目的厂房、工业窑炉、生产装置等建筑物、构筑物的工程方案，主要研究其建筑特征（面积、层数、高度、跨度），建筑物构筑物的结构形式，以及特殊的建筑要求（防火、防爆、防腐蚀、隔声、隔热等），基础工程方案，抗震设防等。

工程方案的选择应满足以下基本要求：

1）满足生产使用功能要求。确定项目的工程内容、建筑面积和建筑结构时，应满足生产和使用的要求。分期建设的项目，应留有适当的发展余地。

2）适应已选定的场址（线路走向）。在已选定的场址（线路走向）范围内，合理布置建筑物、构筑物，以及地上、地下管网的位置。

3）符合工程标准规范要求。建筑物、构筑物的基础、结构和所采用的建筑材料，应符合政府部门或者专门机构发布的技术标准规范的要求，确保工程质量。

4）经济合理。工程方案在满足使用功能、确保质量的前提下，力求降低造价、节约资金。

（6）环境保护措施

建设项目通常会引起项目所在地自然环境、社会环境和生态环境的变化，对环境状况、环境质量产生不同程度的影响。所以，需要在确定场址方案和技术方案中，调查研究环境条件，识别和分析拟建项目影响环境的因素，研究提出治理和保护环境的措施，比选和优化保护环境方案。

1）环境保护的基本要求包括以下几个方面：

①符合国家环境保护法律、法规和环境功能规划的要求。

②坚持污染物排放总量控制和达标排放的要求。

③坚持“三同时原则”，即环境治理措施应与项目的主体工程同时设计、同时施工、同时投产使用。

④力求环境效益与经济效益相统一，在研究环境保护治理措施时，应从环境效益、经济效益相统一的角度进行分析论证，力求环境保护治理方案技术的可行和经济合理。

⑤注重资源综合利用，对环境治理过程中项目产生的废气、废水、固体废弃物，应提出回收处理和再利用方案。

2）环境治理措施方案。应根据项目的污染源和排放污染物的性质，采用不同的治理措施。

①废气污染治理，可采用冷凝、吸附、燃烧和催化转化等方法。

②废水污染治理，可采用物理法（如重力分离、离心分离、过滤、蒸发结晶、高磁分离等）、化学法（如中和、化学凝聚、氧化还原等）、物理化学法（如离子交换、电渗析、反渗透、气泡悬上分离、汽提吹脱、吸附萃取等）、生物法（如自然氧池、生物滤化、活性污泥、厌氧发酵）等方法。

③固体废弃物污染治理。有毒废弃物可采用防渗漏池堆存；放射性废弃物可采用封闭固化；无毒废弃物可采用露天堆存；生活垃圾可采用卫生填埋、堆肥、生物降解或者焚烧方式处理；利用无毒害固体废弃物加工制作建筑材料或者作为建材添加物，进行综合利用。

④粉尘污染治理，可采用过滤除尘、湿式除尘、电除尘等方法。

⑤噪声污染治理，可采用吸声、隔声、减振、隔振等措施。

⑥建设和生产运营引起环境破坏的治理。对岩体滑坡、植被破坏、地面塌陷、土壤劣化等，也应提出相应的治理方案。

3）环境治理方案比选。对环境治理的各局部方案和总体方案进行技术经济比较，并作出综合评价。比较、评价的主要内容有：

①技术水平对比，分析对比不同环境保护治理方案所采用的技术和设备的先进性、适用性、可靠性和可得性。

②治理效果对比，分析对比不同环境保护治理方案在治理前和治理后环境指标的变化情况，以及能否满足环境保护法律法规的要求。

③管理及监测方式对比，分析对比各个治理方案所采用的管理和监测方式的优缺点。

④环境效益对比，将环境治理保护所需投资和环保措施运行费用与所获得的收益相比较。效益费用比值较大的方案为优。

4.2 建设项目可行性研究

4.2.1 可行性研究的概念

建设项目的可行性研究是在投资决策前，对与拟建项目有关的社会、经济、技术等各方面进行深入细致的调查研究，对各种可能拟定的技术方案和建设方案进行认真的技术经济分析和比较论证，对项目建成后的经济效益进行科学的预测和评价。在此基础上，对拟建项目的技术先进性和适用性、经济合理性和有效性，以及建设的必要性和可行性进行全面分析、系统论证、多方案比较和综合评价，由此得出该项目是否应该投资和如何投资等结论性意见，为项目投资决策提供可靠的科学依据。

一项好的可行性研究，应该向投资者推荐技术经济最优的方案，使投资者明确项目具有多大的经济获利能力，投资风险有多大，是否值得投资建设；可使主管部门领导明确，从国家角度看该项目是否值得支持和批准；使银行和其他资金供给者明确，该项目能否按期或者提前偿还他们提供的资金。

4.2.2 可行性研究的作用

在建设项目的整个寿命周期中，前期工作具有决定性意义，起着至关重要的作用。而作为建设项目投资前期工作的核心和重点的可行性研究工作，一经批准，在整个项目周期中，就会发挥极其重要的作用。具体体现在：

（1）作为建设项目投资决策的依据。可行性研究作为一种投资决策方法，从市场、技术、工程建设、经济及社会等多方面对建设项目进行全面综合的分析和论证，依其结论进行投资决策可大大提高投资决策的科学性。

（2）作为编制设计文件的依据。可行性研究报告一经审批通过，意味着该项目正式批准立项，可以进行初步设计。在可行性研究工作中，对项目选址、建设规模、主要生产流程、设备选型等方面都进行了比较详细的论证和研究，设计文件的编制应以可行性研究报告为依据。

（3）作为向银行贷款的依据。在可行性研究工作中，详细预测了项目的财务效益、经济效益及贷款偿还能力。世界银行等国际金融组织，均把可行性研究报告作为申请工程项目贷款的先决条件。我国的金融机构在审批建设项目贷款时，也都以可行性研究报告为依据，对建设项目进行全面、细致地分析评估，确认项目的偿还能力及风险水平后，才作出是否贷款的决策。

（4）作为建设项目与各协作单位签订合同和有关协议的依据。在可行性研究工作中，对建设规模、主要生产流程及设备选型等都进行了充分的论证。建设单位在与有关协作单位签订原材料、燃料、动力、工程建筑、设备采购等方面的协议时，应以批准的可行性研究报告为基础，保证预定建设目标的实现。

（5）作为环保部门、地方政府和规划部门审批项目的依据。建设项目开工前，需地方政府批拨土地，规划部门审查项目建设是否符合城市规划，环保部门审查项目对环境的影响。这些审查都以可行性研究报告中总图布置、环境及生态保护方案等方面的论证为依据。因此，可行性研究报告为建设项目申请建设执照提供了依据。

（6）作为施工组织、工程进度安排及竣工验收的依据。可行性研究报告对以上工作都有明确的要求，所以可行性研究又是检验施工进度及工程质量的依据。

（7）作为项目后评估的依据。建设项目后评估是在项目建成运营一段时间后，评价项目实际运营效果是否达到预期目标。建设项目的预期目标是在可行性研究报告中确定的，所以，后评估应以可行性研究报告为依据，评价项目目标实现程度。

4.2.3 可行性研究的内容

项目可行性研究是在对建设项目进行深入细致的技术经济论证的基础上做多方案的比较和优选，提出结论性意见和重大措施建议，为决策部门最终决策提供科学依据。所以，它的内容应能满足作为项目投资决策的基础和重要依据的要求。可行性研究的基本内容和研究深度应符合国家的规定。一般工业建设项目的可行性研究应包含以下几个方面的内容。

（1）总论

总论部分包括项目背景、项目概况和问题与建议三部分。

1）项目背景包括项目名称、承办单位情况、可行性研究报告编制依据、项目提出的理由与过程等。

2）项目概况包括项目拟建地点、拟建规模与目标、主要建设条件、项目投入总资金及效益情况和主要技术经济指标等。

3）问题与建议主要是指存在的可能对拟建项目造成影响的问题及相关解决建议。

（2）市场预测

市场预测是对项目的产出品和所需的主要投入品的市场容量、价格、竞争力和市场风险进行分析预测，为确定项目建设规模与产品方案提供依据。包括：产品市场需求预测、产品市场供应预测、价格现状与预测、产品目标市场分析、市场竞争力分析、市场风险。

（3）资源条件评价

只有资源开发项目的可行性研究报告才包含该项。资源条件评价包括资源可利用量、资源品质情况、资源贮存条件和资源开发价值。

（4）建设规模与产品方案

在市场预测和资源评价的基础上，论证拟建项目的建设规模和产品方案，为项目技术方案、设备方案、工程方案、原材料燃料供应方案及投资估算提供依据。

1）建设规模包括建设规模方案比选及其结果——推荐方案及理由。

2）产品方案包括产品方案构成、产品方案比选及其结果——推荐方案及理由。

（5）厂址选择

可行性研究阶段的厂址选择是在初步可行性研究（或项目建议书）规划的基础上，进行具体坐落位置选择，包括厂址所在位置的现状、建设条件及厂址条件比选三方面内容。

1）厂址所在位置现状包括地点与地理位置、厂址土地权属及占地面积、土地利用现状。技术改造项目还包括现有场地利用情况。

2）厂址建设条件包括地形、地貌，工程地质与水文地质、气候条件、城镇规划及社会环境条件、交通运输条件、公用设施社会依托条件等。

3）厂址条件比选主要包括建设条件比选、建设投资比选、运营费用比选，并推荐厂址方案，给出厂址地理位置图。

（6）技术方案、设备方案和工程方案

技术、设备和工程方案构成项目的主体，体现了项目的技术水平和工艺水平，是项目经济合理性的重要基础。

1）技术方案包括生产方法、工艺流程、工艺技术来源及推荐方案的主要工艺。

2）设备方案包括主要设备选型、来源和推荐的设备清单。

3）工程方案主要包括建筑物、构筑物的建筑特征、结构及面积方案，特殊基础工程方案、建筑安装工程量及“三材”用量估算和主要建筑物、构筑物工程一览表。

（7）主要原材料、燃料供应

原材料、燃料直接影响项目的运营成本，为确保项目建成后正常运营，需对原材料、辅助材料和燃料的品种、规格、成分、数量、价格、来源及供应方式进行研究论证。

（8）总图布置、场内外运输与公用辅助工程

总图运输与公用辅助工程是在选定的厂址范围内，研究生产系统、公用工程、辅助工程及运输设施的平面和竖向布置，以及工程方案。

1）总图布置包括平面布置、竖向布置、总平面布置及指标表。技术改造项目包含原有建筑物、构筑物的利用情况。

2）场内外运输包括场内外运输量和运输方式，场内运输设备及设施。

3）公用辅助工程包括给排水、供热供电、通信、通风、维修、仓储等工程设施。

（9）能源和资源节约措施

在研究技术方案、设备方案和工程方案时，能源和资源消耗大的项目应提出能源和资源节约措施，并进行能源和资源消耗指标分析。

（10）环境影响评价

建设项目通常会对所在地的自然环境、社会环境和生态环境产生不同程度的影响。所以，在确定厂址和技术方案时，需进行环境影响评价，研究环境条件，识别和分析拟建项目影响环境的因素，提出改善和保护环境措施，比选和优化环境保护方案。环境影响评价主要

包括厂址环境条件、项目建设和生产对环境的影响、环境保护措施方案及投资和环境影响评价。

（11）劳动安全卫生与消防

在技术方案和工程方案确定的基础上，分析论证在建设和生产过程中存在的对劳动者和财产可能产生的不安全因素，并提出相应的防范措施。

（12）组织机构与人力资源配置

项目组织机构和人力资源配置是项目建设和生产运营顺利进行的重要条件，合理、科学地配置有利于提高劳动生产率。

1）组织机构主要包括项目法人组建方案、管理机构组织方案和体系图及机构适应性分析。

2）人力资源配置包括生产作业班次、劳动定员数量及技能素质要求、职工工资福利、劳动生产力水平分析、员工来源及招聘计划、员工培训计划等。

（13）项目实施进度

项目工程建设方案确定后，需确定项目实施的进度，包括建设工期、项目实施进度计划（横线图的进度表），科学组织施工和安排资金计划，保证项目按期完工。

（14）投资估算

投资估算是在项目建设规模、技术方案、设备方案、工程方案及项目进度计划基本确定的基础上，估算项目投入的总资金，包括投资估算依据、建设投资估算（建筑工程费、设备及工器具购置费、安装工程费、工程建设其他费用、基本预备费、涨价预备费、建设期利息）、流动资金估算和投资估算表等方面的内容。

（15）融资方案

融资方案是在投资估算的基础上，研究拟建项目的资金渠道、融资形式、融资机构、融资成本和融资风险，包括资本金（新设项目法人资本金或既有项目法人资本金）筹措、债务资金筹措和融资方案分析等方面的内容。

（16）项目的经济评价

项目的经济评价包括财务评价和国民经济评价，并通过相关指标的计算，进行项目赢利能力、偿还能力等分析，得出经济评价结论。

（17）社会评价

社会评价是分析拟建项目对当地社会的影响及当地社会条件对项目的适应性和可接受程度，评价项目的社会可行性。评价的内容包括项目的社会影响分析，项目与所在地区的互适性分析和社会风险分析，并得出评价的结论。

（18）风险分析

项目风险分析贯穿于项目建设和生产运营的全过程。首先，识别风险，揭示风险的来源。识别拟建项目在建设和运营过程中的主要风险因素（例如市场风险、资源风险、技术风险、工程风险、政策风险、社会风险等）；其次，进行风险评价，判别风险程度；再次，提出规避风险的对策，降低风险损失。

（19）研究结论与建议

在前面各项研究论证的基础上，从技术、经济、社会、财务等各个方面综合论述项目的可行性，推荐一个或多个方案供决策参考，指出项目存在的问题以及结论性意见和改进建议。

通过上述介绍，我们可以看出，建设项目可行性研究报告的内容可概括为三大部分。首先是市场研究，包括产品的市场调查及预测研究，这是项目可行性研究的前提和基础，其主要任务是要解决项目的“必要性”问题；其次是技术研究，即技术方案和建设条件研究，这是项目可行性研究的技术基础，它要解决项目在技术上的“可行性”问题；再次是效益研究，即经济效益的分析和评价，这是项目可行性研究的核心部分，主要解决项目在经济上的“合理性”问题。市场研究、技术研究和效益研究是构成项目可行性研究的三大支柱。

4.2.4 可行性研究报告的编制

（1）编制程序

根据我国现行的工程项目建设程序和国家颁布的《关于建设项目进行可行性研究试行管理办法》，可行性研究报告的编制程序如下：

1）建设单位提出项目建议书和初步可行性研究报告。各投资单位依据国家经济发展的长远规划、经济建设的方针任务和技术经济政策，结合资源情况、建设布局等条件，在大量调查研究、收集资料、踏勘建设地点、初步分析投资效果的基础上，提出需要进行可行性研究的项目建议书和初步可行性研究的报告。

2）项目业主、承办单位委托有资格的单位进行可行性研究。当项目建议书通过国家计划部门、贷款部门审定批准后，该项目即可立项。项目业主或承办单位就可以签订合同的方式委托有资格的工程咨询公司（或设计单位）开始编制拟建项目可行性研究报告。

3）咨询或设计单位进行可行性研究工作，编制完整的可行性研究报告。

咨询或设计单位与委托单位签订合同后，即可开展可行性研究工作。一般按以下步骤开展工作：

①了解有关部门与委托单位对建设项目的意图，并组建工作小组，制定工作计划。

②调查研究与收集资料。调查研究主要从市场调查及资源调查两方面着手。通过分析论证，研究项目建设的必要性。

③方案设计和优选。建立几种可供选择的技术方案和建设方案，结合实际条件进行方案论证和比较，从中选出最优方案，研究论证项目在技术上的可行性。

④经济分析和评价。项目经济分析人员根据调查资料和相关规定，选定与该项目有关的经济评价基础数据和定额指标参数，对选定的最佳建设总体方案进行详细的财务预测、财务效益分析、国民经济评价和社会效益评价。

⑤编写可行性研究报告。项目可行性研究各专业方案，经过技术经济论证和优化后，由各个专业组分工编写，经项目负责人衔接协调，综合汇总，提出《可行性研究报告》的初稿。

⑥与委托单位交换意见。

（2）编制依据

1）项目建议书（初步可行性研究报告）及其批复文件。

2）国家和地方的经济和社会发展规划，行业部门发展规划。

3）国家有关法律、法规、政策。

4）对于大中型骨干项目，必须具有国家批准的资源报告、国土开发整治规划、区域规划、江河流域规划、工业基地规划等有关文件。

5）有关机构发布的工程建设方面的标准、规范、定额。

6）合资、合作项目各方签订的协议书或意向书。

7）委托单位的委托合同。

8）经国家统一颁布的有关项目评价的基本参数和指标。

9）有关的基础数据。

（3）编制要求

1）编制单位必须具有承担可行性研究的条件。编制单位必须具有经国家有关部门审批登记的资质等级证明。研究人员应具有所从事专业的中级以上专业职称，并具有相关的知识、技能和工作经历。

2）确保可行性研究报告的真实性和科学性。为保证可行性研究报告的质量，应切实做好编制前的准备工作，应有大量的、准确的、可用的信息资料，进行科学的分析比选论证。报告编制单位和人员应坚持独立、客观、公正、科学、可靠的原则，实事求是，对提供的可行性研究报告质量负全部责任。

3）可行性研究的深度要规范化和标准化。“报告”选用主要设备的规格、参数应能满足预订货的要求；重大技术、经济方案应有两个以上方案的比选；主要的工程技术数据应能满足项目初步设计的要求。“报告”应该附有评估、决策（审批）所必需的合同、协议、政府批件等。

4）可行性研究报告必须经签证。可行性研究报告编制完成后，应由编制单位的行政、技术、经济方面的负责人签字，并对研究报告质量负责。

4.3　建设项目投资估算

4.3.1　投资估算的概念

投资估算是指在项目投资决策过程中，依据现有的资料和特定的方法，对建设项目的投资数额进行的估计。它是项目建设前期编制项目建议书和可行性研究报告的重要构成部分，是项目决策的重要依据之一。投资估算的准确与否不仅影响可行性研究工作的质量和经济评价结果，而且也直接关系到下一阶段设计概算和施工图预算的编制，对建设项目资金筹措方案也有直接影响。所以，全面准确地估算建设项目的工程造价，是可行性研究乃至整个决策阶段造价管理的重要任务。

4.3.2　投资估算的作用

（1）项目建议书阶段的投资估算，是项目主管部门审批项目建议书的依据之一，并对项目的规划、规模起到参考作用。

（2）项目可行性研究阶段的投资估算，是项目投资决策的重要依据，同时也是研究、分析、计算项目投资经济效果的重要条件。当可行性研究报告被批准后，其投资估算额即作为设计任务书中下达的投资限额，也即建设项目投资的最高限额，不得随意超出。

（3）项目投资估算对工程设计概算起控制作用，设计概算不得超出批准的投资估算额，并应控制在投资估算额以内。

（4）项目投资估算可作为项目资金筹措及制定建设贷款计划的依据，建设单位可根据批准的项目投资估算额，进行资金筹措及向银行申请贷款。

（5）项目投资估算是核算建设项目固定资产投资需要额和编制固定资产投资计划的重要依据。

4.3.3　投资估算的依据和要求

（1）建设项目投资估算的依据

建设项目投资估算编制时，主要依据以下几个方面：

1）国家、行业和地方政府的相关规定。

2）工程勘察与设计文件，图示计量或相关专业提供的主要工程量及主要设备清单。

3）行业部门、项目所在地的工程造价管理机构或行业协会等编制的投资估算指标、概算指标（定额）、工程建设其他费用定额（规定）、综合单价、价格指数和相关造价文件等。

4）类似工程的各种技术经济指标及参数。

5）工程所在地的同期人工、材料、机械市场价格，建筑、工艺及附属设备的市场价格和相关费用。

6）政府有关部门、金融机构等部门发布的价格指数、利率、汇率、税率等相关参数。

7）与项目建设相关的工程地质资料、设计文件、图纸等。

（2）建设项目投资估算的要求

1）根据主体专业设计的阶段和深度，结合自身行业的特点，生产工艺流程的成熟性，以及编制单位所掌握的国家及地区、行业或部门相关投资估算基础资料和数据的合理、可靠、完整程度，采用合适的方法进行建设项目投资估算。

2）应做到工程内容和费用构成齐全，计算合理，不重复计算，不提高或者降低估算标准，不漏项、不少算。

3）应该全面考虑拟建项目设计的技术参数和投资估算所采用的估算系数、估算指标在质和量方面所综合的内容，应遵循口径一致的原则。

4）应将所采用的估算系数和估算指标价格、费用水平调整到项目建设所在地和投资估算编制年的实际水平。对于由建设项目的边界条件，例如建设用地费和外部交通、水、电、通信条件，或市政基础设施配套条件等差异所产生的和主要生产内容投资无必然关联的费用，应结合建设项目的实际情况来修正。

5）对影响造价变动的因素进行敏感性分析，注意分析市场的变动因素，充分估计物价上涨因素和市场供求情况对造价的影响。

6）投资估算精度应能够满足控制初步设计概算要求，并尽量减少投资估算的误差。

4.3.4 投资估算的内容

根据国家规定，从满足建设项目投资设计和投资规模的角度来看，建设项目投资的估算包括建设投资、建设期利息和流动资金估算。

建设投资估算的内容按照费用的性质来划分，包括建筑安装工程费、设备及工器具购置费、工程建设其他费用、基本预备费、涨价预备费。其中，建筑工程费、设备及工器具购置费、安装工程费直接形成实体固定资产，被称为工程费用；工程建设其他费用可分别形成固定资产、无形资产和其他资产；基本预备费、涨价预备费，在可行性研究阶段为了简化计算，一并计入固定资产。

建设期利息是债务资金在建设期内发生并应计入固定资产原值的利息，包括借款（或债券）利息及手续费、承诺费、管理费等。建设期利息单独估算，以便对建设项目进行融资前和融资后的财务分析。

流动资金是指生产经营性项目投产后，用于购买原材料、燃料、支付工资及其他经营费用等所需的周转资金。它是伴随着建设投资而发生的长期占用的流动资产投资，流动资金—流动资产—流动负债。其中，流动资产主要考虑现金、应收账款、预付账款和存货；流动负债主要考虑应付账款和预收账款。所以，流动资金的概念，实际上就是财务中的营运资金。

4.3.5 投资估算的方法与计算

4.3.5.1 建设投资静态部分的估算

（1）单位生产能力估算法。根据调查的统计资料，利用相近规模的单位生产能力投资乘以建设规模，即得拟建项目静态投资额。其计算公式为：

$$C_2 = \left(\frac{C_1}{Q_1}\right) Q_2 f \tag{4-1}$$

式中 C_1——已建类似项目的静态投资额；

C_2——拟建项目静态投资额；

Q_1——已建类似项目的生产能力；

Q_2——拟建项目的生产能力；

f——不同时期、不同地点的定额、单价、费用变更等的综合调整系数。

这种方法把项目的建设投资与其生产能力的关系视为简单的线性关系，估算结果精确度较差。使用这种方法时要注意拟建项目的生产能力和类似项目的可比性，否则误差会很大。这种方法主要用于新建项目或者装置的估算，十分简便快捷。但是要求估价人员掌握足够典型的工程历史数据，而且这些数据均应与单位生产能力的造价有关，同时新建装置与所选取装置的历史资料相类似，仅存在规模大小和时间上的差异。

【例 4-1】 某市拟建一座 300 套客房的大型宾馆，另有一座大型酒店最近在该地竣工，且掌握有以下资料：它有 400 套客房，有门厅、餐厅、会议室、游泳池、夜总会、网球场等设施。总造价为 6000 万元，估算新建项目的总投资。

【解】 根据以上资料，可首先推算出折算为每套客房的造价：

$$\frac{\text{总造价}}{\text{客房总套数}} = \frac{6000}{400} = 15\text{（万元/套）}$$

据此，即可计算出在同一个地方，且各方面具有可比性的具有 300 套客房的大型宾馆的造价估算值为：

$$15\text{万元/套} \times 300 = 4500\text{（万元）}$$

单位生产能力估算法估算误差较大，可达±30%。该方法只能是粗略地估算，由于误差大，应用该估算法时需要小心，尤其应该注意下列几点：

1）地方性。地方性差异主要表现为：两地经济情况不同；土壤、地质、水文情况不同；气候、自然条件差异；材料、设备的来源、运输状况不同等。

2）配套性。一个工程项目或装置，均有许多配套装置和设施，这些配套工程各不相同，由此可能产生种种差异。如公用工程、辅助工程、厂外工程和生活福利工程等，均随地方和工程规模的变化而各不相同，它们并不与主体工程的变化呈线性关系。

3）时间性。工程建设项目的兴建，不一定是在同一时间建设，时间差异或多或少存在，在这段时间内可能在技术、标准、价格等方面发生变化。

（2）生产能力指数法。生产能力指数法又称指数估算法，它是根据已建成的类似项目生产能力和投资额来粗略估算拟建项目静态投资额的方法，是对单位生产能力估算法的改进。其计算公式为：

$$C_2 = C_1 \left(\frac{Q_2}{Q_1}\right)^x f \tag{4-2}$$

式中 x——生产能力指数。

其他符号含义同公式（4-1）。

上式表明造价和规模（或容量）呈非线性关系，而且单位造价随工程规模（或容量）的增大而减小。在正常情况下，$0\leqslant x\leqslant 1$。不同生产率水平的国家和不同性质的项目中，x 的取值也是不相同的。

如果已建类似项目的生产规模与拟建项目生产规模相差不大，Q_1 与 Q_2 的比值在 0.5～2 之间，则指数 x 的取值近似为 1。

如果已建类似项目的生产规模与拟建项目生产规模相差不大于 50 倍，凡拟建项目生产规模的扩大仅靠增大设备规模来达到时，则 x 的取值在 0.6～0.7 之间；如果是靠增加相同规格设备的数量达到时，x 的取值在 0.8～0.9 之间。

生产能力指数法主要应用于拟建装置或项目与用来参考的已知装置或项目的规模不同的场合。

生产能力指数法与单位生产能力估算法相比精确度略高，其误差可控制在±20%以内，尽管估价误差仍比较大，但有它独特的好处：即生产能力指数法不需要详细的工程设计资料，只知道工艺流程及规模就可以，在总承包工程报价时，承包商大都采用这种方法估价。

【例 4-2】 某钢厂年产 12 万吨，于 2005 年建成。其投资额为 5000 万元，2008 年拟建生产 60 万吨的钢厂项目，建设期 2 年。自 2005 年至 2008 年每年平均造价指数递增 5%，预计建设期 2 年平均造价指数递减 6%。估算拟建钢厂的静态投资额。

【解】 $C_2 = C_1 \times \left(\frac{Q_2}{Q_1}\right)^x \times f = 5000 \times \left(\frac{60}{12}\right)^{0.8} \times (1+5\%)^3 = 20975.58$（万元）

（3）系数估算法。系数估算法又称为因子估算法，它是以拟建项目的主体工程费或主要设备购置费为基数，以其他工程费与主体工程费的百分比为系数估算项目的静态投资的方法。这种方法简单易行，但是精度比较低，通常用于项目建议书阶段。系数估算法的种类很多，在我国常用的方法有设备系数法和主体专业系数法，朗格系数法是现行项目投资估算常用的方法。

1）设备系数法。设备系数法以拟建项目的设备购置费为基数，根据已建成的同类项目的建筑安装费和其他工程费等与设备价值的百分比，求出拟建项目建筑安装工程费和其他工程费，进而求出项目的静态投资。其计算公式如下：

$$C=E\ (1+f_1P_1+f_2P_2+f_3P_3+\cdots)\ +I \tag{4-3}$$

式中 C——拟建项目的静态投资；

E——拟建项目根据当时当地价格计算的设备购置费；

P_1，P_2，$P_3\cdots$——已建项目中建筑安装工程费及其他工程费等与设备购置费的比例；

f_1，f_2，$f_3\cdots$——由于时间因素引起的定额、价格、费用标准等变化的综合调整系数；

I——拟建项目的其他费用。

2）主体专业系数法。主体专业系数法以拟建项目中投资比重较大，并与生产能力直接相关的工艺设备投资为基数，根据已建同类项目的有关统计资料，计算出拟建项目各专业工程（总图、土建、采暖、给排水、管道、电气、自控等）与工艺设备投资的百分比，据以求出拟建项目各专业投资，然后汇总即为拟建项目的静态投资。其计算公式为：

$$C = E(1 + f_1P'_1 + f_2P'_2 + f_3P'_3 + \cdots) + I \tag{4-4}$$

式中 P'_1，P'_2，$P'_3\cdots$——已建项目中各专业工程费用与工艺设备投资的比例。

其他符号同公式（4-3）。

3）朗格系数法。朗格系数法是以设备购置费为基数，乘以适当系数来推算项目的静态投资。这种方法在国内不常见，是世界银行项目投资估算常采用的方法。该方法的基本原理是将项目建设中的总成本费用中的直接成本和间接成本分别计算，再合为项目的静态投资。其计算公式为：

$$C = E \cdot (1 + \sum K_i) \cdot K_c \tag{4-5}$$

式中 C——拟建项目的静态投资；

E——拟建项目根据当时当地价格计算的设备购置费；

K_i——管线、仪表、建筑物等项费用的估算系数；

K_c——管理费、合同费、应急费等间接费在内的总估算系数。

其他符号同公式（4-3）。

静态投资与设备购置费之比为朗格系数 K_L，由式（4-5）知 $\frac{C}{E} =（1+\sum K_i）\cdot K_c = K_L$ 即：

$$K_L = (1 + \sum K_i) \cdot K_c \tag{4-6}$$

朗格系数包含的内容见表 4-1。

表 4-1　朗格系数包含的内容

<table>
<tr><th colspan="2">项　　目</th><th>固体流程</th><th>固流流程</th><th>流体流程</th></tr>
<tr><td colspan="2">朗格系数 K_L</td><td>3.1</td><td>3.63</td><td>4.74</td></tr>
<tr><td rowspan="4">内容</td><td>（a）包括基础、设备、绝热、油漆及设备安装费</td><td colspan="3">E×1.43</td></tr>
<tr><td>（b）包括上述在内和配管工程费</td><td>（a）×1.1</td><td>（a）×1.25</td><td>（a）×1.6</td></tr>
<tr><td>（c）装置直接费</td><td colspan="3">（b）×1.5</td></tr>
<tr><td>（d）包括上述在内和间接费，总费用</td><td>（c）×1.31</td><td>（c）×1.35</td><td>（c）×1.38</td></tr>
</table>

【例 4-3】 甲地拟建一年产 20 万套汽车轮胎的工厂，已知该工厂的设备到达工地的费用为 20000 万元，计算各阶段费用并估算工厂的静态投资。

【解】（1）基础、设备、绝热、油漆及设备安装费：

20000×1.43－20000＝8600（万元）

（2）配管工程费：

20000×1.43×1.1－20000－8600＝2860（万元）

（3）装置直接费：

20000×1.43×1.1×1.5＝47190（万元）

（4）工厂的静态投资：

47190×1.31＝61818.9（万元）

应用朗格系数法进行工程项目或装置估价的精度仍不是很高，其原因如下：

①装置规模大小发生变化的影响。

②不同地区自然地理条件的影响。

③不同地区经济地理条件的影响。

④不同地区气候条件的影响。

⑤主要设备材质发生变化时，设备费用变化较大而安装费变化不大所产生的影响。

尽管如此，因为朗格系数法是以设备购置费为计算基础，而设备费用在一项工程中所占的比重对于石油、石化、化工工程而言占45%～55%，几乎占一半左右，同时一项工程中每台设备所含有的管道、电气、自控仪表、绝热、油漆、建筑等，都有一定的规律。所以，只要对各种不同类型工程的朗格系数掌握得准确，估算精度仍可较高。朗格系数法估算的误差在10%～15%。

（4）比例估算法。根据统计资料，先求出已有同类企业主要设备投资占项目静态投资的比例，然后再估算出拟建项目的主要设备投资，即可按比例求出拟建项目的静态投资。其表达式为：

$$I = \frac{1}{K}\sum_{i=1}^{n} Q_i P_i \tag{4-7}$$

式中 I——拟建项目的静态投资；

K——已建项目主要设备投资占拟建项目投资的比例；

n——设备种类数；

Q_i——第 i 种设备的数量；

P_i——第 i 种设备的单价（到厂价格）。

（5）指标估算法。指标估算法是把建设工程项目划分为建筑工程、设备安装工程、设备购置费、其他基本建设费用或单位工程，再根据具体的投资估算指标，进行各项费用项目或单位工程投资的估算。在此基础上，可汇总成每一单项工程的投资。

1）建筑工程费用估算。建筑工程费用是指为建造永久性建筑物和构筑物所需要的费用，一般采用单位建筑工程投资估算法、单位实物工程量投资估算法、概算指标投资估算法等进行估算。

①单位建筑工程投资估算法。是以单位建筑工程量投资乘以建筑工程总量计算。一般工业与民用建筑以单位建筑面积（m^2）的投资，工业窑炉砌筑以单位容积（m^3）的投资，水库以水坝单位长度（m）的投资，铁路路基以单位长度（km）的投资，矿上掘进以单位长度（m）的投资，乘以相应的建筑工程量计算建筑工程费。这种方法可以进一步分为单位功能价格法、单位面积价格法及单位容积价格法。

A. 单位功能价格法。该方法是利用每功能单位的成本价格进行估算。估算时先选出所有此类项目中共有的单位，然后计算每个项目中该单位的数量，两者的乘积即为其建筑工程费用。例如，可以用医院里的病床数量作为功能单位，新建一所医院的成本被细分为其所提供的病床数量。这种计算方法是首先给出每张床的单价，然后乘以该医院所有病床的数量，从而确定该医院项目的金额。

B. 单位面积价格法。该方法首先要用已知的项目建筑工程费用除以该项目的房屋总面积，即为单位面积价格，然后将结果应用到未来的项目中，以估算拟建项目的建筑工程费。

C. 单位容积价格法。在一些项目中，楼层的高度是影响成本的重要因素。例如，仓库、工业窑炉砌筑的高度根据需要会有很大的变化，显然这时不再适用单位面积价格，而单位容积价格则成为确定初步估算的好方法。将已完工程总的建筑工程费用除以建筑容积，即可得到单位容积价格。

②单位实物工程量投资估算法。是以单位实物工程量的投资乘以实物工程总量计算。土石方工程按每立方米投资，矿井巷道衬砌工程按每延米投资，路面铺设工程按每平方米投资，乘以相应的实物工程总量计算建筑工程费。

③概算指标投资估算法。对于没有上述估算指标而且建筑工程费占总投资比例较大的项

目，可以采用概算指标估算法。采用这种方法，应占有较为详细的工程资料、建筑材料价格和工程费用指标信息，投入的时间和工作量较大。

2）设备及工器具购置费估算。设备购置费根据项目主要设备表及价格、费用资料编制，工器具购置费按设备费的一定比例计取。对于价值高的设备应按单台（套）估算购置费，价值较低的设备可按类估算，国内设备和进口设备应分别估算。

3）安装工程费估算。安装工程费通常按行业或专门机构发布的安装工程定额、取费标准和指标估算投资。具体可按安装费率、每吨设备安装费或单位安装实物工程量的费用估算，即：

$$安装工程费=设备原价\times安装费率（\%） \tag{4-8}$$

$$安装工程费=设备吨重\times每吨安装费 \tag{4-9}$$

$$安装工程费=安装工程实物量\times安装费用指标 \tag{4-10}$$

4）工程建设其他费用估算。工程建设其他费用的计算应结合拟建项目的具体情况，有合同或协议明确的费用按合同或协议列入。合同或协议中没有明确的费用，按照国家和各行业部门、工程所在地地方政府的有关工程建设其他费用定额和计算办法估算。

5）基本预备费估算。基本预备费的估算一般是以建设项目的工程费用和工程建设其他费用之和为基础，乘以基本预备费率进行计算。基本预备费率的大小，应根据建设项目的设计阶段和具体的设计深度，以及在估算中所采用的各项估算指标与设计内容的贴近度、项目所属行业主管部门的具体规定确定。

4.3.5.2 建设投资动态部分的估算

建设投资动态部分主要包括价格变动可能增加的投资额，若是涉外项目，还应该计算汇率的影响。动态部分的估算应以基准年静态投资的资金使用计划为基础来计算，而不是以编制的年静态投资为基础计算。

汇率是两种不同货币之间的兑换比率，或者说是以一种货币表示的另一种货币的价格。汇率的变化意味着一种货币相对于另一种货币的升值或贬值。在我国，人民币与外币之间的汇率采取以人民币表示外币价格的形式给出，例如1美元=6.85元人民币。由于涉外项目的投资中包含人民币以外的币种，需要按照相应的汇率把外币投资额换算为人民币投资额，因此，汇率变化就会对涉外项目的投资额产生影响。

（1）外币对人民币升值。项目从国外市场购买设备材料所支付的外币金额不变，但换算成人民币的金额增加；从国外借款，本息所支付的外币金额不变，但换算成人民币的金额增加。

（2）外币对人民币贬值。项目从国外市场购买设备材料所支付的外币金额不变，但换算成人民币的金额减少；从国外借款，本息所支付的外币金额不变，但换算成人民币的金额减少。

估计汇率变化对建设项目投资的影响，是通过预测汇率在项目建设期内的变动程度，以估算年份的投资额为基数，计算求得。

4.3.5.3 建设投资估算表编制

建设投资是项目费用的重要组成部分，是项目财务分析的基础数据。这里按照费用归类形式，将建设投资按概算法与形成资产法分类。

（1）按概算法分类，建设投资由工程费用、工程建设其他费用和预备费三部分构成。其中工程费用又由建筑工程费、设备购置费（含工器具及生产家具购置费）和安装工程费构成；工程建设其他费用内容较多，且随行业和项目的不同而有所差异。预备费包括基本预备费和涨价预备费。具体内容参见表 4-2。

表 4-2 建设投资估算表（概算法）

人民币单位：万元，外币单位：

序号	工程或费用名称	建筑工程费	设备购置费	安装工程费	其他费用	合计	其中：外币	比例（%）
1	工程费用							
1.1	主体工程							
1.1.1	×××							
	…							
1.2	辅助工程							
1.2.1	×××							
	…							
1.3	公用工程							
1.3.1	×××							
	…							
1.4	服务性工程							
1.4.1	×××							
	…							
1.5	厂外工程							
1.5.1	×××							
	…							
1.6	×××							
2	工程建设其他费用							
2.1	×××							
	…							
3	预备费							
3.1	基本预备费							
3.2	涨价预备费							
4	建设投资合计							
	比例（%）							

（2）按形成资产法分类，建设投资由形成固定资产的费用、形成无形资产的费用、形成其他资产的费用和预备费四部分构成。固定资产费用是指项目投产时将直接形成固定资产的建设投资，包括工程费用和工程建设其他费用中按规定将形成固定资产的费用，后者被称为固定资产其他费用，主要包括建设管理费、可行性研究费、研究试验费、勘察设计费、环境影响评价费、场地准备及临时设施费、引进技术和引进设备其他费、工程保险费、联合试运转费、特殊设备安全监督检验费和市政公用设施建设及绿化费等。无形资产费用是指将直接形成无形资产的建设投资，主要是专利权、非专利技术、商标权、土地使用权和商誉等。其他资产费用是指建设投资中除形成固定资产和无形资产以外的部分，如生产准备及开办费等。

对于土地使用权的特殊处理：按照有关规定，在尚未开发或者建造自用项目前，土地使用权作为无形资产核算，房地产开发企业开发商品房时，将其账面价值转入开发成本；企业建造自用项目时将其账面价值转入在建工程成本。所以，为了与以后的折旧和摊销计算相协调，在建设投资估算表中一般可将土地使用权直接列入固定资产其他费用中。具体内容参见表 4-3。

表 4-3　建设投资估算表（形成资产法）

人民币单位：万元，外币单位：

序号	工程或费用名称	建筑工程费	设备购置费	安装工程费	其他费用	合计	其中：外币	比例（%）
1	固定资产费用							
1.1	工程费用							
1.1.1	×××							
1.1.2	×××							
1.1.3	×××							
	…							
1.2	固定资产其他费用							
	×××							
	…							
2	无形资产费用							
2.1	×××							
	…							
3	其他资产费用							
3.1	×××							
	…							
4	预备费							
4.1	基本预备费							
4.2	涨价预备费							
5	建设投资合计							
	比例（%）							

4.3.5.4　建设期利息估算

在建设投资分年计划的基础上可设定初步融资方案，对采用债务融资的项目应估算建设期利息。建设期利息是指筹措债务资金时在建设期内发生并按规定允许在投产后计入固定资产原值的利息，即资本化利息。

建设期利息包括银行借款和其他债务资金的利息，以及其他融资费用。其他融资费用是指某些债务融资中发生的手续费、承诺费、管理费、信贷保险费等融资费用，通常情况下应将其单独计算并计入建设期利息；在项目前期研究的初期阶段，也可作粗略估算并计入建设投资；对于不涉及国外贷款的项目，在可行性研究阶段，也可作粗略估算并计入建设投资。

估算建设期利息，需要根据项目进度计划，提出建设投资分年计划，列出各年投资并明确其中的外汇和人民币。

计算建设期利息时，为了简化计算，一般假定借款均在每年的年中支用，借款当年按半年计息，其余各年份按全年计息，计算公式如下：

$$\text{各年应计利息}=\left(\text{年初借款本息累计}+\frac{\text{本年借款额}}{2}\right)\times\text{有效年利率} \tag{4-11}$$

对于多种借款资金来源，每笔借款的年利率各不相同的项目，既可分别计算每笔借款的利息，也可以先计算出各笔借款加权平均的年利率，并以此利率来计算全部借款的利息。在估算建设期利息时需编制建设期利息估算表，见表4-4。

表4-4　建设期利息估算表

人民币单位：万元

序号	项　目	合计	建设期					
			1	2	3	4	…	n
1	借款							
1.1	建设期利息							
1.1.1	期初借款余额							
1.1.2	当期借款							
1.1.3	当期应计利息							
1.1.4	期末借款余额							
1.2	其他融资费用							
1.3	小计（1.1+1.2）							
2	债券							
2.1	建设期利息							
2.1.1	期初债务余额							
2.1.2	当期债务金额							
2.1.3	当期应计利息							
2.1.4	期末债务余额							
2.2	其他融资费用							
2.3	小计（2.1+2.2）							
3	合计（1.3+2.3）							
3.1	建设期利息合计（1.1+2.1）							
3.2	其他融资费用合计（1.2+2.2）							

4.3.5.5　流动资金估算

流动资金是指生产经营性项目投产后，为进行正常生产运营，用于购买原材料、燃料，支付工资及其他经营费用等所需的周转资金。流动资金估算通常采用分项详细估算法。个别情况或者小型项目可以采用扩大指标法。

（1）分项详细估算法。分项详细估算法是根据周转额与周转速度之间的关系，对构成流动资金的各项流动资产和流动负债分别进行估算。流动资产的构成要素一般包括存货、库存现金、应收账款和预付账款；流动负债的构成要素一般包括应付账款和预收账款。流动资金等于流动资产和流动负债的差额，计算公式为：

流动资金＝流动资产－流动负债　　(4-12)

流动资产＝应收账款＋预付账款＋存货＋现金　　(4-13)

流动负债＝应付账款＋预收账款　　(4-14)

流动资金本年增加额＝本年流动资金－上年流动资金　　(4-15)

估算的具体步骤，首先计算各类流动资产和流动负债的年周转次数，然后再分项估算占用资金额。

1）周转次数是指流动资金的各个构成项目在一年内完成多少个生产过程。周转次数可用1年天数（通常按360天计算）除以流动资金的最低周转天数计算，则各项流动资金年平均占用额度为流动资金的年周转额度除以流动资金的年周转次数。即：

$$周转次数=360/流动资金最低周转天数 \tag{4-16}$$

各类流动资产和流动负债的最低周转天数，可参照同类企业的平均周转天数并结合项目特点确定，或按部门（行业）规定。在确定最低周转天数时应考虑储存天数、在途天数，并考虑适当的保险系数。

2）应收账款是指企业对外赊销商品、提供劳务尚未收回的资金。计算公式为：

$$应收账款=年经营成本/应收账款周转次数 \tag{4-17}$$

3）预付账款是指企业为购买各类材料、半成品或服务所预先支付的款项，计算公式为：

$$预付账款=外购商品或服务年费用金额/预付账款周转次数 \tag{4-18}$$

4）存货是企业为销售或者生产耗用而储备的各种物资，主要有原材料、辅助材料、燃料、低值易耗品、维修备件、包装物、商品、在产品、自制半成品和产成品等。为了简化计算，只考虑外购原材料、燃料、其他材料、在产品和产成品，并分项进行计算。计算公式为：

$$存货=外购原材料、燃料+其他材料+在产品+产成品 \tag{4-19}$$

$$外购原材料、燃料=年外购原材料、燃料费用/分项周转次数 \tag{4-20}$$

$$其他材料=年其他材料费用/其他材料周转次数 \tag{4-21}$$

$$在产品=\frac{年外购原材料、燃料+年工资及福利费+年修理费+年其他制造费}{在产品周转次数} \tag{4-22}$$

$$产成品=（年经营成本-年其他营业费用）/产成品周转次数 \tag{4-23}$$

5）项目流动资金中的现金是指货币资金，即企业生产运营活动中停留于货币形态的那部分资金，包括企业库存现金和银行存款。计算公式为：

$$现金=（年工资及福利费+年其他费用）/现金周转次数 \tag{4-24}$$

$$年其他费用=制造费用+管理费用+营业费用-（以上三项费用中所含的工资及福利费、折旧费、摊销费、修理费） \tag{4-25}$$

6）流动负债估算是指在一年或者超过一年的一个营业周期内，需要偿还的各种债务，包括短期借款、应付票据、应付账款、预收账款、应付工资、应付福利费、应付股利、应交税金、其他暂收应付款、预提费用和一年内到期的长期借款等。在可行性研究中，流动负债的估算可以只考虑应付账款和预收账款两项。计算公式为：

$$应付账款=外购原材料、燃料动力费及其他材料年费用/应付账款周转次数 \tag{4-26}$$

$$预收账款=预收的营业收入年金额/预收账款周转次数 \tag{4-27}$$

（2）扩大指标估算法。扩大指标估算法是根据现有同类企业的实际资料，求得各种流动资金率指标，也可依据行业或部门给定的参考值或经验确定比率。将各类流动资金率乘以相对应的费用基数来估算流动资金。一般常用的基数有营业收入、经营成本、总成本费用和建设投资等，究竟采用哪一种基数按照行业习惯而定。扩大指标估算法简便易行，但准确度不高，适用于项目建议书阶段的估算。扩大指标估算法计算流动资金的公式为：

$$年流动资金额=年费用基数\times各类流动资金率（\%） \tag{4-28}$$

（3）流动资金估算表的编制。根据流动资金各项估算的结果，编制流动资金估算表，见

表 4-5。

表 4-5　流动资金估算表

人民币单位：万元

序号	项　　目	最低周转天数	周转次数	计算期					
				1	2	3	4	…	n
1	流动资金								
1.1	应收账款								
1.2	存货								
1.2.1	原材料								
1.2.2	×××								
	…								
1.2.3	燃料								
	×××								
	…								
1.2.4	在产品								
1.2.5	产成品								
1.3	现金								
1.4	预付账款								
2	流动负债								
2.1	应付账款								
2.2	预收账款								
3	流动资金（1−2）								
4	流动资金当期增加额								

（4）流动资金估算时应注意以下几个方面的问题。

1）在采用分项详细估算法时，应根据项目实际情况分别确定现金、应收账款、预付账款、存货、应付账款和预收账款的最低周转天数，并考虑一定的保险系数。由于最低周转天数减少，将增加周转次数，从而减少流动资金需用量，所以，必须切合实际地选用最低周转天数。对于存货中的外购原材料和燃料，要分品种和来源，来考虑运输方式和运输距离，以及占用流动资金的比重大小等因素确定。

2）流动资金属于长期性（永久性）流动资产，流动资金的筹措可通过长期负债和资本金（通常要求占 30%）的方式解决。流动资金通常要求在投产前一年开始筹措，为简化计算，可以规定在投产的第一年开始按生产负荷安排流动资金需用量。其借款部分按全年计算利息，流动资金利息应计入生产期间财务费用，项目计算期末收回全部流动资金（不含利息）。

3）用详细估算法计算流动资金，需以经营成本及其中的某些科目为基数，所以实际上流动资金估算应在经营成本估算之后进行。

4.3.5.6　项目总投资与分年投资计划

（1）项目总投资及其构成。按上述投资估算内容和估算方法估算各类投资并进行汇总，编制项目总投资估算汇总表，见表4-6。

表4-6 项目总投资估算汇总表

人民币单位：万元

序号	费用名称	投资额		估算说明
		合计	其中：外汇	
1	建设投资			
1.1	建设投资静态部分			
1.1.1	建筑工程费			
1.1.2	设备及工器具购置费			
1.1.3	安装工程费			
1.1.4	工程建设其他费用			
1.1.5	基本预备费			
1.2	建设投资动态部分			
1.2.1	涨价预备费			
2	建设期利息			
3	流动资金			
	项目总投资（1+2+3）			

（2）分年投资计划。估算出项目总投资后，应根据项目计划进度的安排，编制分年投资计划表，见表4-7。该表中的分年建设投资可以作为安排融资计划、估算建设期利息的基础。

表4-7 分年投资计划表

人民币单位：万元，外币单位：

序号	项目	人民币			外币		
		第1年	第2年	…	第1年	第2年	…
	分年计划（%）						
1	建设投资						
2	建设期利息						
3	流动资金						
4	项目投入总资金（1+2+3）						

4.4 建设项目财务评价

4.4.1 财务评价的概念

财务评价是根据国家现行财税制度和价格体系，分析、计算项目直接发生的财务效益和费用，编制财务报表，计算评价指标，考察项目赢利能力、清偿能力以及外汇平衡等财务状况，据以判别项目的财务可行性。它是项目可行性研究的核心内容，其评价结论是决定项目取舍的重要决策依据。

财务评价是建设工程项目经济评价中的微观层次，它主要是从微观投资主体的角度分析项目可以给投资主体带来的效益以及投资风险。作为市场经济微观主体的企业进行投资时，通常都进行项目财务评价。建设工程项目经济评价中的另一个层次是国民经济评价，它是一种宏观层次的评价，通常只对某些在国民经济中有重要作用及影响的大中型重点建设以及特殊行业和交通运输、水利等基础性、公益性建设工程项目展开国民经济评价。

4.4.2 财务评价的内容

项目在财务上的可行性取决于项目的财务效益和费用的大小，及其在时间上的分布情况。项目赢利能力、清偿能力以及外汇平衡等财务状况，是通过编制财务报表以及计算相应的评价指标来进行判断的。所以，为判别项目的财务可行性所进行的财务评价应该包括以下基本内容：

（1）财务效益和费用的识别

正确识别项目的财务效益和费用，应以项目为界，以项目的直接收入和支出为目标。至于那些由于项目建设和运营所引起的外部效益和费用，只要不是直接由项目获得或者开支的，就不是项目的财务效益和费用。项目的财务效益主要表现在生产经营的产品销售收入；项目的财务费用主要表现在建设工程项目总投资、经营成本和税金等各项支出。除此之外，项目得到的各种补贴、项目寿命期末回收的固定资产余值和流动资金等，也是项目得到的收入，在财务评价中视作效益处理。

（2）财务效益和费用的计算

财务效益和费用的计算，要客观、准确，其计算要遵循口径一致原则。计算效益和费用时，项目产出物和投入物价格的选用必须有充分的依据，按国家发改委的相关规定，项目财务评价使用财务价格，即以现行价格体系为基础的预测价格，且根据不同情况考虑价格的变动因素。

（3）财务报表的编制

在项目财务效益和费用识别与计算的基础上，可着手编制项目的财务报表，包括基本报表及辅助报表。为分析项目的赢利能力需编制的主要报表有：现金流量表、损益表和相应的辅助报表。为分析项目的清偿能力需编制的主要报表有：资产负债表、资金来源与运用表及相应的辅助报表。对于涉及外贸及影响外汇流量的项目，为考察项目的外汇平衡情况，还需编制项目的财务外汇平衡表。

（4）财务评价指标的计算与评价

由上述财务报表，可以比较方便地计算出各财务评价指标。通过与评价标准或基准值的对比分析，即可对项目的赢利能力、清偿能力及外汇平衡能力等财务状况作出评价，判别项目的财务可行性。财务评价的赢利能力分析要计算财务净现值、财务内部收益率、投资回收期等主要评价指标。根据项目的特点及实际需要，也可以计算投资利润率、投资利税率等指标。清偿能力分析要计算借款偿还期、资产负债率、流动比率、速动比率等指标。除此之外，还可计算其他价值指标或实物指标（如单位生产能力投资），进行辅助分析。

4.4.3 财务评价的程序

财务评价是在项目市场研究、生产条件及技术研究的基础上进行的，它主要利用有关的基础数据，通过编制财务报表，计算财务评价指标，进行财务分析，作出评价结论。其程序大致包括如下几个步骤：

（1）收集、整理和计算有关的基础财务数据资料

根据现行价格体系、财税制度以及项目市场研究和技术研究的结果，进行财务预测，获得项目投资、销售收入、生产成本、利润、税金及项目计算期等一系列财务基础数据，并将所得的数据编制成辅助财务报表。

（2）编制基本财务报表

由上述财务预测数据及辅助报表，分别编制反映项目财务赢利能力、清偿能力及外汇平衡情况的基本财务报表。

（3）财务评价指标的计算与评价

根据基本财务报表计算各财务评价指标，并分别与对应的评价标准或基准值进行对比，对项目的各项财务状况作出评价，得出结论。

（4）进行不确定性分析

通过盈亏平衡分析、敏感性分析、概率分析等不确定性分析方法，分析项目可能面临的风险及项目在不确定情况下的抗风险能力，得出项目在不确定情况下的财务评价结论或建议。

（5）作出项目财务评价的最终结论

由上述确定性分析和不确定性分析的结果，对项目的财务可行性作出最终结论。

4.4.4 财务评价指标体系

建设项目财务评价指标体系是按照财务评价的内容建立起来的，同时也与编制的财务评价报表密切相关。建设项目财务评价内容、评价报表、评价指标之间的关系如表4-8所示。

表 4-8 财务评价指标体系

评价内容	基本报表		评价指标	
			静态指标	动态指标
赢利能力分析	融资前分析	项目投资现金流量表	项目投资回收期	项目投资财务内部收益率 项目投资财务净现值
	融资后分析	项目资本金现金流量表		项目资本金财务内部收益率
		投资各方现金流量表		投资各方财务内部收益率
		利润与利润分配表	总投资收益率 项目资本金 净利润率	
偿债能力分析	借款还本付息计划表		偿债备付率 利息备付率	
	资产负债表		资产负债率 流动比率 速动比率	
财务生存能力分析	财务计划现金流量表		累计盈余资金	
外汇平衡分析	财务外汇平衡表			
不确定性分析	盈亏平衡分析		盈亏平衡产量 盈亏平衡生产能力利用率	
	敏感性分析		灵敏度 不确定因素的临界值	
风险分析	概率分析		财务净现值（*FNPV*）≥0的累计概率	
			定性分析	

4.4.5 财务评价方法与计算

4.4.5.1 财务赢利能力评价

财务赢利能力评价主要是考察投资项目的赢利水平，是在编制项目投资现金流量表、项目资本金现金流量表、利润和利润分配等财务报表的基础上，计算财务净现值、财务内部收益率、项目投资回收期、总投资收益率和项目资本金净利润率等指标。

(1) 财务净现值（*FNPV*）。财务净现值是指把项目计算期内各年的财务净现金流量，按照一个设定的标准折现率（基准收益率）折算到建设期初（项目计算期第一年年初）的现值之和。财务净现值是考察项目在其计算期内赢利能力的主要动态评价指标。其表达式为：

$$FNPV = \sum_{t=0}^{n} (CI - CO)_t (1 + i_c)^{-t} \tag{4-29}$$

式中 $FNPV$——净现值；

CI——现金流入；

CO——现金流出；

n——项目计算期；

i_c——设定的折现率（同基准收益率）；

t——计算年份数。

项目财务净现值是考察项目赢利能力的绝对量指标，它反映项目在满足按设定折现率要求的赢利之外所能获得的超额赢利的现值。如果项目财务净现值大于或等于零，表明项目的赢利能力达到或超过了所要求的赢利水平，项目财务上可行。

【例 4-4】 某建设工程项目总投资 1000 万元，建设期 3 年，各年投资比例为：20%，60%，20%。从第四年开始项目有收益，各年净收益为 200 万元，项目寿命期为 10 年，第 10 年末回收固定资产余值及流动资金 100 万元，基准折现率为 10%，试计算该项目的财务净现值。

【解】 $FNPV = -200(P/F, 10\%, 1) - 600(P/F, 10\%, 2) - 200(P/F, 10\%, 3) + 200(P/F, 10\%, 7)(P/F, 10\%, 3) + 100(P/F, 10\%, 10)$

$= -200 \times 0.909 - 600 \times 0.826 - 200 \times 0.751 + 200 \times 4.868 \times 0.751 + 100 \times 0.386$

$= -57.83$（万元）

(2) 财务内部收益率（*FIRR*）。财务内部收益率是指项目在整个计算期内各年财务净现金流量的现值之和等于零时的折现率，也就是使项目的财务净现值等于零时的折现率，其表达式为：

$$\sum_{t=0}^{n} (CI - CO)_t \times (1 + FIRR)^{-t} = 0 \tag{4-30}$$

财务内部收益率是反映项目实际收益率的一个动态指标，该指标越大越好。通常情况下，财务内部收益率大于等于基准收益率时，项目可行。项目财务内部收益率一般通过计算机软件中配置的财务函数计算，如果需要手工计算，可根据财务现金流量表中净现金流量，采用试算插值法计算，将求得的财务内部收益率与设定的判别基准 i_c 进行比较，当 $FIRR \geq i_c$ 时，即认为项目的赢利性能够满足要求。公式为：

$$FIRR = i_1 + \frac{FNPV_1}{FNPV_1 - FNPV_2}(i_2 - i_1) \tag{4-31}$$

根据投资各方财务现金流量表也可以计算内部收益率指标，即投资各方内部收益率。但应该注意的是，投资各方内部收益率实际上是一个相对次要的指标。在普遍按股本比例分配利润和分担亏损、风险的原则下，投资各方的利益是均等的。只有投资者中的各方有股权之外的不对等的利益分配时，投资各方的利益才会有差异，例如其中一方有技术转让方面的收益，或一方有租赁设施的收益，或一方有土地使用权方面的收益时，需要计算投资各方的内部收益率。对于投资各方的内部收益率来说，其最低可接受收益率只能由各投资者自己确定，因为不同投资者的资本实力和风险承受能力有很大差异，而且出于某些原因，可能会对不同项目有不同的收益水平要求。

【例 4-5】 某建设工程项目期初一次投资 200 万元，当年建成投产，项目寿命期 10 年，年净现金流量为 50 万元，期末没有残值。计算该项目财务内部收益率。

【解】（1）计算年现金值系数 $(P/A, FIRR, 10)=\frac{200}{50}=4$

（2）查年现金值系数表（参见本书附录 B），在 $n=10$ 的一行找到与 4 最接近的两个数，结果为：

$$(P/A, 20\%, 10)=4.192, \quad (P/A, 22\%, 10)=3.923$$

（3）利用公式计算财务内部收益率：

$$\frac{FIRR-i_1}{i_2-i_1}=\frac{FIRR-20\%}{22\%-20\%}=\frac{4.192}{4.192+3.923}=0.517$$

解得：$FIRR=21.03\%$。

（3）投资回收期。投资回收期按照是否考虑资金时间价值可以分为静态投资回收期和动态投资回收期。

1）静态投资回收期是指以项目每年的净收益回收项目全部投资所需要的时间，是考察项目财务上投资回收能力的重要指标。这里所说的全部投资既包括建设投资，又包括流动资金投资。项目每年的净收益是指税后利润加折旧。静态投资回收期的表达式如下：

$$\sum_{t=0}^{P_t}(CI-CO)_t=0 \tag{4-32}$$

式中　P_t——静态投资回收期。

如果项目建成投产后各年的净收益不相同，则静态投资回收期可根据累计净现金流量用插值法求得。其计算公式为：

$$P_t=\text{累计净现金流量开始出现正值的年份}-1+\frac{|\text{上一年累计现金流量}|}{\text{当年净现金流量}} \tag{4-33}$$

当静态投资回收期小于等于基准投资回收期时，项目就可行。

2）动态投资回收期是指在考虑了资金时间价值的情况下，以项目每年的净收益回收项目全部投资所需要的时间。这个指标主要是为了克服静态投资回收期指标没有考虑资金时间价值的缺点而提出来的。动态投资回收期的表达式如下：

$$\sum_{t=0}^{P'_t}(CI-CO)_t(1+i_c)^{-t}=0 \tag{4-34}$$

式中　P'_t——动态投资回收期。

与 P_t 类似，P'_t 也可以用插值法求出，公式为：

$$P'_t=\text{累计净现金流量现值开始出现正值的年份}-1+\frac{|\text{上一年累计现金流量}|}{\text{当年净现金流量}} \tag{4-35}$$

动态投资回收期是在考虑了项目合理收益的基础上收回投资的时间，只要在项目寿命期结束之前能够收回投资，就表示项目已经获得了合理的收益。因此，只要动态投资回收期不大于项目寿命期，项目就可行。

（4）总投资收益率（ROI）。总投资收益率是指项目达到设计能力后正常年份的年息税前利润或营运期内年平均息税前利润（$EBIT$）与项目总投资（TI）的比率。其表达式为：

$$ROI=\frac{EBIT}{TI}\times 100\% \tag{4-36}$$

总投资收益率高于同行业的收益率参考值，表明用总投资收益率表示的赢利能力满足要求。

（5）项目资本金净利润率（ROE）。项目资本金净利润率是指项目达到设计能力后正常年份的年净利润或运营期内平均净利润（NP）与项目资本金（EC）的比率。其表达式为：

$$ROE=\frac{NP}{EC}\times 100\% \tag{4-37}$$

项目资本金净利润率高于同行业的净利润率参考值，表明用项目资本金净利润率表示的赢利能力满足要求。

4.4.5.2 清偿能力评价

投资项目的资金构成通常可划分为借入资金和自有资金。自有资金可长期使用，而借入资金必须按期偿还。项目的投资者自然要关心项目的偿债能力；借入资金的所有者——债权人也非常关心贷出资金能否按期收回本息。所以，偿债分析是财务分析中的一项重要内容。

（1）利息备付率（ICR）。利息备付率是指项目在借款偿还期内的息税前利润（$EBIT$）与应付利息（PI）的比值，它从付息资金来源的充裕性角度反映项目偿付债务利息的保障程度。利息备付率的含义和计算公式均与财政部对企业绩效评价的“已获利息倍数”指标相同，用于支付利息的息税前利润等于利润总额和当期应付利息之和，当期应付利息是指计入总成本费用的全部利息。利息备付率应按下式计算：

$$ICR=\frac{EBIT}{PI} \tag{4-38}$$

利息备付率应分年计算。对于正常经营的企业，利息备付率应当大于1，并结合债权人的要求确定。利息备付率高，表明利息偿付的保障程度高，偿债风险小。

（2）偿债备付率（$DSCR$）。偿债备付率是指项目在借款偿还期内，各年可用于还本付息的资金（$EBITDA-T_{AX}$）与当期应还本付息金额（PD）的比值，它表示可用于还本付息的资金偿还借款本息的保障程度，应按下式计算：

$$DSCR=\frac{EBITDA-T_{AX}}{PD} \tag{4-39}$$

式中 $EBITDA$——息税前利润加折旧和摊销；

T_{AX}——企业所得税。

偿债备付率可以按年计算，也可以按整个借款期计算。偿债备付率表示可用于还本付息的资金偿还借款本息的保证倍率，正常情况应当大于1，并结合债权人的要求确定。

（3）资产负债率。资产负债率是反映项目各年所面临的财务风险程度及偿债能力的指标，计算公式为：

$$资产负债率=\frac{负债合计}{资产合计}\times 100\% \tag{4-40}$$

资产负债率表示企业总资产中有多少是通过负债得来的，是评价企业负债水平的综合指标。适度的资产负债率既能表明企业投资人、债权人的风险较小，又能表明企业经营安全、稳健、有效，具有较强的融资能力。国际上公认的较好的资产负债率指标是60%。但是难以简单地用资产负债率的高或低来进行判断，因为过高的资产负债率表明企业财务风险太大；过低的资产负债率则表明企业对财务杠杆利用的不够。实践表明，行业间资产负债率差异也比较大。实际分析时应结合国家总体经济运行状况、行业发展趋势、企业所处竞争环境等具体条件进行判定。

（4）流动比率。流动比率是反映项目各年偿付流动负债能力的指标，计算公式为：

$$\text{流动比率}=\frac{\text{流动资产总额}}{\text{流动负债总额}}\times 100\% \tag{4-41}$$

流动比率衡量企业资金流动性的大小，考虑流动资产规模与负债规模之间的关系，判断企业短期债务到期前，可以转化为现金用于偿还流动负债的能力。该指标越高，说明偿还流动负债的能力越强。但该指标过高，说明企业资金利用效率低，对企业的运营也不利。国际公认的标准是200%。但行业间流动比率会有很大差异，一般来说，若行业生产周期较长，流动比率就应该相应提高；反之，就可以相对降低。

（5）速动比率。速动比率是反映项目各年快速偿付流动负债能力的指标，计算公式为：

$$\text{速动比率}=\frac{\text{流动资产总额}-\text{存货}}{\text{流动负债总额}}\times 100\% \tag{4-42}$$

速动比率指标是对流动比率指标的补充，是将流动比率指标计算公式的分子剔除了流动资产中的变现力最差的存货后，计算企业实际的短期债务偿还能力，较流动比率更为准确。该指标越高，说明偿还流动负债的能力越强。与流动比率同样，该指标过高，说明企业资金利用效率低，对企业的运营也不利。国际公认的标准比率为100%。同样，该指标在行业间也有较大差异，实践中应结合行业特点分析判断。

在项目评价过程中，可行性研究人员应综合考察上述的赢利能力和偿债能力分析指标，分析项目的财务运营能力能否满足预期的要求和规定的标准要求，从而评价项目的财务可行性。

4.5 建设项目经济评价

4.5.1 建设项目经济评价的概念

建设项目经济评价是指项目经济费用效益分析，按照合理配置资源的原则，采用影子价格、影子汇率、社会折现率等经济评价参数，分析项目投资的经济效率和对社会福利所做出的贡献，评价项目的经济合理性。对于财务现金流量不能全面、真实地反映其经济价值，需要进行经济费用效益分析的项目，应将经济费用效益分析的结论作为项目决策的主要依据之一。

4.5.2 建设项目经济费用和效益的内容

（1）经济费用

项目的经济费用是指项目耗用社会经济资源的经济价值，即按经济学原理估算出的被耗用经济资源的经济价值。

项目经济费用包括三个层次的内容，即项目实体直接承担的费用，受项目影响的利益群体支付的费用，以及整个社会承担的环境费用。第二、三项通常称为间接费用，但更多地称之为外部效果。

（2）经济效益

项目的经济效益是指项目为社会创造的社会福利的经济价值，即按经济学原理估算出的社会福利的经济价值。

与经济费用相同，项目的经济效益也包括三个层次的内容，即项目实体直接获得的效益，受项目影响的利益群体获得的效益，以及项目可能产生的环境效益。

4.5.3 建设项目经济费用和效益识别的一般原则

（1）遵循有无对比的原则

项目经济费用效益分析应建立在增量效益和增量费用识别和计算的基础之上，不应考虑沉没成本和已实现的效益。应按照“有无对比”增量分析的原则，将项目的实施效果与无项目情况下可能发生的情况进行对比分析，作为计算机会成本或增量效益的依据。

（2）对项目所涉及的所有成员及群体的费用和效益做全面分析

经济费用效益分析应该全面分析项目投资及运营活动耗用资源的真实价值，以及项目为社会成员福利的实际增加所作出的贡献。

1）分析体现在项目实体本身的直接费用和效益，以及项目引起的其他组织、机构或个人发生的各种外部费用和效益。

2）分析项目的近期影响，以及项目可能带来的中期、远期影响。

3）分析与项目主要目标直接联系的直接费用效益，以及各种间接费用和效益。

4）分析具有物质载体的有形费用和效益，以及各种无形费用和效益。

（3）正确识别和计算正面与负面的外部效果

在经济费用效益识别时，应该考虑项目投资可能产生的其他相关联效应，并且对项目外部效果的识别是否适当进行评估，防止漏算或者重复计算。对于项目的投入或产出可能产生的第二级乘数波及效应，在经济费用效益分析中不予考虑。

（4）合理确定效益和费用的空间范围和时间跨度

经济费用效益识别应该以本国居民作为分析对象，应着重分析对本国公民新增的效益和费用。项目对本国以外的社会群体所产生的效果，应进行单独陈述。

经济费用效益识别的时间跨度应足以包含项目所产生的全部重要费用和效益，而不应仅仅根据有关财务核算规定确定。财务分析的计算期可根据投资各方的合作期进行计算，而经济费用效益分析不受此限制。

（5）根据不同情况区别对待和调整转移支付

项目的有些财务收入和支出，从社会角度来看，并没有造成资源的实际增加或减少，从而称之为经济费用效益分析中的“转移支付”。转移支付代表购买力的转移行为，接受转移支付的一方所获得的效益与付出方所产生的费用相等，转移支付的行为本身没有导致新增资源的发生。所以，在经济费用效益分析中，税赋、补贴、借款和利息等均属于转移支付。但是，一些税收和补贴可能会影响市场价格水平，导致包括税收和补贴的财务价格可能并不反映真实的经济成本和效益。在进行经济费用效益分析中，转移支付的处理应区别对待。

1）剔除企业所得税或补贴对财务价格的影响。

2）一些税收、补贴或罚款往往是用于校正项目“外部效果”的一种重要手段，这类转移支付不可剔除，可以用于计算外部效果。

3）项目投入与产出中流转税应具体问题具体处理：

①对于产出品，增加供给满足国内市场供应的，流转税不应剔除；顶替原有市场供应的，应剔除流转税。

②对于投入品，用新增供应来满足项目的，应剔除流转税；挤占原有用户需求来满足项目的，流转税不应剔除。

③在不能判别产出或投入是增加供给还是挤占（替代）原有供给的情况下，可以简化处理：产出品不剔除实际缴纳的流转税，投入品剔除实际缴纳的流转税。

4.5.4 建设项目经济费用和效益的计算

4.5.4.1 建设项目经济费用和效益的计算原则

（1）支付意愿原则

项目产出物的正面效果的计算遵循支付意愿原则，用于分析社会成员为项目所产出的效益愿意支付的价值。

（2）受偿意愿原则

项目产出物的负面效果的计算遵循接受补偿意愿原则，用于分析社会成员为接受这种不利影响所得到补偿的价值。

（3）机会成本原则

项目投入的经济费用的计算应遵循机会成本原则，用于分析项目所占用的所有资源的机会成本。机会成本应按资源的其他最有效利用所产生的效益进行计算。

（4）实际价值计算原则

项目经济费用效益分析应对所有费用和效益采用反映资源真实价值的实际价格进行计算，不考虑通货膨胀因素的影响，但应考虑相对价格变动。

在费用与效益货币化过程中，用于估算其经济价值的价格应为影子价格。对于已有市场价格的货物（或服务），不管该市场价格是否反映经济价值，代表其经济价值的价格称为影子价格，形象地说是指在日光下原有“价格杠杆”的“影子”；对于没有市场价格的产品，代表其经济价值的价格要根据特定环境、利用特定方法进行估算。影子价格的测算在建设项目的经济费用效益分析中占有重要地位。

4.5.4.2 影子价格

（1）具有市场价格的货物（或服务）的影子价格计算

如果该货物或服务处于竞争性市场环境中，市场价格能够反映支付意愿或机会成本，应采用市场价格作为计算项目投入物或产出物影子价格的依据。考虑到我国仍然是发展中国家，整个经济体系尚没有完成工业化过程，国际市场和国内市场的完全融合仍然需要一定时间，将投入物和产出物区分为外贸货物和非外贸货物，并采用不同的思路确定其影子价格。

1）外贸货物。外贸的投入物或产出物的价格应基于口岸价格进行计算，以反映其价格取值具有国际竞争力，计算公式为：

出口产出的影子价格（出厂价）＝离岸价（FOB）×影子汇率－出口费用　（4-43）

进口投入的影子价格（到厂价）＝到岸价（CIF）×影子汇率＋进口费用　（4-44）

2）非外贸货物。非外贸货物，其投入或产出的影子价格应根据下列要求计算：

①如果项目处于竞争性市场环境中，应采用市场价格作为计算项目投入或产出的影子价格的依据。

②如果项目的投入或产出的规模很大，项目的实施将足以影响其市场价格，导致“有项目”和“无项目”两种情况下市场价格不一致，在项目经济费用效益分析中，取二者的平均值作为计算影子价格的依据。

（2）不具有市场价格的货物（或服务）的影子价格计算

如果项目的产出效果不具有市场价格，或市场价格难以真实反映其经济价值时，应遵循消费者支付意愿和（或）接受补偿意愿的原则，按下列方法计算其影子价格：

1）显示偏好法。按照消费者支付意愿的原则，通过其他相关市场价格信号，根据“显示偏好”，的方法，寻找揭示这些影响的隐含价值，对其效果进行间接估算。如项目的外部效果导致关联对象产出水平或成本费用的变动，通过对这些变动进行客观量化分析，作为对项目外部效果进行量化的依据。

2）陈述偏好法。按照意愿调查评估法，根据“陈述偏好”的原则进行间接估算。一般通过对被评估者的直接调查，直接评价对象的支付意愿或接受补偿的意愿，从中推断出项目造成的有关外部影响的影子价格。应注意调查评估中可能出现的以下偏差：

①调查对象相信他们的回答能影响决策，从而使他们实际支付的私人成本低于正常条件下的预期值时，调查结果可能产生的策略性偏差。

②调查者对各种备选方案介绍得不完全或使人误解时，调查结果可能产生的资料性偏差。

③问卷假设的收款或付款方式不当，调查结果可能产生的手段性偏差。

④调查对象长期免费享受环境和生态资源等所形成的“免费搭车”心理，导致调查对象将这种享受看作是天赋权利而反对为此付款，从而导致调查结果的假想性偏差。

（3）特殊投入物的影子价格

1）劳动力的影子价格——影子工资。项目因使用劳动力所付的工资，是项目实施所付出的代价。劳动力的影子工资等于劳动力机会成本和因劳动力转移而引起的新增资源消耗之和。

2）土地的影子价格。土地是一种重要的资源，项目占用的土地无论是否支付费用，均应计算其影子价格。项目所占用的农业、林业、牧业、渔业及其他生产性用地，其影子价格应根据其未来对社会可提供的消费产品的支付意愿及因改变土地用途而发生的新增资源消耗进行计算；项目所占用的住宅、休闲用地等非生产性用地且市场机制完善的，应根据市场交易价格估算其影子价格；无市场交易价格或市场机制不完善的，应根据支付意愿价格估算其影子价格。

3）自然资源的影子价格。项目投入的自然资源，无论在财务上是否付费，在经济费用效益分析中都必须测算其经济费用。不可再生自然资源的影子价格应按资源的机会成本计算；可再生资源的影子价格应按资源再生费用计算。

4.5.5 建设项目经济费用效益分析的指标

项目经济费用与经济效益估算出来后，可编制经济费用效益流量表，计算经济净现值、经济内部收益率与经济效益费用比等经济费用效益分析指标。

4.5.5.1 经济费用效益流量表的编制方法

经济费用效益流量表的编制可以在项目投资现金流量表的基础上，根据经济费用效益识别和计算的原则和方法直接进行，也可以在财务分析的基础上将财务现金流量转化为反映真正资源变动状况的经济费用效益流量。具体形式见表 4-9。

表 4-9　项目投资经济费用效益流量表

序号	项　　目	合计	计　算　期					
			1	2	3	4	…	n
1	效益流量							
1.1	项目直接效益							
1.2	资产余值回收							
1.3	项目间接效益							
2	费用流量							
2.1	建设投资							
2.2	维持运营投资							
2.3	流动资金							
2.4	经营费用							
2.5	项目间接费用							
3	净效益流量（1－2）							

计算指标：

经济内部收益率（%）

经济净现值（i_s=%）

（1）直接经济费用效益流量的识别和计算。

1）对于项目的各种投入物，应根据机会成本的原则计算其经济价值。

2）识别项目产出物可能带来的各种影响效果。

3）对于具有市场价格的产出物，以市场价格为基础计算其经济价值。

4）对于没有市场价格的产出效果，应按照支付意愿及接受补偿意愿的原则计算其经济价值。

5）对于难以进行货币量化的产出效果，应尽可能地采用其他量纲进行量化。难以量化的，应进行定性描述，以全面反映项目的产出效果。

（2）在财务分析基础上进行经济费用效益流量的识别和计算。

1）剔除财务现金流量表中的通货膨胀因素，得到以实价表示的财务现金流量。

2）剔除运营期财务现金流量中不反映真实资源流量变动情况的转移支付因素。

3）用影子价格和影子汇率调整建设投资各项组成，并提出其费用中的转移支付项目。

4）调整流动资金，将流动资产和流动负债中不反映实际资源耗费的相关现金、应收、应付、预收、预付款项，从流动资金中剔除。

5）调整经营费用，用影子价格调整主要原材料、燃料及动力费用、工资及福利费等。

6）调整营业收入，对于具有市场价格的产出物，以市场价格为基础计算其影子价格；对于没有市场价格的产出效果，以支付意愿或接受补偿意愿的原则计算其影子价格。

7）对于可货币化的外部效果，应将货币化的外部效果计入经济效益费用的流量；对于难以进行货币化的外部效果，应尽可能地采用其他量纲进行量化。难以量化的，对其进行定性描述，以全面反映项目的产出效果。

4.5.5.2　经济费用效益分析主要指标

（1）经济净现值（*ENPV*）。经济净现值是项目按照社会折现率将计算期内各年的经济净效益流量折现到建设期初的现值之和，是经济费用效益分析的主要评价指标。计算公式为：

$$ENPV = \sum_{t=1}^{n} (B - C)_t (1 + i_s)^{-t} \tag{4-45}$$

式中 B——经济效益流量；

C——经济费用流量；

$(B—C)_t$——第 t 期的经济净效益流量；

n——项目计算期；

i_s——社会折现率。

社会折现率是用以衡量资金时间经济价值的重要参数，代表资金占用的机会成本，并且用作不同年份之间的资金价值换算的折现率。社会折现率应依据经济发展的实际情况、投资效益的水平、资金供求的状况、资金机会成本、社会成员的费用效益时间偏好以及国家宏观调控目标取向等因素进行综合分析测定。

在经济费用效益分析中，如果经济净现值大于或等于 0，说明项目可以达到社会折现率要求的效率水平，表明该项目从经济资源配置的角度可以达到被接受的水平。

(2) 经济内部收益率（$EIRR$）。经济内部收益率是项目在计算期内经济净效益流量的现值累计等于 0 时的折现率，是经济费用效益分析的辅助评价指标。计算公式为：

$$\sum_{t=1}^{n} (B - C)_t (1 + EIRR)^{-t} = 0 \tag{4-46}$$

式中 B——经济效益流量；

C——经济费用流量；

$(B—C)_t$——第 t 期的经济净效益流量；

n——项目计算期；

$EIRR$——经济内部收益率。

如果经济内部收益率大于或等于社会折现率，表明项目资源配置的经济效率达到了可以被接受的水平。

(3) 效益费用比（R_{BC}）。效益费用比是项目在计算期内效益流量的现值与费用流量的现值的比率，是经济费用效益分析的辅助评价指标。计算公式为：

$$R_{BC} = \frac{\sum_{t=1}^{n} B_t (1 - i_s)^{-t}}{\sum_{t=1}^{n} C_t (1 + i_s)^{-t}} \tag{4-47}$$

式中 R_{BC}——经济内部收益率；

B_t——经济效益流量；

C_t——经济费用流量。

如果效益费用比大于 1，表明项目资源配置的经济效率达到了可以被接受的水平。

4.5.6　经济费用效益分析与财务分析的区别

(1) 分析的角度与基本出发点不同

传统的国民经济评价是从国家的角度考察项目，而经济费用效益分析则更多地是从利益群体各方的角度来分析项目，解决项目可持续发展的问题。财务分析是站在项目的层次，是从项目的投资者、债权人、经营者的角度，分析项目在财务上能够生存的可能性，分析各方的实际收益及损失，分析投资或贷款的风险及收益。

(2) 项目的费用和效益的含义和范围划分不同

经济费用效益分析是对项目所涉及的所有成员或群体的费用及效益做全面分析，考察项目所消耗的有用社会资源和对社会提供的有用产品，不仅考虑直接的费用和效益，还要考虑间接的费用和效益，某些转移支付项目，例如流转税等，应视情况判断是否计入费用和效益。财务分析是指根据项目直接发生的财务收支，计算项目的直接费用和效益。

(3) 所使用的价格体系不同

经济费用效益分析使用影子价格体系。财务分析使用预测的财务收支价格。

(4) 分析的内容不同

经济费用效益分析一般只有赢利性分析，没有清偿能力分析。财务分析一般包括赢利能力分析、清偿能力分析和财务生存能力分析等。

上岗工作要点

1. 熟悉编制可行性研究报告。
2. 熟练使用投资估算方法与财务评价方法，应用其计算公式进行计算。

思考题

4-1 什么是建设项目决策?

4-2 建设项目决策与工程造价有怎样的关系?

4-3 项目决策阶段影响工程造价的主要因素包括哪些?

4-4 项目决策正确的意义是什么?

4-5 项目合理建设规模的确定方法主要有哪些?

4-6 可行性研究的具体作用有哪些?

4-7 一般工业建设项目的可行性研究应包含哪些内容?

4-8 投资估算的作用以及依据有哪些?

4-9 投资估算有哪些方法?

习题

单选题:

4-1 项目可行性研究的前提和基础是（ ）。

A. 设计方案研究　　B. 建设条件研究

C. 经济评价　　D. 市场调查和预测研究

4-2 建设工程项目可行性研究报告可作为（ ）的依据。

A. 调整合同价　　B. 项目后评估

C. 编制标底和投标报价　　D. 工程结算

4-3 决策阶段，建设工程项目投资方案选择的重要依据之一是（ ）。

A. 设计概算　　B. 工程预算

C. 投资估算　　D. 工程投标报价

4-4 在项目建议书阶段，对投资估算精度的要求为误差控制在（ ）。

A. ±15%以内　　B. ±30%以内

C. ±20%以内　　D. ±10%以内

4-5　某地拟于2005年兴建一座工厂，年生产某种产品50万吨。已知2002年在另一地区已建类似工厂，年生产同类产品30万吨，投资5.43亿元。若综合调整系数为1.5，用单位生产能力估算法计算拟建项目的投资额应为（　　）亿元。

A. 6.03　　B. 9.05

C. 13.58　　D. 18.10

4-6　考察项目在计算期内赢利能力的主要动态价值性指标是（　　）。

A. 投资回收期　　B. 财务净现值

C. 财务内部收益率　　D. 投资收益率

4-7　已知某项目投资现金流量见表1，则该项目静态投资回收期为（　　）年。

表1　投资现金流量表

年　份	1	2	3	4～10
现金流入（万元）		100	100	120
现金流出（万元）	220	40	40	50

A. 4.428　　B. 4.571

C. 5.428　　D. 5.571

4-8　已知某项目评价时点的流动资产总额为3000万元，其中存货1000万元，流动负债总额1500万元，则该项目的速动比率为（　　）。

A. 0.50　　B. 0.75

C. 1.33　　D. 2.00

4-9　分项详细估算法计算公式为（　　）。

A. 流动资金＝流动资产＋流动负债　　B. 流动资金＝流动资产－流动负债

C. 流动资金＝应收账款＋存货－现金　　D. 流动资产＝应收账款＋存货＋现金

E. 流动负债＝应付账款

4-10　财务评价的动态指标有（　　）。

A. 投资利润率　　B. 借款偿还期

C. 财务净现值　　D. 财务内部收益率

E. 资产负债率

4-11　项目的偿债能力分析，需要编制（　　）。

A. 自有资金现金流量表　　B. 资金来源与运用表

C. 借贷偿还表　　D. 财务外汇平衡表

E. 资产负债表

计算题：

4-12　某拟建年产30万吨铸钢厂，根据可行性研究报告提供的已建年产25万吨类似工程的主厂房工艺设备投资约2400万元。已建类似项目资料与设备投资有关的各专业工程投资系数见表2。与主厂房投资有关的辅助工程及附属设施投资系数，见表3。

表2　已建类似项目投资系数表

加热炉	汽化冷却	余热锅炉	自动化仪表	起重设备	供电与传动	建安工程
0.12	0.01	0.04	0.02	0.09	0.18	0.40

表3　拟建项目投资系数表

动力系统	机修系统	总图运输系统	行政及生活福利设施工程	工程建设其他费
0.30	0.12	0.20	0.30	0.20

本项目的资金来源为自有资金和贷款，贷款总额为8000万元，贷款利率为8%（按年计息）。建设期3年，第1年投入30%，第2年投入50%，第3年投入20%。预计建设期物价年平均涨率为3%，基本预备费率为5%。

问题

1. 已知拟建项目建设期与类似项目建设期的综合价格差异系数为1.25，试用生产能力指数法估算拟建工程的工艺设备投资额；用系数估算法估算该项目主厂房投资和项目建设的工程费与其他费投资。

2. 估算该项目的建设投资，并编制建设投资估算表。

3. 若单位产量占用流动资金额为33.67万/万吨，试用扩大指标估算法估算该项目的流动资金。确定该项目的建设总投资。

（注意：问题1～4计算过程和结果均保留两位小数。）

第5章 建设项目设计阶段工程造价控制

重 点 提 示

1. 了解设计阶段与工程造价的关系。
2. 熟悉设计方案的评价与优化。
3. 了解设计概算和施工图预算的编制与审查。

5.1 建设项目设计阶段与工程造价的关系

5.1.1 工程设计概述

5.1.1.1 工程设计的含义

工程设计是建设程序的一个环节，是指在可行性研究批准之后，工程开始施工之前，根据已批准的设计任务书，为具体实现拟建项目的技术、经济要求，拟定建筑、安装及设备制造等所需的规划、图纸、数据等技术文件的工作。工程设计是建设工程项目由计划变为现实的具有决定性意义的工作阶段。设计文件是建筑安装施工的依据。拟建工程在建设过程中能否保证进度、质量和节约投资，在相当大的程度上取决于设计质量的优劣。工程建成后，能否获得满意的经济效果，除了项目决策之外，设计工作起着决定性的作用。设计工作的重要原则之一是保证设计的整体性，为此，设计工作必须按一定的程序分阶段进行。

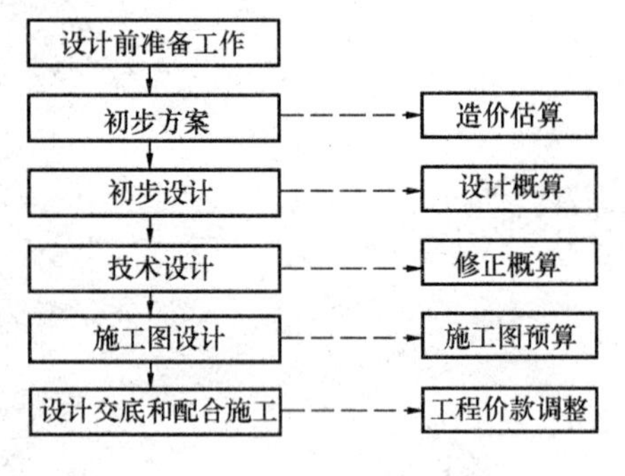

图 5-1 工程设计全过程

5.1.1.2 工程设计的阶段划分

设计工作按先后顺序。包括设计前准备阶段、初步方案阶段、初步设计阶段、技术设计阶段、施工图设计阶段、设计交底和配合施工阶段，如图 5-1 所示。

(1) 工业项目设计

一般工业项目设计可按初步设计和施工图设计两个阶段进行，称为“两阶段设计”；对于技术复杂、在设计时有一定难度的工程，依据项目相关管理部门的意见和要求，可以按初步设计、技术设计和施工图设计三个阶段进行，称之为“三阶段设计”。小型工程建设项目，技术上比较简单的，经项目相关管理部门同意可以简化为施工图设计一阶段进行。

对于有些牵涉面较广的大型建设项目，例如大型矿区、油田、大型联合企业的工程除按上述规定分阶段进行设计外，还应进行总体规划设计或总体设计。总体设计是对一个大型项目中的每个单项工程根据生产运行上的内在联系，在相互配合、衔接等方面进行统一的规划、部署和安排，使整个工程在布置上紧凑、流程上顺畅、技术上先进可靠、生产上方便、经济上合理。

1）设计准备。设计者在动手设计之前，首先要了解并掌握各种有关的外部条件和客观情况，包括：地形、气候、地质、自然环境等自然条件；城市规划对建筑物的要求；交通、水、电、气、通信等基础设施状况；业主对工程的要求，尤其是工程应具备的各项使用功能要求；工程经济估算的依据和所能提供的资金、材料、施工技术和装备等以及可能影响工程的其他客观因素。

2）总体设计。总体设计在第一阶段收集资料的基础上，设计者对工程的主要内容（包括功能与形式）的安排有个大概的布局设想，然后要考虑工程与周围环境之间的关系。在这一阶段，设计者可以和使用者以及规划部门充分交换意见，最后使自己的设计符合规划的要求并取得规划部门的同意，达到与周围环境有机融合的要求。对于不太复杂的工程，这一阶段可以省略，把相关的工作并入初步设计阶段。

3）初步设计。初步设计是设计过程中的一个关键性阶段，同时也是整个设计构思基本形成的阶段。通过初步设计可以进一步明确拟建工程在指定地点和规定期限内进行建设的技术可行性和经济合理性，并且对主要技术方案、工程总造价和主要技术经济指标进行规定，以利于在项目建设和使用过程中最有效地利用人力、物力及财力。工业项目初步设计包括总平面设计、工艺设计和建筑设计三部分。在初步设计阶段应编制设计总概算。

4）技术设计。技术设计是初步设计的具体化，同时也是各种技术问题的定案阶段。技术设计所应研究和决定的问题，与初步设计基本相同，但是需要根据更详细的勘察资料和技术经济计算加以补充修正。技术设计的详细程度应能够满足确定设计方案中重大技术问题和有关实验、设备选制等方面的要求。应能够保证根据技术设计进行施工图设计和提出设备订货明细表。技术设计的着眼点，除了体现初步设计的整体意图外，还要考虑施工的方便易行，如果对初步设计中所确定的方案有所更改，应对更改部分编制修正概算书。对于不是很复杂的工程，技术设计阶段可以省略，把这个阶段的一部分工作纳入初步设计，另一部分留待施工图设计阶段进行。

5）施工图设计。这一阶段主要是通过图纸，把设计者的意图和全部设计结果表达出来，作为施工制作的依据。它是设计工作和施工工作的桥梁。具体包括建设项目各分部工程的详图和零部件、结构件明细表，以及验收标准、方法等。施工图设计的深度应能够满足设备、材料的选择和确定、非标准设备的设计与加工制作、施工图预算的编制、建筑工程施工及安装的要求。

6）设计交底和配合施工。施工图发出后，设计单位应派人与建设、施工或其他有关单位共同会审施工图，进行技术交底，介绍设计意图和技术要求，修改不符合实际和有错误的图纸，参加试运转及竣工验收，解决试运转过程中的各种技术问题，并检验设计的正确及完善程度。

（2）民用项目设计

民用建筑工程一般可分为方案设计、初步设计和施工图设计三个阶段；对于技术要求简单的民用建筑工程，通过相关管理部门同意，并且设计委托合同中有不做初步设计的约定，可在方案设计审批后直接进入施工图设计。

1）方案设计。方案设计的内容包括：

①设计说明书，包括各专业设计说明以及投资估算等内容。

②总平面图以及建筑设计图纸。

③设计委托或设计合同中规定的透视图、鸟瞰图、模型等。

方案设计文件应达到一定的深度要求，应满足编制初步设计文件的需要。

2）初步设计。民用项目初步设计的内容与工业项目设计大致相同，包括各专业设计文件、专业设计图纸和工程概算，同时，初步设计文件应包括主要设备或材料表。初步设计文件应满足编制施工图设计文件的需要。对于技术要求简单的民用建筑工程，该阶段可以省略。

3）施工图设计。该阶段应形成所有专业的设计图纸（含图纸目录、说明和必要的设备、材料表），并按照要求编制工程预算书。对于方案设计后直接进入施工图设计的项目，施工图设计文件还应包括工程概算书。施工图设计文件，应满足设备材料采购、非标准设备制作和施工的需要。

5.1.2　建设项目设计阶段与工程造价的关系

在拟建项目经过投资决策阶段后，设计阶段就成为项目工程造价控制的关键环节。它对建设工程项目的建设工期、工程造价、工程质量及建成后能否发挥比较好的经济效益，起着决定性的作用。

（1）在设计阶段进行工程造价计价分析可以使造价构成更合理，提高资金利用效率。设计阶段工程造价的计价形式是编制设计概、预算，通过设计概、预算可以了解工程造价的构成，分析资金分配的合理性。并且可以利用价值工程理论分析项目各个组成部分功能与成本的匹配程度，调整项目功能与成本，使其更趋于合理。

（2）在设计阶段进行工程造价的计价分析可以提高投资控制效率。编制设计概算并且进行分析，可以了解工程各组成部分的投资比例。对于投资比例大的部分应作为投资控制的重点，这样可以提高投资控制效率。

（3）在设计阶段控制工程造价会使控制工作更主动。长期以来，人们把控制理解成目标值与实际值的比较，以及当实际值偏离目标值时分析产生差异的原因，确定下一步对策。这对于批量性生产的制造业来说，是一种有效的管理方法。但是对于建筑业来说，因为建筑产品具有单件性、价值量大的特点，这种管理方法只能发现差异，却不能消除差异，也不能预防差异的产生，而且差异一旦发生，损失往往会很大，这是一种被动的控制方法。而如果在设计阶段控制工程造价，可以先按一定的质量标准，开列新建建筑物每一部分或者分项的估算造价，对照造价计划中所列的指标进行审核，预先发现差异，主动采取一些控制方法来消除差异，使设计更加经济。

（4）在设计阶段控制工程造价便于技术与经济相结合。工程设计工作通常是由建筑师等专业技术人员来完成的。他们在设计过程中往往更关注于工程的使用功能，力求采用比较先进的技术方法实现项目功能要求，而对经济因素考虑得比较少。如果在设计阶段让造价工程师参与全过程设计，使设计从一开始就建立在健全的经济基础之上，在作出重要决定时能充分认识其经济后果；另外，投资限额一旦确定以后，设计只能在确定的限额内进行，有利于建筑师发挥个人创造力，选择一种最经济的方式来实现技术目标，从而确保设计方案能够比较好地体现技术与经济的结合。

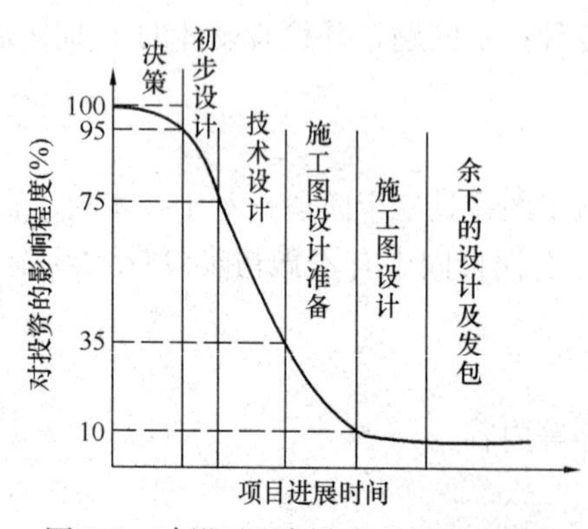

图 5-2　建设过程各阶段对投资的影响

（5）在设计阶段控制工程造价效果最明显。工程造价控制贯穿于项目建设全过程，这一点是毫无疑问的。但是进行全过程控制还必须突出重点。图5-2是国外描述的各阶段影响工程项目投资的规律。

从图中可以看出，设计阶段对投资的影响约为75%～95%。显然，控制工程造价的关键是在设计阶段。在设计一开始就将控制投资的思想植根于设计人员的头脑中，以保证选择恰当的设计标准和合理的功能水平。

5.1.3 设计阶段影响工程造价的因素

5.1.3.1 工业建筑设计影响工程造价的因素

在工业建筑设计中，影响工程造价的主要因素有总平面图设计、工业建筑的平面和立面设计、建筑材料与结构方案的选择、工艺技术方案选择、设备选型和设计等。

(1) 厂区总平面图设计。厂区总平面图设计是指总图运输设计和总平面布置。主要包括的内容有：厂址方案、占地面积和土地利用情况；总图运输、主要建筑物和构筑物及公用设施的布置；外部运输、水、电、气及其他外部协作条件等。

总平面图设计是否合理对整个设计方案的经济合理性有重大影响。正确合理的总平面设计可以大大减少建筑工程量，节约建设用地，节省建设投资，降低工程造价和项目运行后的使用成本，加快建设进度，并且可以为企业创造良好的生产组织、经营条件及生产环境；还可以为工业区创造完美的建筑艺术整体。总平面设计与工程造价的关系体现在以下几个方面。

1) 占地面积的大小一方面影响征地费用的高低；另一方面也会影响管线布置成本及项目建成运营的运输成本。所以，在总平面设计中应尽可能节约用地。

2) 功能分区。工业建筑有许多功能组成，这些功能之间相互联系，相互制约。合理的功能分区既可以使建筑物的各项功能充分发挥，又可以使总平面布置紧凑、安全，避免大挖大填，减少土石方量和节约用地，降低工程造价。同时，合理的功能分区还可以使生产工艺流程顺畅，运输简便，降低项目建成后的运营成本。

3) 运输方式的选择。不同的运输方式其运输效率及成本不同。如公路运输运量小，运输安全性一般，需要一次性投入大量资金；而铁路运输运量大，运输安全性好，需要投入的资金一般，运输效率也一般。所以，在运输方式的选择上不能只考虑工程造价，还应结合实际情况，采取相应的措施。

(2) 工业建筑的平面和立面设计。新建工业厂房的平面和立面设计方案是否合理和经济，不仅与降低建筑工程造价和使用费用有关，也直接影响到节约用地和建筑工业化水平的提高。要根据生产工艺流程合理地布置建筑平面，控制厂房高度，充分利用建筑空间，选择合适的厂内起重运输方式，尽可能露天或半露天布置生产设备。

1) 工业厂房层数的选择。选择工业厂房层数应该考虑生产性质和生产工艺的要求。对于需要跨度大和层高，拥有重型生产设备和起重设备，生产时有较大振动及散发大量热和气的重型工业，采用单层厂房是比较经济合理的；而对于工艺过程紧凑，采用垂直工艺流程及利用重力运输方式，设备和产品质量不大，并要求恒温条件的各种轻型车间，宜采用多层厂房。多层厂房的突出优点是占地面积小，减少基础工程量，缩短交通线路、工程管线和围墙等的长度，降低屋盖和基础单方造价，缩小传热面，节约热能，经济效果显著。工业建筑层数与单位面积造价的关系，如图5-3所示。

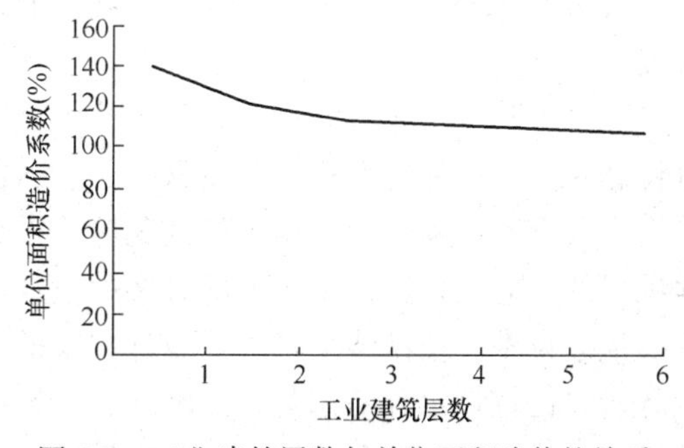

图5-3 工业建筑层数与单位面积造价的关系

确定多层厂房的经济层数主要有两个因素：一是厂房展开面积的大小，展开面积越大，层数越可增高；二是厂房的宽度和长度，如宽度和长度越大，则经济层数越可增高，而造价则相应降低。例如，当厂房宽为 35m，长为 115m 时，经济层数为 3～4 层；而厂房宽为 40m，长为 145m 时，则经济层数为 4～5 层；后者比前者造价降低 4%～6%。

2）工业厂房层高的选择。在建筑面积不变的情况下，建筑层高的增加会引起各项费用的增加。例如墙与隔墙及有关粉刷、装饰费用提高；供暖空间体积增大；起重运输费的增加；卫生设备的上下水管道长度增加；楼梯间造价和电梯设备费用也会增加等，从而导致单位面积造价的提高。

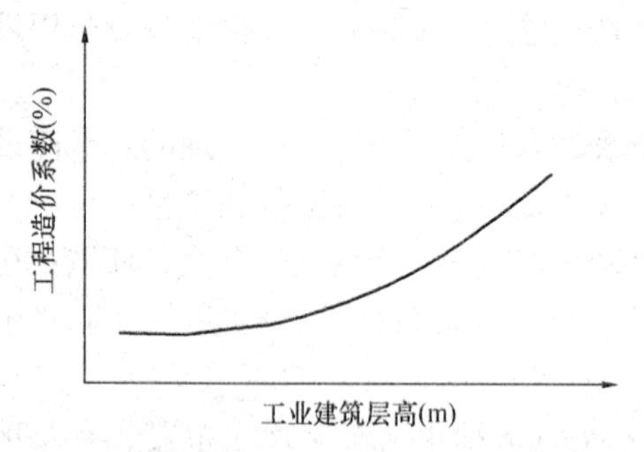

图 5-4　工业建筑层高与单位面积造价的关系

据分析，单层厂房层高每增加 1m，单位面积的造价增加 1.8%～3.6%，年度采暖费约增加 3%；多层厂房的层高每增加 0.6m，单位面积造价提高 8.3%左右。由此可见，随着层高的增加，单位面积造价也在不断增加（图 5-4）。多层厂房造价增加幅度比单层厂房大的主要原因，是多层厂房的承重部分占总造价的比重较大，而单层厂房的墙柱部分占总造价的比重较小。

3）合理确定柱网。柱网的布置是指确定柱子的行距（跨度）和间距（每行柱子中两个柱子间的距离）。工业厂房柱网布置是否合理，对工程造价和厂房面积的利用效率都有较大的影响。

柱网的选择与厂房中有无吊车、吊车的类型及吨位、屋顶的承重结构以及厂房的高度等因素有关。对于单跨厂房，当柱间距不变时，跨度越大则单位面积的造价越小。因为除屋架外，其他结构件分摊在单位面积上的平均造价随跨度的增大而减少；对于多跨厂房，当跨度不变时，中跨数量越多越经济。这是因为柱子和基础分摊在单位面积上的造价减少了。

4）尽量减少厂房的体积和面积。对于工业建筑，在不影响生产能力的条件下，厂房、设备布置力求紧凑合理；尽量采用先进工艺和高效能的设备，节省厂房面积；要采用大跨度、大柱距的大厂房平面设计形式，提高平面利用系数；尽可能把大型设备设置于露天，以节省厂房的建筑面积。

（3）建筑材料与结构的选择。建筑材料与结构的选择是否经济合理，对建筑工程造价有直接影响。这是因为材料费一般占直接费的 70%左右，同时直接费用的降低也会导致间接费用的降低。采用各种先进的结构形式和轻质高强度的建筑材料，能减轻建筑物的自重，简化和减轻基础工程量，减少建筑材料和构配件的费用及运输费，并能够提高劳动生产率和缩短建设工期，经济效果十分突出。因此工业建筑结构正在向轻型、大跨、空间、薄壁的方向发展。

（4）工艺技术方案的选择。工艺技术方案，主要包括建设规模、标准和产品方案；工艺流程和主要设备的选型；主要原材料、燃料供应；“三废”治理和环保措施。此外还包括生产组织及生产过程中的劳动定员情况等。设计阶段应按照可行性研究阶段已经确定的建设工程项目的工艺流程进行工艺技术方案的设计，确定从原料到产品整个生产过程的具体工艺流程及生产技术。在具体项目工艺设计方案的选择时，以提高投资的经济效益为前提，认真进行分析、比较，综合考虑各方面因素进行确定。

（5）设备的选型和设计。工艺设计确定生产工艺流程后，就要根据工厂生产规模及工艺流程的要求，选择设备的型号和数量，对一些标准和非标准设备进行设计。设备和工艺的选择是相互依存、相互联系的。设备的选择应该选择能够满足生产工艺和达到生产能力需要的最适用的设备和机械。设备选型和设计应注意下列要求：应该注意标准化、通用化和系列化；采用高效率的先进设备要本着技术先进、稳妥可靠、经济合理的原则；设备的选择首先必须考虑国内可供的产品，若需进口国外设备，应力求避免成套进口和重复进口；在选择和设计设备时，要结合企业建设地点的实际情况和动力、运输、资源等具体条件。

5.1.3.2　民用建筑设计影响工程造价的因素

以住宅为例，说明民用建筑设计影响工程造价的因素。

（1）小区建设规划的设计。在进行小区规划时，要根据小区基本功能和要求确定各组成部分的合理层次和关系，据此安排住宅建筑、公共建筑、管网、道路及绿地的布局，确定合理人口和建筑密度、房屋间距和建筑层数，布置公共设施项目、规模及其服务半径，以及水、电、热、燃气的供应等，并划分包括土地开发在内的上述各部分的投资比例。

小区用地面积指标，反映小区内居住房屋和非居住房屋、绿化园地、道路和工程管网等占地面积及比重，是考察建设用地利用率和经济性的重要指标。它直接影响小区内道路管线长度和公用设备的多少，而这些费用约占小区建设投资的1/5。所以，用地面积指标在很大程度上影响小区建设的总造价。

小区的居住建筑面积密度、居住建筑密度、居住面积密度和居住人口密度也直接影响小区的总造价。在保证小区居住功能的前提下，密度越高，越有利于降低小区的总造价。

（2）住宅建筑的平面布置。在同样建筑面积下，由于住宅建筑平面形状不同，其建筑周长系数 K（即每平方米建筑面积所占的外墙长度）也不相同。圆形、正方形、矩形、T形、L形等，其建筑周长系数依次增长，即外墙面积、墙身基础、墙身内外表面装修面积依次增大。但因为圆形建筑施工复杂，施工费用比矩形建筑增加20%～30%，故其墙体工程量的减少不能使建筑工程造价降低。所以，一般来讲，正方形和矩形的住宅既有利于施工，又能降低工程造价，而在矩形住宅建筑中，又以长宽比为2∶1最佳。

当房屋的长度增加到一定程度时，就需要设置带有双层隔墙的温度伸缩缝；当长度超过90m时，就必须要有贯通式过道。这些都要增加房屋的造价，所以通常小单元住宅以4个单元、大单元住宅以3个单元、房屋长度在60～80m较为经济。在满足住宅的基本功能、保证居住质量的前提下，加大住宅的进深（宽度）对降低造价也有显著的效果。

（3）住宅单元的组成、户型和住户面积。住宅结构面积与建筑面积之比为结构面积系数，这个系数越小，设计方案越经济。由于结构面积减少，有效面积就相应增加，因而它是评比新型结构经济的重要指标，该指标除了和房屋结构有关外，还与房屋外形及其长度和宽度有关，同时也与房间平均面积的大小和户型构成有关。房屋平均面积越大，内墙、隔墙在建筑面积中所占比重就越低。

（4）住宅的层高和净高。据有关资料分析，住宅层高每降低10cm，可降低造价1.2%～1.5%。层高降低还可以提高住宅区的建筑密度，节约征地费、拆迁费和市政设施费。通常来说，住宅层高不宜超过2.8m，可以控制在2.5～2.8m。目前我国还有不少地区住宅层高还沿用2.9～3.2m的标准，认为层高低了就降低了住宅标准，其实住宅标准的高低取决于面积和设备水平。

（5）住宅的层数。民用住宅按层数划分为低层住宅（1～3层）、多层住宅（4～6层）、中高层住宅（7～9层）、高层住宅（10层以上）。在民用建筑中，多层住宅具有降低工程造价及使用费、节约用地的优点。房间内部和外部的设施、供水管道、排水管道、煤气管道、电力照明和交通道路等费用，在一定范围内都随着住宅层数的增加而降低。表 5-1 对砖混结构低、多层结构住宅造价进行了分析。

表 5-1　砖混结构低、多层住宅层数与造价的关系

住宅层数	一	二	三	四	五	六
单方造价系数（%）	138.05	116.95	108.38	103.51	101.68	100.00
边际造价系数（%）		−21.10	−8.57	−4.87	−1.83	−1.68

由表 5-1 可知，随着住宅层数的增加，单方造价系数在逐渐降低，即层数越多越经济。但是边际造价系数也在逐渐减少，这说明随着层数的增加，单方造价系数下降的幅度在减缓。住宅超过 7 层，就要增加电梯费用，需要较多的交通面积（过道、走廊要加宽）及补充设备（供水设备和供电设备等）。尤其是高层住宅，要经受较强的风荷载，需要提高结构强度，改变结构形式，使工程造价大幅度上升。所以，一般来讲，在中小城市建造多层住宅比较经济合理，在大城市可沿主要街道建设一部分中高层和高层住宅，以合理利用空间，美化市容。

（6）住宅建筑结构类型的选择。对同一建筑物来说，不同结构类型，造价也是不同的。一般来说，砖混结构比框架结构的造价低，因为框架结构的钢筋混凝土现浇构件的比重较大，其钢材、水泥的材料消耗量也大，所以建造成本也高。由于各种建筑体系的结构形式各有利弊，在选用结构类型时应结合实际，因地制宜，就地取材，采用适合本地区经济合理的结构形式。

5.2　设计方案的评价与优化

5.2.1　设计方案评价的原则

为了提高工程建设投资的效果，从选择场地和工程总平面布置开始，直到最后结构零件的设计，都应进行多方案比选，从中选取技术先进、经济合理的最佳方案。设计方案评价的原则主要包括以下几个方面。

（1）设计方案经济合理性与技术先进性相统一的原则

经济合理性要求工程造价尽可能低，如果一味地追求经济效果，将会导致项目的功能水平偏低，无法满足使用者的要求。技术先进性追求技术的尽善尽美，项目功能水平比较先进，但可能会导致工程造价偏高。所以，技术先进性与经济合理性往往是矛盾的，设计者应妥善处理好二者的关系。通常情况下，要在满足使用者要求的前提下，尽可能降低工程造价；同时在资金限制范围内，要尽可能提高项目功能水平。

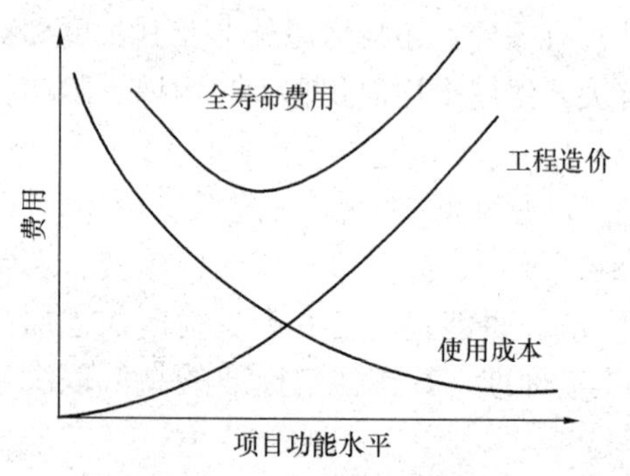

图 5-5　工程造价、使用成本和项目功能水平之间的关系

（2）项目全寿命费用最低的原则

工程在建设过程中，控制造价是一个极其重要的目标。但是造价水平的变化，又会影响到项目将来的使用成本。如果单纯降低造价，建造质量就得不到保障，就会导致使用过程中的维修费用很高，甚至有可能发生重大事故，给社会财产和人民生命安全带来严重损害。通常情况下，项目技术水平与工程造价和使用成本之间的关系，如图 5-5 所示。

在设计过程中应兼顾建设过程和使用过程，力求项目全寿命费用最低，即做到成本低，维护费用少，使用费用省。

（3）设计方案经济评价的动态性原则

设计方案经济评价的动态性是指在经济评价时考虑资金的时间价值，即资金在不同时间存在实际价值的差异。这一原则不仅对有着经营性的工业建筑适用，也适用于使用费用呈增加趋势的民用建筑。资金的时间价值反映了资金在不同时间的分配及其相关的成本，对于经营性项目，影响到投资回收期的时间长短；对于民用建设工程项目，则影响到项目在使用过程中各种费用在近期与远期的分配。动态性原则是工程经济中的一项基本原则。

（4）设计必须兼顾近期投入与远期发展相统一的原则

一项工程建成后，一般会在很长的时间内发挥作用。如果按照目前的要求设计工程，在不远的将来，有可能会出现由于项目功能水平无法满足需要而重新建造的情况。但是，如果按照未来的需要设计工程，又会出现由于功能水平高而资源闲置浪费的现象。所以，设计者要兼顾近期和远期的要求，选择项目合理的功能水平。同时，也要根据远景发展的需要，适当留有发展余地。

（5）设计方案应符合可持续发展的原则

可持续发展的原则反映在工程设计方面，即设计应符合“科学发展观”，“坚持以人为本，树立全面、协调、可持续的发展观，促进经济社会和人的全面发展”。科学发展观体现在投资控制领域，要求从单纯、粗放的原始扩大投资和简单建设转向提高科技含量、减少环境污染、绿色、节能、环保等可持续发展型投资。目前国家大力推广和提倡的建筑“四节”（节能、节水、节材、节地）、环保型建筑、绿色建筑等都是科学发展观的具体体现。

5.2.2 设计方案评价的内容

不同类型的建筑，使用目的及功能要求不同，评价的重点也不相同。

5.2.2.1 工业建筑设计评价

（1）总平面设计评价

1）建筑系数（建筑密度）是指厂区内（一般指厂区围墙内）建筑物、构筑物和各种露天仓库及堆场、操作场地等的占地面积与整个厂区建设用地面积之比。它是反映总平面图设计用地是否经济合理的指标。建筑系数大，表明布置紧凑，节约用地，又可缩短管线距离，降低工程造价。

2）土地利用系数是指厂区内建筑物、构筑物、露天仓库及堆场、操作场地、铁路、道路、广场、排水设施及地下管线等所占面积与整个厂区建设用地面积之比，它综合反映出总平面布置的经济合理性和土地利用效率。

3）工程量指标包括场地平整土石方量、铁路道路及广场铺砌面积、排水工程、围墙长度及绿化面积等。

4）企业未来经营条件指标是指铁路、公路等每吨货物运输费用、经营费用等。

（2）工艺设计评价

工艺设计是工程设计的核心，它是根据工业企业生产的特点、生产性质和功能来确定的。工艺设计标准的高低，不但直接影响工程建设投资的大小和建设速度，而且还决定着未来企业的产品质量、数量和运营费用。

（3）建筑设计评价

1）单位面积造价。建筑物平面形状、层数、层高、柱网布置、建筑结构及建筑材料等因素都会影响单位面积造价。所以，单位面积造价是一个综合性很强的指标。

2）建筑物周长与建筑面积比主要用于评价建筑物平面形状是否合理。该指标越低，平面形状越合理。

3）厂房展开面积主要用于确定多层厂房的经济层数，展开面积越大，经济层数越能提高。

4）厂房有效面积与建筑面积比主要用于评价柱网布置是否合理。合理的柱网布置可以提高厂房有效使用面积。

5）工程全寿命成本包括工程造价及工程建成后的使用成本，这是一个评价建筑物功能水平是否合理的综合性指标。通常来说，功能水平低，工程造价低，但使用成本高；功能水平高，工程造价高，但使用成本低。工程全寿命成本最低时，功能水平最合理。

5.2.2.2 民用建筑设计评价

民用建筑一般包括公共建筑和住宅建筑两大类。民用建筑设计要坚持“适用、经济、美观”的原则。

（1）民用建筑设计的要求，包括以下四个方面。

1）平面布置合理，长度和宽度比例适当。

2）合理确定户型和住户面积。

3）合理确定层数与层高。

4）合理选择结构方案。

（2）民用建筑设计的评价指标

1）公共建筑类型繁多，具有共性的评价指标有：占地面积、建筑面积、使用面积、辅助面积、有效面积、平面系数、建筑体积、单位指标（m^2/人，m^2/床，m^2/座）、建筑密度等。其中：

$$有效面积=使用面积+辅助面积 \tag{5-1}$$

$$平面系数K=\frac{使用面积}{建筑面积} \tag{5-2}$$

该指标反映了平面布置的紧凑合理性。

$$建筑密度=\frac{建筑基底面积}{占地面积} \tag{5-3}$$

2）居住建筑。

①平面系数。

$$平面系数K=\frac{使用面积}{建筑面积} \tag{5-4}$$

$$平面系数K_1=\frac{居住面积}{有效面积} \tag{5-5}$$

$$平面系数K_2=\frac{辅助面积}{有效面积} \tag{5-6}$$

$$平面系数K_3=\frac{结构面积}{建筑面积} \tag{5-7}$$

②建筑周长指标：这个指标是墙长与建筑面积之比。居住建筑进深加大，则单元周长缩小，可节约用地，减少墙体积，降低造价。

$$单元周长指标=\frac{单元周长}{单元建筑面积}\ (m/m^2) \tag{5-8}$$

$$建筑周长指标=\frac{建筑周长}{建筑占地面积}\ (m/m^2) \tag{5-9}$$

③建筑体积指标：该指标是建筑体积与建筑面积之比，是衡量层高的指标。

$$建筑体积指标=\frac{建筑体积}{建筑面积}\ (m^3/m^2) \tag{5-10}$$

④平均每户建筑面积：

$$平均每户建筑面积=\frac{建筑面积}{总户数} \tag{5-11}$$

⑤户型比：指不同居室数的户数占总户数的比例，是评价户型结构是否合理的指标。

5.2.2.3 居住小区设计评价

小区规划设计是否合理，直接关系到居民的生活环境，同时也关系到建设用地、工程造价及总体建筑的艺术效果。小区规划设计的核心问题是提高土地利用率。

（1）在小区规划设计中节约用地的主要措施包括：

1）压缩建筑的间距。住宅建筑的间距主要有日照间距、防火间距及使用间距，取三者中较大者作为设计依据。

2）提高住宅层数或高低层搭配。提高住宅层数和采用多层、高层搭配都是节约用地、增加建筑面积的有效措施。

3）适当增加房屋长度。房屋长度的增加可以减小山墙的间隔距离，提高建筑密度。但是房屋过长也不经济，一般是4～5个单元（约60～80m）最佳。

4）提高公共建筑的层数。公共建筑分散建设占地多，如能将有关的公共设施集中建在一栋楼内，不仅方便群众，而且还节约用地。

5）合理布置道路。

（2）居住小区设计方案评价指标包括：

$$建筑毛密度=\frac{居住和公共建筑基底面积}{居住小区占地总面积}\times 100\% \tag{5-12}$$

$$居住建筑净密度=\frac{居住建筑基底面积}{居住建筑占地面积}\times 100\% \tag{5-13}$$

$$居住面积密度=\frac{居住面积}{居住建筑占地面积}\ (m^2/hm^2) \tag{5-14}$$

$$居住建筑面积密度=\frac{居住建筑面积}{居住建筑占地面积}\ (m^2/hm^2) \tag{5-15}$$

$$人口毛密度=\frac{居住人数}{居住小区占地总面积}\ (人/hm^2) \tag{5-16}$$

$$人口净密度=\frac{居住人数}{居住建筑占地面积}\ (人/hm^2) \tag{5-17}$$

$$绿化比率=\frac{居住小区绿化面积}{居住小区占地总面积} \tag{5-18}$$

居住建筑净密度是衡量用地经济性和保证居住区必要卫生条件的主要技术经济指标。其数值的大小与建筑层数、房屋间距、层高、房屋排列方式等因素有关。适当提高建筑密度，可以节省用地，但应保证日照、通风、防火、交通安全的基本需要。

居住面积密度是反映建筑布置、平面设计与用地之间的重要指标。影响居住面积密度的主要因素是房屋的层数，增加层数其数值就增大，有利于节约土地和管线费用。

5.2.3 设计方案评价的方法

设计方案评价的方法需要采用技术与经济比较的方法，按照工程项目经济效果，针对不同的设计方案，分析其技术经济指标，从中选出经济效果最优的方案。在设计方案评价比较中通常采用多指标评价法、投资回收期法、计算费用法等。

5.2.3.1 多指标评价法

多指标评价法是通过对反映建筑产品功能和耗费特点的若干技术经济指标的计算、分析、比较，评价设计方案的经济效果。它可分为多指标对比法和多指标综合评分法。

（1）多指标对比法。多指标对比法的基本特点是使用一组适用的指标体系，将对比方案的指标值列出，然后一一进行对比分析，根据指标值的高低分析判断方案优劣，这是目前采用比较多的一种方法。

利用多指标对比法首先需要将指标体系中的各个指标，按其在评价中的重要性，分为主要指标和辅助指标。主要指标是能够比较充分地反映工程的技术经济特点的指标，是确定工程项目经济效果的主要依据。辅助指标在技术经济分析中处于次要地位，是主要指标的补充，当主要指标不足以说明方案的技术经济效果的优劣时，辅助指标就成为进一步进行技术经济分析的依据。但是需要注意参选方案在功能、价格、时间、风险等方面的可比性。如果方案不完全符合对比条件，要加以调整，使其满足对比条件后再进行对比，并在综合分析时予以说明。

多指标对比法的优点包括：指标全面、分析确切，可通过各种技术经济指标直接定性或定量地反映方案技术经济性能的主要方面。其缺点是：不便于考虑对某一功能评价，不便于综合定量分析，容易出现某一方案有些指标较优，另一些指标较差；而另一方案则可能是有些指标较差，另一些指标较优。这样就使分析工作复杂化，有时，也会因方案的可比性而产生客观标准不统一的现象。所以在进行综合分析时，要尤其注意检查对比方案在使用功能和工程质量方面的差异，并分析这些差异对各指标的影响，避免导致错误的结论。

通过综合分析，最后应给出如下结论：

1）分析对象的主要技术经济特点及适用条件。

2）现阶段实际达到的经济效果水平。

3）找出提高经济效果的潜力和途径以及相应采取的主要技术措施。

4）预期经济效果。

（2）多指标综合评分法。多指标综合评价法首先对需要进行分析评价的设计方案设定若干个评价指标，并按其重要程度确定各指标的权重，然后确定评分标准，并就各设计方案对各指标的满意程度打分，最后计算各方案的加权得分，以加权得分高者为最优设计方案。这种方法是定性分析、定量打分相结合的方法。该方法的关键是评价指标的选取和指标权重的确定。

其计算公式为：

$$S = \sum_{i=1}^{n} W_i \cdot S_i \tag{5-19}$$

式中 S——设计方案总得分；

S_i——某方案在评价指标 i 上的得分；

W_i——评价指标 i 的权重；

n——评价指标数。

这种方法非常类似于价值工程中的加权评分法，区别就在于：加权评分法中不将成本作为一个评价指标，而是将其单独拿出来计算价值系数；多指标综合评分法则不将成本单独剔除，如果需要，成本也是一个评价指标。

5.2.3.2　投资回收期法

设计方案的比选通常是比选各方案的功能水平及成本。功能水平先进的设计方案通常所需的投资较多，方案实施过程中的效益通常也比较好。

用方案实施过程中的效益回收投资，即投资回收期反映初始投资补偿速度，衡量设计方案的优劣也是非常必要的。投资回收期越短的设计方案越好。

不同设计方案的比选实际上是互斥方案的比选，首先要考虑到方案可比性的问题。当相互比较的各设计方案能满足相同的需要时，就只需要比较它们的投资和经营成本的大小，用差额投资回收期比较。

差额投资回收期是指在不考虑资金时间价值的情况下，用投资大的方案比投资小的方案所节约的经营成本也就是回收差额，除以其投资所需要的时间。差额投资回收期计算公式为：

$$\Delta P_t = \frac{K_2 - K_1}{C_1 - C_2} \tag{5-20}$$

式中　C_2——方案 2 的年经营成本；

C_1——方案 2 的年经营成本，且 $C_1 > C_2$；

K_2——方案 2 的投资额；

K_1——方案 1 的投资额，且 $K_2 > K_1$；

ΔP_t——差额投资回收期。

当 $\Delta P_t \leqslant P_t$（基准投资回收期）时，投资大的方案优，反之，投资小的方案优。

如果两个比较方案的年业务量不同时，则需将投资和经营成本转化为单位业务量的投资和成本，然后再计算差额投资回收期，进行方案的比选，此时差额投资回收期的计算公式为：

$$\Delta P_t = \frac{\dfrac{K_2}{Q_2} - \dfrac{K_1}{Q_1}}{\dfrac{C_1}{Q_1} - \dfrac{C_2}{Q_2}} \tag{5-21}$$

式中　Q_1、Q_2——分别是各比较方案的年业务量；

其他符号意义同前。

【例 5-1】 某新建企业有两个设计方案，甲方案总投资 1200 万元，年经营成本 500 万元，年产量为 800 件；乙方案总投资 1000 万元，年经营成本 400 万元，年产量为 600 件。基准投资回收期为 5 年，试选择最优方案。

【解】 首先计算各方案单位产量的费用。

$K_甲/Q_甲 = 1200/800 = 1.5$（万元/件）

$K_乙/Q_乙 = 1000/600 = 1.67$（万元/件）

$C_甲/Q_甲 = 500/800 = 0.625$（万元/件）

$C_乙/Q_乙 = 400/600 = 0.67$（万元/件）

$$\Delta P_t=\frac{1.67-1.5}{0.67-0.625}=3.78\text{（年）}$$

$\Delta P_t<5$ 年，所以甲方案较优。

5.2.3.3 计算费用法

房屋建筑物和构筑物的全寿命是指从勘察、设计、施工、建成后使用直至报废拆除所经历的时间。全寿命费用应包括初始建设费、使用维护费和拆除费。

评价设计方案的优劣应该考虑工程的全寿命费用，但是初始投资和使用维护费是两类不同性质的费用，二者不能直接相加。计算费用法的思路是用一种合乎逻辑的方法将一次性投资与经常性的经营成本统一为一种性质的费用，可直接用来评价设计方案的优劣。

计算费用法又称为最小费用法，它是在各个设计方案功能（或产出）相同的条件下，项目在整个寿命期内的费用最低者为最优方案。计算费用法可分为静态计算费用法和动态计算费用法。

（1）静态计算费用法。静态计算费用法的数学公式为：

$$C_{年}=K\cdot E+V \tag{5-22}$$

$$C_{总}=K+V\cdot T \tag{5-23}$$

式中 $C_{年}$——年计算费用；

$C_{总}$——项目总费用；

K——总投资额；

E——投资效果系数，为投资回收期的倒数；

V——年生产成本；

T——投资回收期（年）。

（2）动态计算费用法。对于寿命期相同的设计方案，可以采用净现值法、净年值法、差额内部收益率法等；寿命期不等的设计方案可以采用净年值法。公式为：

$$PC=\sum_{t=0}^{n}CO_t\,(P/F,i_c,t) \tag{5-24}$$

$$AC=PC(A/P,i_c,n)=\sum_{t=0}^{n}CO_t\,(P/F,i_c,t)\,(A/P,i_c,n) \tag{5-25}$$

式中 PC——费用现值；

CO_t——第 t 年现金流量；

i_c——基准折现率；

AC——费用年值。

【例 5-2】 某企业为扩大生产规模，提出甲、乙、丙三个方案。方案甲：一次性投资 5000 万元，年经营成本 600 万元；方案乙：一次性投资 4200 万元，年经营成本 700 万元；方案丙：一次性投资 5200 万元，年经营成本 680 万元。三个方案寿命期相同，所在行业的标准投资效果系数为 9%，试选择最优方案。

【解】 $AC_{甲}=600+5000\times9\%=1050$（万元）

$AC_{乙}=700+4200\times9\%=1078$（万元）

$AC_{丙}=680+5200\times9\%=1148$（万元）

因为 $AC_{甲}$ 最小，所以方案甲最优。

5.2.4 设计方案的优化方法

5.2.4.1 通过设计招标投标和方案竞选优化设计方案

建设单位就拟建工程的设计任务通过报刊、信息网络或者其他媒介发布公告，吸引设计单位参加设计招标或者设计方案竞选，来获得众多的设计方案；然后组织评标专家小组，采用科学的方法，按照“经济、适用、美观”的原则，以及技术先进、功能全面、结构合理、安全适用等要求，综合评定各设计方案的优劣，从中选择最优的设计方案，或是将各方案的可取之处重新组合，提出最佳方案。建设单位使用未中选单位的设计成果时，必须征得该单位同意，并实行有偿转让，转让费由建设单位承担。中选单位完成设计方案后如建设单位另选其他设计单位承担初步设计和施工图设计，建设单位则应付给中选单位方案设计费。专家评价法有利于多种方案的比较与选择，能集思广益，博取众家之长，使设计更加完美。同时，这种方法有利于控制建设工程项目的造价，因为选中的项目投资概算通常能控制在投资者限定的投资范围内。

5.2.4.2 运用价值工程优化设计方案

（1）价值工程的概念

价值工程是一门科学的技术经济分析方法，是现代科学管理的组成部分，是研究用最少的成本支出，来实现必要的功能，从而达到提高产品价值的一门科学。价值工程中的“价值”是功能与成本的综合反映，其表达式为：

$$价值=\frac{功能(效用)}{成本(费用)}$$

或

$$V=\frac{F}{C} \tag{5-26}$$

一般来说，提高产品的价值，有以下5种途径：

1）提高功能，成本降低。这是最理想的途径。

2）保持功能不变，降低成本。

3）保持成本不变，提高功能水平。

4）成本稍有增加，但功能水平大幅度提高。

5）功能水平稍有下降，但成本大幅度下降。

必须提出，价值分析并不是单纯地追求降低成本，也不是片面地追求提高功能，而是力求处理好功能与成本的对立统一关系，提高它们之间的比值，研究产品功能和成本的最佳配置。

（2）价值工程工作程序

价值工程工作可以分为四个阶段：准备阶段、分析阶段、创新阶段和实施阶段。大致可以分为八项工作内容：价值工程对象选择、收集资料、功能分析、功能评价、提出改进方案、方案的评价与选择、试验证明和决定实施方案。

价值工程主要回答和解决下列问题：

1）价值工程的对象是什么。

2）它是用来做什么的。

3）其成本是多少。

4）其价值是多少。

5）有无其他方案实现同样的功能。

6）新方案成本是多少。

7）新方案是否能满足要求。

围绕这7个问题，价值工程的一般工作程序见表5-2。

表5-2　价值工程的一般工作程序

阶段	步　骤	说　　明
准备阶段	1. 对象选择	应明确目标、限制条件及分析范围
	2. 组成价值工程领导小组	一般由项目负责人、专业技术人员、熟悉价值工程的人员组成
	3. 制定工作计划	包括具体执行人、执行日期、工作目标等
分析阶段	4. 收集整理信息资料	此项工作应贯穿于价值工程的全过程
	5. 功能分析	明确功能特性要求，并绘制功能系统图
	6. 功能评价	确定功能目标成本，确定功能改进区域
创新阶段	7. 方案创新	提出各种不同的实现功能的方案
	8. 方案评价	从技术、经济和社会等方面综合评价各方案达到预定目标的可行性
	9. 提案编写	将选出的方案及有关资料编写成册
实施阶段	10. 审批	由主管部门组织进行
	11. 实施与检查	制定实施计划、组织实施、并跟踪检查
	12. 成果鉴定	对实施后取得的技术经济效果进行鉴定

（3）在设计阶段实施价值工程的意义

1）可以使建筑产品的功能更合理。工程设计实质上就是对建筑产品的功能进行设计，而价值工程的核心就是功能分析。通过实施价值工程，可以使设计人员更准确地了解用户所需，及建筑产品各项功能之间的比重，同时还可以考虑设计专家、建筑材料和设备制造专家、施工单位及其他专家的建议，从而使设计更加合理。

2）可以有效地控制工程造价。价值工程需要对研究对象的功能与成本之间的关系进行系统分析。设计人员参与价值工程，就可以避免在设计过程中只重视功能而忽视成本的倾向，在明确功能的前提下，发挥设计人员的创造精神，提出各种实现功能的方案，从中选取最合理的方案。这样既保证了用户所需功能的实现，又有效地控制了工程造价。

3）可以节约社会资源。实施价值工程，既可以避免一味地降低工程造价而导致研究对象功能水平偏低的现象，也可以避免一味地提高使用成本而导致功能水平偏高的现象，使工程造价、使用成本及建筑产品功能合理匹配，节约社会资源消耗。

5.2.4.3　推广标准化设计，优化设计方案

标准化设计也称为定型设计、通用设计，是工程建设标准化的组成部分。各类工程建设的构件、配件、零部件，通用的建筑物、构筑物、公用设施等，只要有条件的都应该实施标准化设计。

标准化设计是将大量成熟的、行之有效的实际经验和科技成果，按照统一简化、协调选优的原则，提炼上升为设计规范和标准设计，其设计质量比一般工程设计质量要高。此外，由于标准化设计采用的都是标准构件、配件，所以建筑构件、配件和工具式模板的制作过程可以从工地转移到专门的工厂中批量生产，使施工现场变成“装配车间”及机械化浇筑场所，把现场的工程量压缩到最小程度。

广泛地采用标准化设计，不仅可以提高劳动生产率，加快工程建设进度，还可以节约建筑材料，降低工程造价。此外，标准化设计是经过反复实践加以检验和补充完善的，所以能较好地贯彻国家技术经济政策，密切结合自然条件及技术发展水平，合理利用能源资源，充分考虑施工生产、使用维修的要求，既优质又经济。

5.2.4.4 实施限额设计，优化设计方案

限额设计是在资金一定的情况下，尽可能提高工程功能的一种设计方法，也是优化设计方案的一项重要手段。

5.3 设计概算的编制与审查

5.3.1 概述

5.3.1.1 设计概算的概念

建设项目设计概算是初步设计文件的重要组成部分，它是在投资估算的控制下由设计单位根据初步设计或扩大初步设计的图纸及说明，利用国家或地区颁布的概算指标、概算定额或综合指标预算定额、设备材料预算价格等资料，根据设计要求，概略地计算建筑物或构筑物造价的文件。其特点是编制工作相对简略，不需要达到施工图预算的准确程度。采用两阶段设计的建设项目，初步设计阶段必须编制设计概算；采用三阶段设计的建设项目，扩大初步设计阶段必须要编制修正概算。

5.3.1.2 设计概算的作用

（1）设计概算是编制建设项目投资计划、确定和控制建设项目投资的依据

国家规定，编制年度固定资产投资计划，确定计划投资总额及其构成数额，要以批准的初步设计概算为依据，没有批准的初步设计文件以及其概算，建设工程就不能列入年度固定资产投资计划。

设计概算一经批准，将作为控制建设项目投资的最高限额。竣工结算不能超出施工图预算，施工图预算不能突破设计概算。如果由于设计变更等原因导致建设费用超过概算，要求必须对其重新审查批准。

（2）设计概算是签订建设工程合同和贷款合同的依据

国家颁布的合同法中明确规定，建设工程合同价款是以设计概预算价为依据，而且总承包合同不得超过设计总概算的投资额。银行贷款或各单项工程的拨款累计总额不能超过设计概算，如果项目投资计划所列支投资额与贷款超过设计概算总投资时，必须查明原因，然后由建设单位报请上级主管部门调整或是追加设计概算总投资，凡未批准之前，银行对其超支部分不予拨付。

（3）设计概算是控制施工图设计和施工图预算的依据

设计单位必须按照批准的初步设计和总概算进行施工图设计，施工图预算不得超过设计概算，如确实需要超出总概算时，应按规定程序报批。

（4）设计概算是衡量设计方案技术经济合理性和选择最佳设计方案的依据

设计部门在初步设计阶段要选择最佳设计方案，设计概算是从经济角度衡量设计方案经济合理性的重要依据。所以，设计概算是衡量设计方案技术经济合理性和选择最佳设计方案的重要依据。

（5）设计概算是考核建设项目投资效果的依据

通过设计概算与竣工决算对比，可以分析及考核投资效果的好坏，同时还可以验证设计

概算的准确性，有利于加强设计概算管理和建设项目的造价管理工作。

5.3.1.3 设计概算的内容

设计概算可分为单位工程概算、单项工程综合概算和建设项目总概算三级。各级概算之间的相互关系如图 5-6 所示。

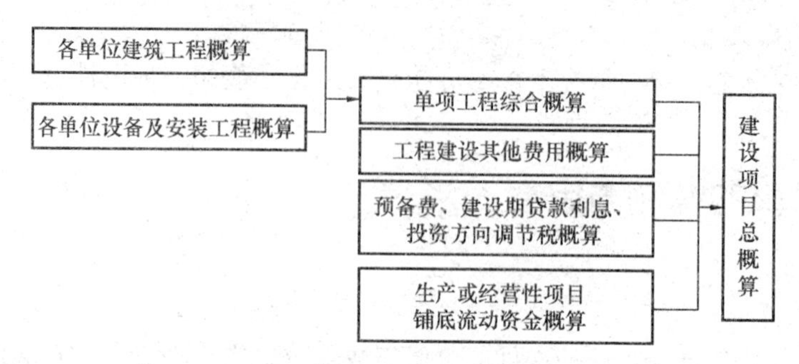

图 5-6 设计概算的三级概算关系

(1) 单位工程概算

单位工程是指具有单独设计文件、能够独立组织施工的工程，是单项工程的组成部分。单位工程概算是确定各个单位工程建设费用的文件，是编制单项工程综合概算的依据，是单项工程综合概算的构成部分。单位工程概算按其工程性质可分为建筑工程概算和设备及安装工程概算两大类。建筑工程概算包括土建工程概算，给排水、采暖工程概算，通风、空调工程概算，电气照明工程概算，弱电工程概算，特殊构筑物工程概算等；设备及安装工程概算包括机械设备及安装工程概算，电气设备及安装工程概算，热力设备及安装工程概算，工具、器具及生产家具购置费概算等。

(2) 单项工程概算

单项工程是指在一个建设项目中，具有独立的设计文件，建成后可以独立发挥生产能力或工程效益的项目。它是建设项目的组成部分，例如生产车间、办公楼、食堂、图书馆、学生宿舍、住宅楼、配水厂等。单项工程是一个复杂的综合体，是具有独立存在意义的一个完整工程，例如输水工程、净水厂工程、配水工程等。单项工程概算是确定一个单项工程所需要建设费用的文件，它是由单项工程中各个单位工程概算汇总编制而成的，是建设项目总概算的组成部分。单项工程概算的组成内容如图 5-7 所示。

(3) 建设项目总概算

建设项目总概算是确定整个建设项目从筹建到竣工验收所需要的全部费用的文件，它是由各单项工程概算、工程建设其他费用概算、预备费、建设期贷款利息和投资方向调节税概算汇总编制而成的，如图 5-8 所示。

若干个单位工程概算汇总成为单项工程概算，若干个单项工程概算和工程建设其他费用、预备费、建设期利息等概算文件汇总成为建设项目总概算。单项工程概算和建设项目总概算只是一种归纳、汇总性文件，所以，最基本的计算文件是单位工程概算书。建设项目若是一个独立的单项工程，则建设项目总概算书与单项工程综合概算书可合并编制。

5.3.2 设计概算的编制

5.3.2.1 设计概算的编制原则

(1) 严格执行国家的建设方针和经济政策的原则

设计概算是一项重要的技术经济工作，要严格按照党和国家的方针、政策办事，坚决执

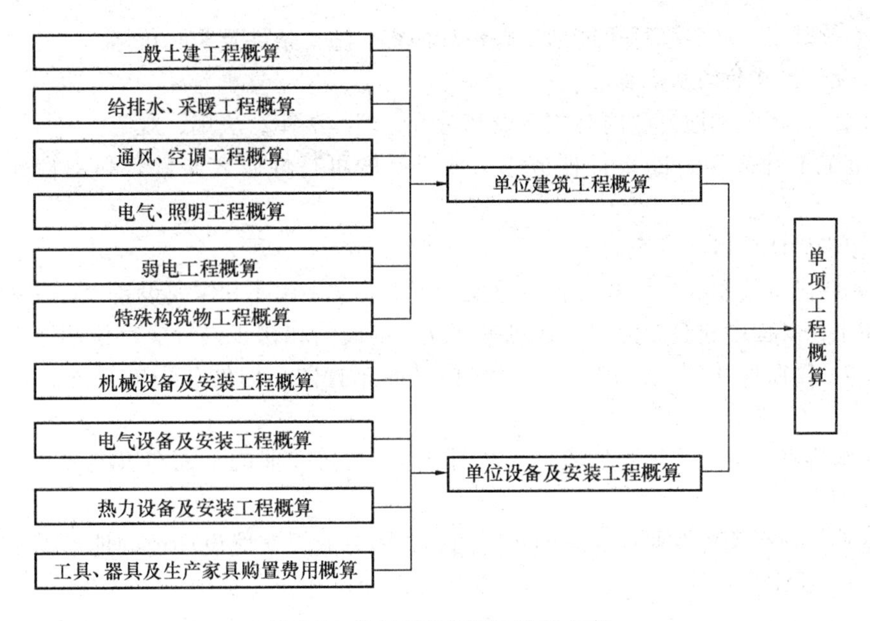

图 5-7　单项工程概算的组成内容

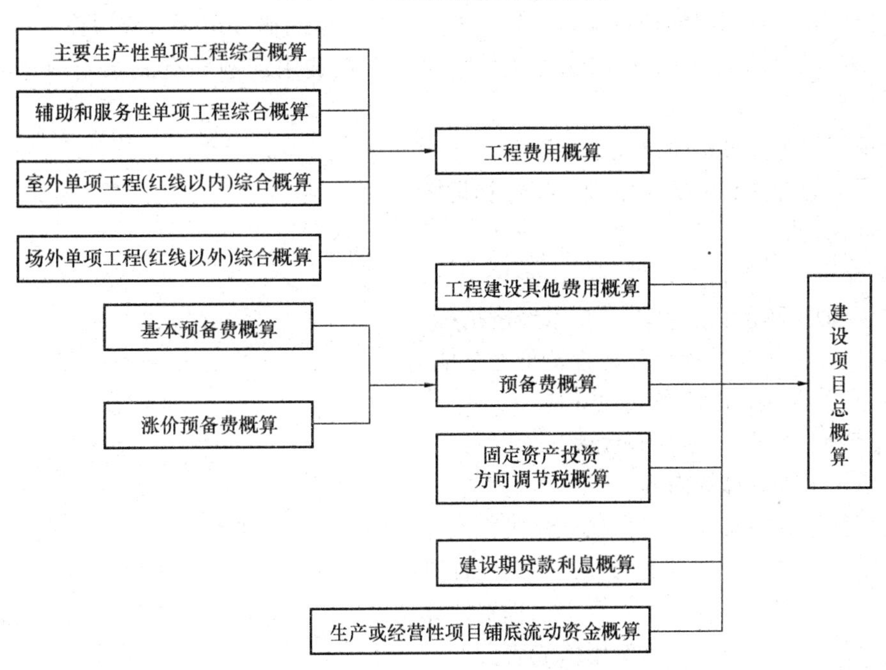

图 5-8　建设项目总概算的组成内容

行勤俭节约的方针，严格执行规定的设计标准。

(2) 要完整、准确地反映设计内容的原则

编制设计概算时，要认真了解设计意图，根据设计文件、图纸准确计算工程量，避免重算和漏算。设计修改后，要及时修正概算。

(3) 要坚持结合拟建工程的实际，反映工程所在地当时价格水平的原则

为了提高设计概算的准确性，要求实事求是地对工程所在地的建设条件、可能影响造价的各种因素进行认真的调查研究，在此基础上正确使用定额、指标、费率和价格等各项编制依据，根据现行工程造价的构成，按照有关部门发布的价格信息及价格调整指数，考虑建设

期的价格变化因素，使概算尽可能地反映设计内容、施工条件及实际价格。

5.3.2.2 设计概算的编制依据

（1）国家、行业和地方政府有关建设和造价管理的法律、法规、规定。

（2）批准的建设项目的设计任务书（或批准的可行性研究文件）和主管部门的有关规定。

（3）初步设计项目一览表。

（4）能够满足编制设计概算的各专业设计图纸、文字说明和主要设备表，其中包括：

1）在土建工程中建筑专业提交建筑平、立、剖面图和初步设计文字说明（应说明或注明装修标准、门窗尺寸）；结构专业提交结构平面布置图、构件截面的尺寸、特殊构件配筋率。

2）给水排水、电气、采暖通风、空气调节、动力等专业的平面布置图或文字说明及主要设备表。

3）室外工程有关各专业提交平面布置图；总图专业提交建设场地的地形图及场地设计标高及道路、排水沟、挡土墙、围墙等构筑物的断面尺寸。

（5）正常的施工组织设计。

（6）当地和主管部门的现行建筑工程和专业安装工程的概算定额（或预算定额、综合预算定额）、单位估价表、材料及构配件预算价格、工程费用定额和有关费用规定的文件等资料。

（7）现行的有关设备原价及运杂费率。

（8）现行的有关其他费用定额、指标和价格。

（9）资金筹措的方式。

（10）建设场地的自然条件和施工条件。

（11）类似工程的概、预算及技术经济指标。

（12）建设单位提供的有关工程造价的其他资料。

（13）有关合同、协议等其他资料。

5.3.2.3 单位工程概算的编制方法

（1）单位工程概算的内容

单位工程概算书是计算一个独立建筑物或构筑物（即单项工程）中每个专业工程所需要的工程费用的文件，分为以下两类：建筑工程概算书和设备及安装工程概算书。单位工程概算文件包括：建筑（安装）工程直接工程费计算表，建筑（安装）工程人工、材料，机械台班价差表，建筑（安装）工程费用构成表。

建筑工程概算的编制方法有：概算定额法、概算指标法、类似工程预算法等。设备及安装工程概算的编制方法有：预算单价法、扩大单价法、设备价值百分比法和综合吨位指标法等。单位工程概算投资是由直接费、间接费、利润和税金组成。

（2）单位建筑工程概算的编制方法

1）概算定额法。概算定额法又叫扩大单价法或扩大结构定额法。它是采用概算定额编制建筑工程概算的方法。是依据初步设计图纸资料和概算定额的项目划分计算出工程量，然后再套用概算定额单价（基价），计算汇总后，再计取有关费用，便可得出单位工程概算造价。

概算定额法要求初步设计达到一定深度，建筑结构比较明确，能按照初步设计的平面、立面、剖面图纸计算出楼地面、墙身、门窗和屋面等分部工程（或扩大结构件）项目的工程量时，才可采用。

概算定额法编制设计概算的步骤如下：

①列出单位工程中分项工程或扩大分项工程的项目名称，并且计算其工程量。

②确定各分部分项工程项目的概算定额单价。

③计算分部分项工程的直接工程费，合计得到单位工程直接工程费总和。

④按照相关规定标准计算措施费，合计得到单位工程直接费。

⑤按照一定的取费标准和计算基础计算间接费和利税。

⑥计算单位工程概算造价。

⑦计算单位建筑工程经济技术指标。

2）概算指标法。概算指标法是采用直接工程费指标。概算指标法是用拟建项目的建筑面积（或体积）乘以技术条件相同或基本相同工程的概算指标，得出直接工程费，然后按规定计算出措施费、间接费、利润和税金等，编制出单位工程概算的方法。

【例 5-3】 某市一栋办公楼为框架结构 3000m^2，建筑工程直接工程费为 380 元/m^2，其中：毛石基础为 40 元/m^2，而今拟建一栋办公楼 3500m^2，是采用钢筋混凝土带形基础为 50 元/m^2，其他结构相同。求拟建该办公楼建筑工程直接工程费造价。

【解】 调整后的概算指标为：

$$380-40+50=390\ (\text{元/m}^2)$$

拟建新办公楼建筑工程直接费：

$$3500\times390=136.5\ (\text{万元})$$

然后按上述概算定额法的计算程序和方法，计算出措施费、间接费、利润、税金，便可求出新建办公楼的建筑工程造价。

当初步设计深度不够，不能准确地计算出工程量，而工程设计技术比较成熟而又有类似工程概算指标可以利用时，可以采用概算指标法。

由于拟建工程往往与类似工程的概算指标的技术条件不尽相同，而且概算指标编制年份的设备、材料、人工等价格与拟建工程当时当地的价格也不会一样，所以，必须对其进行调整。其调整方法是：

①设计对象的结构特征与概算指标有局部差异时的调整。

$$\text{结构变化修正概算指标（元/m}^2\text{）}=J+Q_1P_1-Q_2P_2 \tag{5-27}$$

式中 J——原概算指标；

Q_1——换入新结构的数量；

Q_2——换出旧结构的数量；

P_1——换入新结构的单价；

P_2——换出旧结构的单价。

或

$$\begin{matrix}\text{结构变化修正}\\\text{概算指标的人工、}\\\text{材料、机械消耗量}\end{matrix}=\begin{matrix}\text{原概算指标的人工、}\\\text{材料、机械消耗量}+\\\text{换入结构件工程量}\end{matrix}\times\begin{matrix}\text{相应定额人工、}\\\text{材料、机械消耗量}-\\\text{换出结构件工程量}\end{matrix}\times\begin{matrix}\text{相应定额}\\\text{人工、材料、}\\\text{机械消耗量}\end{matrix} \tag{5-28}$$

以上两种方法，前者是直接修正结构件指标单价，后者是修正结构件指标人工、材料、机械台班消耗量。

②设备、人工、材料、机械台班费用的调整。

设备、人工、材料、机械修正概算费用

＝原概算指标的设备、人工、材料、机械使用＋

∑(换入设备、人工、材料、机械消耗量×拟建地区相应单价)－

∑(换出设备、人工、材料、机械消耗量×原概预算指标设备、人工、材料、机械单价) (5-29)

3）类似工程预算法。类似工程预算法是利用技术条件与设计对象相类似的已完工程或在建工程的工程造价资料来编制拟建工程设计概算的方法。

类似工程预算法在拟建工程初步设计与已完工程或在建工程的设计相类似而又没有可用的概算指标时采用，但必须对建筑结构差异和价差进行调整。建筑结构差异的调整方法与概算指标法的调整方法相同。类似工程造价的价差调整常用的两种方法是：

①类似工程造价资料有具体的人工、材料、机械台班的用量时，可按类似工程预算造价资料中的主要材料用量、工日数量、机械台班用量乘以拟建工程所在地的主要材料预算价格、人工单价、机械台班单价，计算出直接工程费，再乘以当地的综合费率，即可得到所需的造价指标。

②类似工程造价资料只有人工、材料、机械台班费用和措施费、间接费时，可按下列公式调整：

$$D = A \cdot K \tag{5-30}$$

$$K = a\%K_1 + b\%K_2 + c\%K_3 + d\%K_4 + e\%K_5 \tag{5-31}$$

式中 D——拟建工程单方概算造价；

A——类似工程单方预算造价；

K——综合调整系数；

$a\%$、$b\%$、$c\%$、$d\%$、$e\%$——类似工程预算的人工费、材料费、机械台班费、措施费、间接费占预算造价的比重，例如：$a\%$＝类似工程人工费（或工资标准）/类似工程预算造价×100％，$b\%$、$c\%$、$d\%$、$e\%$类同；

K_1、K_2、K_3、K_4、K_5——拟建工程地区与类似工程预算造价在人工费、材料费、机械台班费、措施费和间接费之间的差异系数，例如：K_1＝拟建工程概算的人工费（或工资标准）/类似工程预算人工费（或地区工资标准），K_2、K_3、K_4、K_5类同。

【例 5-4】 2006 年拟建住宅楼，建筑面积 5000m^2，编制土建工程概算时采用 2003 年建成的 6000m^2 类似住宅工程预算造价资料，见表 5-3。由于拟建住宅楼与已建成的类似住宅在结构上作了调整，拟建住宅每 1m^2 建筑面积比类似住宅工程增加直接工程费 30 元。拟建新住宅工程所在地区的利润率为 7.2％，综合税率为 3.518％。试求新住宅工程的概算造价。

【解】 分析：首先求出类似住宅工程人工、材料、机械台班费占其预算成本造价的百分比。然后，求出拟建新住宅工程的人工费、材料费、机械费、措施费、间接费与类似住宅工程之间的差异系数。进而求出综合调整系数 K 和拟建新住宅的概算造价。

表 5-3　2003 年某住宅类似工程预算造价资料

序号	名　称	单　位	数　量	2003 年单价（元）	2006 年第一季度单价（元）
1	人工	工日	37908	13.5	20.3
2	钢筋	t	245	3100	3500
3	型钢	t	147	3600	3800
4	木材	m^3	220	580	630
5	水泥	t	1221	400	390
6	砂子	m^3	2863	35	32
7	石子	m^3	2778	60	65
8	红砖	千块	950	180	200
9	木门窗	m^2	1171	120	150
10	其他材料	万元	18		增调系数 10%
11	机械台班费	万元	28		增调系数 10%
12	措施费占直接工程费比率			15%	17%
13	间接费率			16%	17%

（1）类似住宅工程人工费：37908×13.5=511758（元）

类似住宅工程材料费：245×3100+147×3600+220×580+1221×400+2863×35+2778×60+950×180+1171×120+180000
=2663105（元）

类似住宅工程机械费：280000 元

类似住宅直接工程费：511758+2663105+280000=3454863（元）

措施费：3454863×15%=518229（元）

直接费：3454863+518229=3973092（元）

间接费：3973092×16%=635694（元）

类似住宅工程的成本造价=3973092+635694=4608786（元）

（2）类似住宅工程各费用占其造价的百分比。

$$人工费占造价百分比=\frac{511758}{4608786}=11.1\%$$

$$材料费占造价百分比=\frac{2663105}{4608786}=57.78\%$$

$$机械费占造价百分比=\frac{280000}{4608786}=6.08\%$$

$$措施费占造价百分比=\frac{518229}{4608786}=11.24\%$$

$$间接费占造价百分比=\frac{635694}{4608786}=13.79\%$$

（3）拟建新住宅与类似住宅工程各费用上的差异系数：

$$人工费差异系数（K_1）=\frac{20.3}{13.5}=1.5$$

材料费差异系数（K_2）=1.08

机械费差异系数（K_3）=1.07

措施费差异系数（K_4）$=\frac{17\%}{15\%}=1.13$

间接费差异系数（K_5）$=\frac{17\%}{16\%}=1.06$

（4）综合调价系数（K）：

$$K=11.1\%\times1.5+57.78\%\times1.08+6.08\%\times1.07+11.24\%\times1.13+13.78\%\times1.06$$

$$=1.13$$

（5）拟建新住宅每平方米造价

$$=[768.1\times1.13+30(1+17\%)(1+17\%)](1+7.2\%)(1+3.518\%)$$

$$=999.28\text{（元/m}^2\text{）}$$

（6）拟建新住宅总造价=999.28×6000=5995680（元）

新住宅工程概算造价为5995680元。

（3）单位设备及安装工程概算的编制方法

设备及安装工程概算包括设备购置费用概算和设备安装工程费用概算两大部分。

1）设备购置费概算。设备购置费是根据初步设计的设备清单计算出设备原价，并汇总求出设备总原价，然后按有关规定的设备运杂费率乘以设备总原价，两项相加即为设备购置费概算。

2）设备安装工程费概算。设备安装工程费概算的编制方法应根据初步设计深度和要求所明确的程度而采用。其主要编制方法有：

①预算单价法。当初步设计较深，有详细的设备清单时，可直接按安装工程预算定额单价编制安装工程概算，概算编制程序与安装工程施工图预算基本相同。该法具有计算比较具体，精确性较高的优点。

②扩大单价法。当初步设计深度不够，设备清单不完备，只有主体设备或仅有成套设备重量时，可采用主体设备、成套设备的综合扩大安装单价来编制概算。

上述两种方法的具体操作与建筑工程概算相类似。

③设备价值百分比法。又称为安装设备百分比法。当初步设计深度不够，只有设备出厂价而无详细规格、重量时，安装费可按占设备费的百分比计算。其百分比值（即安装费率）由相关管理部门制定或由设计单位根据已完类似工程来确定。该方法常用于价格波动不大的定型产品和通用设备产品。计算公式如下：

设备安装费=设备原价×安装费率（%）　　(5-32)

④综合吨位指标法。当初步设计提供的设备清单有规格和设备重量时，可采用综合吨位指标编制概算，其综合吨位指标由相关主管部门或由设计院根据已完类似工程资料确定。该法常用于设备价格波动较大的非标准设备和引进设备的安装工程概算。计算公式如下：

设备安装费=设备吨重×每吨设备安装费指标（元/吨）　　(5-33)

5.3.2.4 单项工程综合概算的编制方法

（1）单项工程综合概算的含义

单项工程综合概算是确定单项工程建设费用的综合性文件，它是由该单项工程各专业单位工程概算汇总而成的，是建设项目总概算的组成部分。

（2）单项工程综合概算的内容

单项工程综合概算文件一般包括编制说明（不编制总概算时列入）、综合概算表（含其所附的单位工程概算表和建筑材料表）两大部分。当建设项目只有一个单项工程时，综合概算文件（实为总概算）除包括上述两大部分外，还应包括工程建设其他费用、建设期贷款利息、预备费和固定资产投资方向调节税的概算。

1）编制说明。编制说明应列在综合概算表的前面，其内容为：

①工程概况。简述建设项目性质、特点、生产规模、建设周期、建设地点等主要情况。引进项目要说明引进内容以及与国内配套工程等主要情况。

②编制依据。包括国家和相关部门的规定、设计文件。现行概算定额或概算指标、设备材料的预算价格和费用指标等。

③编制方法。说明设计概算是采用概算定额法，还是采用概算指标法或其他的方法。

④其他必要的说明。

2）综合概算表。综合概算表是根据单项工程所辖范围内的各单位工程概算等基础资料，按照国家或部委所规定的统一表格进行编制。

①综合概算表的项目组成。工业建设项目综合概算表是由建筑工程和设备及安装工程两大部分组成；民用工程项目综合概算表仅有建筑工程一项。

②综合概算的费用组成。一般应包括建筑工程费用、安装工程费用、设备购置及工器具生产家具购置费。当不编制总概算时，还应包括工程建设其他费用、建设期贷款利息、预备费和固定资产投资方向调节税等项目费用。

单项工程综合概算表见表 5-4。

表 5-4　单项工程综合概算表

建设项目名称：　　　　单项工程名称：　　　单位：万元　　　　共　页　第　页

序号	概算编号	工程项目和费用名称	概算价值							其中：引进部分	
			设计规模和主要工程量	建筑工程	安装工程	设备购置	工器具及生产家具购置	其他	总价	美元	折合人民币
1	2	3	4	5	6	7	8	9	10	11	12

编制人：　　　　审核人：　　　　审定人：

5.3.2.5　建设项目总概算的编制方法

（1）总概算的含义

建设项目总概算是设计文件的重要构成部分，是确定整个建设项目从筹建到竣工交付使用所预计花费的全部费用的文件。它是由各个单项工程综合概算、工程建设其他费用、建设期贷款利息、预备费、固定资产投资方向调节税和经营性项目的铺底流动资金概算所构成，按照主管部门规定的统一表格进行编制而成的。

（2）总概算的内容

设计总概算文件一般应包括：编制说明、总概算表、各单项工程综合概算书、工程建设其他费用概算表、主要建筑安装材料汇总表。独立装订成册的总概算文件宜加封面、签署页（扉页）和目录。

1）编制说明。编制说明的内容与单项工程综合概算文件相同。

2）总概算表。总概算表格式见表 5-5。

3）工程建设其他费用概算表。工程建设其他费用概算按国家或地区或部委所规定的项目和标准确定，并按统一格式编制。

4）主要建筑安装材料汇总表。针对每一个单项工程列出钢筋、型钢、水泥、木材等主要建筑安装材料的消耗量。

表 5-5　总　概　算　表

序号	概算编号	工程项目和费用名称	概算价值						其中：引进部分		占总投资比例（%）
			建筑工程	安装工程	设备购置	工器具及生产家具购置	其他费用	合计	美元	折合人民币	
1	2	3	4	5	6	7	8	9	10	11	12
		第一部分　工程费用									
		一、主要生产和辅助生产项目									
1		××厂房	✓	✓	✓	✓		✓			
2		××厂房	✓	✓	✓	✓		✓			
		…	…	…	…	…					
3		机修车间	✓	✓	✓	✓		✓			
4		电修车间	✓	✓	✓	✓		✓			
5		工具车间	✓	✓	✓	✓		✓			
6		木工车间	✓	✓	✓	✓		✓			
7		模型车间	✓	✓	✓	✓		✓			
8		仓库	✓					✓			
		…	…	…	…	…					
		小计	✓	✓	✓	✓		✓			
		二、公用设施项目									
9		变电所	✓	✓	✓						
10		锅炉房	✓	✓	✓			✓			
11		压缩空气站	✓	✓	✓						
12		室外管道	✓	✓	✓						
13		输电线路		✓				✓			
14		水泵房	✓		✓			✓			
15		铁路专用线	✓					✓			
16		公路	✓					✓			

续表

序号	概算编号	工程项目和费用名称	概算价值						其中：引进部分		占总投资比例（%）
			建筑工程	安装工程	设备购置	工器具及生产家具购置	其他费用	合计	美元	折合人民币	
1	2	3	4	5	6	7	8	9	10	11	12
17		车库	✓				✓				
18		运输设备			✓		✓	✓			
19		人防设备	✓	✓	✓						
		…	…	…	…	…					
		小计	✓	✓	✓	✓	✓	✓			
		三、生活福利、文化教育及服务项目									
20		职工住宅	✓	✓			✓				
21		俱乐部	✓	✓			✓				
22		医院	✓	✓	✓	✓		✓			
23		食堂及办公门卫	✓	✓		✓	✓	✓			
24		学校、托儿所	✓	✓			✓				
25		浴室厕所	✓								
		…	…	…							
		小计	✓	✓	✓	✓	✓	✓			
		第一部分　工程费用合计	✓	✓	✓	✓	✓	✓			
		第二部分　其他费用项目									
26		土地征用费					✓	✓			
27		建设管理费					✓	✓			
28		研究试验费					✓	✓			
29		生厂工人培训费					✓	✓			
30		办公和生活用具购置费									
31		联合试车费						✓			
32		勘察设计费						✓			
		…	…	…							
		第二部分　其他费用项目合计					✓	✓			
		第一、二部分工程和费用合计	✓	✓	✓	✓	✓	✓			

续表

序号	概算编号	工程项目和费用名称	概算价值						其中：引进部分		占总投资比例（%）
			建筑工程	安装工程	设备购置	工器具及生产家具购置	其他费用	合计	美元	折合人民币	
1	2	3	4	5	6	7	8	9	10	11	12
		预备费					√	√			
		建设期利息	√	√	√	√	√	√			
		固定资产投资方向调节税	√		√	√	√	√			
		铺底流动资金	√	√	√	√		√			
		建设项目概算总投资					√				
		（其中回收金额）									
		投资比例（%）	√	√	√	√		√			

5.3.3 设计概算的审查

5.3.3.1 审查设计概算的意义

（1）审查设计概算，有利于合理分配投资资金、加强投资计划管理，有助于合理确定及有效控制工程造价。

（2）审查设计概算，有利于促进概算编制单位严格执行国家相关概算的编制规定和费用标准，从而提高概算的编制质量。

（3）审查设计概算，有利于促进设计的技术先进性和经济合理性。概算中的技术经济指标，是概算的综合反映，与同类工程对比，便可看出它的先进性以及合理程度。

（4）审查设计概算，有利于核定建设项目的投资规模，可以使建设项目总投资力求做到准确、完整，防止任意扩大投资规模或是出现漏项，从而减少投资缺口、缩小概算与预算之间的差距，避免这种现象的发生。

（5）经审查的概算，有利于为建设项目投资的落实提供可靠的依据。打足投资，不留缺口，有助于提高建设项目的投资效益。

5.3.3.2 设计概算的审查内容

（1）审查设计概算的编制依据

1）审查编制依据的合法性。采用的各种编制依据必须经过国家和授权机关的批准，符合国家的编制规定，未经批准的不能采用。不能以情况特殊为由，擅自提高概算定额、指标或费用标准。

2）审查编制依据的时效性。各种依据，如定额、指标、价格、取费标准等，都应根据国家有关部门的现行规定进行，注意有无调整和新的规定，如有，应按新的调整办法和规定执行。

3）审查编制依据的适用范围。各种编制依据都有规定的适用范围，如各主管部门规定的各种专业定额及其取费标准，只适用于该部门的专业工程；各地区规定的各种定额及其取费标准，只适用于该地区范围内，尤其是地区的材料预算价格区域性更强。

（2）审查概算的编制深度

1）审查编制说明。审查编制说明可以检查概算的编制方法、深度和编制依据等重大原则问题，若编制说明有差错，具体概算必有差错。

2）审查概算编制的完整性。一般大中型项目的设计概算，应有完整的编制说明和“三级概算”（即总概算表、单项工程综合概算表、单位工程概算表），并按有关规定的深度进行编制。审查是否有符合规定的“三级概算”，各级概算的编制、核对、审核是否按规定签署，有无随意简化，有无把“三级概算”简化为“二级概算”，甚至“一级概算”。

3）审查概算的编制范围。审查概算编制范围及具体内容是否与主管部门批准的建设项目范围及具体工程内容一致；审查分期建设项目的建筑范围及具体工程内容有无重复交叉，是否重复计算或漏算；审查其他费用应列的项目是否符合规定，静态投资、动态投资和经营性项目铺底流动资金是否分别列出等。

（3）审查工程概算的内容

1）审查概算的编制是否符合党的方针、政策，是否根据工程所在地的自然条件进行编制。

2）审查建设规模（投资规模、生产能力等）、建设标准（用地指标、建筑标准等）、配套工程、设计定员等是否符合原批准的可行性研究报告或立项批文的标准。对总概算投资超过批准投资估算10%以上的，应查明其原因，重新上报审批。

3）审查编制方法、计价依据及程序是否符合现行规定，包括定额或指标的适用范围和调整方法是否正确。进行定额或指标的补充时，要求补充定额或指标的项目划分、内容组成、编制原则等要与现行的规定相一致等。

4）审查工程量是否正确。工程量的计算是否是依据初步设计图纸、概算定额、工程量计算规则和施工组织设计的要求进行，有无多算、重算和漏算，特别是对工程量大，造价高的项目要重点审查。

5）审查设备规格、数量和配置是否符合设计要求，是否与设备清单一致，设备预算价格是否真实，设备原价和运杂费的计算是否正确，非标准设备原价的计价方法是否符合规定，进口设备的各项费用的组成及其计算程序、方法是否符合国家主管部门的规定。

6）审查材料用量和价格。审查主要材料（钢材、木材、水泥、砖）的用量数据是否正确，材料预算价格是否符合工程所在地的价格水平，材料价差调整是否符合现行规定以及其计算是否正确等。

7）审查建筑安装工程的各项费用的计取是否符合国家或地方有关部门的现行规定，计算程序和取费标准是否正确。

8）审查综合概算、总概算的编制内容、方法是否符合现行规定和设计文件的要求，有无设计文件外项目，有无将非生产性项目以生产性项目列入。

9）审查总概算文件的组成内容，是否完整地包括建设项目从筹建到竣工投产为止的全部费用构成。

10）审查工程建设其他各项费用。这部分费用内容多、弹性大，而它的投资约占项目总投资的25%以上，要按国家和地区规定逐项审查，不属于总概算范围的费用项目不能列入概算，具体费率或计取标准是否按照国家、行业有关部门规定计算，有无随意列项、有无多列、交叉计列和漏项等。

11）审查技术经济指标。技术经济指标计算方法和程序是否正确，综合指标和单项指标与同类型工程指标相比，是偏高还是偏低，查明原因并予以纠正。

12）审查投资经济效果。设计概算是初步设计经济效果的反映，要按照生产规模、工艺流程、产品品种和质量，从企业的投资效益和投产后的运营效益全面分析，是否达到了先进可靠、经济合理的要求。

13）审查项目的“三废”治理。拟建项目必须同时安排“三废”（废水、废气、废渣）的治理方案和投资，对于未作安排或漏项或多算、重算的项目，要按国家有关规定核实投资，以满足“三废”排放达到国家标准。

5.3.3.3 设计概算的审查方法

采用适当方法审查设计概算，是确保审查质量、提高审查效率的关键。较常用方法有：对比分析法、查询核实法以及联合会审法，下面分别予以介绍。

（1）对比分析法

对比分析法主要是通过建设规模、标准与立项批文对比；工程数量与设计图纸对比；综合范围、内容与编制方法、规定对比；各项取费与规定标准对比；材料、人工单价与市场信息对比；引进设备、技术投资与报价要求对比；技术经济指标与同类工程对比等。通过上述对比，容易发现设计概算存在的主要问题及偏差。

（2）查询核实法

查询核实法是对一些关键设备和设施、重要装置、引进工程图纸不全、难以核算的较大投资进行多方查询核对，逐项落实的方法。主要设备的市场价向设备供应部门或招标代理公司查询核实；重要生产装置、设施向同类企业（工程）查询了解；引进设备价格及有关税费向进出口公司调查落实；复杂的建设工程向同类工程的建设、承包、施工单位征求意见；深度不够或不清楚的问题直接向原概算编制人员、设计者询问清楚。

（3）联合会审法

联合会审前，可先采取多种形式分头审查，包括设计单位自审，主管、建设、承包单位初审，工程造价咨询公司评审，邀请同行专家预审，审批部门复审等，经层层审查把关后，由相关单位和专家进行联合会审。在会审会议上，由设计单位介绍概算编制情况及有关问题，各相关单位、专家汇报初审和预审意见。然后进行认真分析，讨论，结合对各专业技术方案的审查意见所产生的投资增减，逐一核实原概算出现的问题。经过充分协商，认真听取设计单位意见后，实事求是地处理、调整。

5.4 施工图预算的编制与审查

5.4.1 概述

5.4.1.1 施工图预算的概念

施工图预算是在施工图设计完成后，工程开工前，根据已批准的施工图纸、现行的预算定额、费用定额和地区人工、材料、设备与机械台班等资源价格，在施工方案或施工组织设计已大致确定的前提下，按照规定的计算程序计算直接工程费、措施费，并计取间接费、利润、税金等费用，确定单位工程造价的技术经济文件。

5.4.1.2 施工图预算的作用

施工图预算作为建设工程建设程序中一个重要的技术经济文件，在工程建设实施过程中具有非常重要的作用，可以归纳为以下几个方面：

（1）施工图预算对投资方的作用

1）施工图预算是控制造价及资金合理使用的依据。施工图预算确定的预算造价是工程的计划成本，投资方按施工图预算造价筹集建设资金，并控制资金的合理使用。

2）施工图预算是确定工程招标控制价的依据。在设置招标控制价的情况下，建筑安装工程的招标控制价可按照施工图预算来确定。招标控制价通常是在施工图预算的基础上考虑工程的特殊施工措施、工程质量要求、目标工期、招标工程范围以及自然条件等因素进行编制的。

3）施工图预算是拨付工程款及办理工程结算的依据。

（2）施工图预算对施工企业的作用

1）施工图预算是建筑施工企业投标时“报价”的参考依据。在激烈的建筑市场竞争中，建筑施工企业需要根据施工图预算造价，结合企业的投标策略，确定投标报价。

2）施工图预算是建筑工程预算包干的依据和签订施工合同的主要内容。在采用总价合同的情况下，施工单位通过与建设单位的协商，可在施工图预算的基础上，考虑设计或施工变更后可能发生的费用与其他风险因素，增加一定系数作为工程造价一次性包干。同样，施工单位与建设单位签订施工合同时，其中的工程价款的相关条款也必须以施工图预算为依据。

3）施工图预算是施工企业安排调配施工力量，组织材料供应的依据。施工单位各职能部门可根据施工图预算编制劳动力供应计划和材料供应计划，并由此做好施工前的准备工作。

4）施工图预算是施工企业控制工程成本的依据。根据施工图预算确定的中标价格是施工企业收取工程款的依据，企业只有合理利用各项资源，采取先进的技术和管理方法，将成本控制在施工图预算价格以内，企业才会获得良好的经济效益。

5）施工图预算是进行“两算”对比的依据。施工企业可以通过施工图预算和施工预算的对比分析，找出差距，采取必要的措施。

（3）施工图预算对其他方面的作用

1）对于工程咨询单位来说，可以客观、准确地为委托方做出施工图预算，以强化投资方对工程造价的控制，有助于节省投资，提高建设项目的投资效益。

2）对于工程造价管理部门来说，施工图预算是其监督检查执行定额标准、合理确定工程造价、测算造价指数及审定工程招标控制价的重要依据。

5.4.1.3　*施工图预算的内容*

施工图预算有单位工程预算、单项工程预算和建设项目总预算。

单位工程预算是根据施工图设计文件、现行预算定额、单位估价表、费用定额以及人工、材料、设备、机械台班等预算价格资料，以一定方法，编制单位工程的施工图预算；然后汇总所有各单位工程施工图预算，成为单项工程施工图预算；再汇总所有单项工程施工图预算，形成最终的建设项目建筑安装工程的总预算。

单位工程预算包括建筑工程预算和设备安装工程预算。建筑工程预算按其工程性质可分为一般土建工程预算、给排水工程预算、采暖通风工程预算、煤气工程预算、电气照明工程预算、弱电工程预算、特殊构筑物如炉窑等工程预算和工业管道工程预算等。设备安装工程预算可分为机械设备安装工程预算、电气设备安装工程预算和热力设备安装工程预算等。

5.4.2　施工图预算的编制

5.4.2.1　*施工图预算的编制依据*

（1）国家、行业和地方政府有关工程建设和造价管理的法律、法规和规定。

（2）经过批准和会审的施工图设计文件和有关标准图集。

（3）工程地质勘察资料。

（4）企业定额、现行建筑工程和安装工程预算定额和费用定额、单位估价表、有关费用规定等文件。

（5）材料与构配件市场价格、价格指数。

（6）施工组织设计或施工方案。

（7）经批准的拟建项目的概算文件。

（8）现行的有关设备原价及运杂费率。

（9）建设场地中的自然条件和施工条件。

（10）工程承包合同、招标文件。

5.4.2.2 *施工图预算的编制方法*

施工图预算由单位工程施工图预算、单项工程施工图预算和建设项目施工图预算三级逐级编制综合汇总而成。因为施工图预算是以单位工程为单位编制的，按单项工程汇总而成，所以施工图预算编制的关键在于编制好单位工程施工图预算。

《建筑工程施工发包与承包计价管理办法》（原建设部令第 107 号）规定，施工图预算、招标标底（相当于现招标控制价）、投标报价由成本、利润和税金构成。其编制可以采用工料单价法和综合单价法两种计价方法，工料单价法是传统的定额计价模式下的施工图预算编制方法，而综合单价法是适应市场经济条件的工程量清单计价模式下的施工图预算编制方法。

（1）工料单价法

工料单价法是指分部分项工程的单价为直接工程费单价，以分部分项工程量乘以对应分部分项工程单价后的合计为单位直接工程费，直接工程费汇总后另加措施费、间接费、利润、税金生成施工图预算造价。

按照分部分项工程单价产生的方法不同，工料单价法又可以分为预算单价法和实物法。

1）预算单价法。预算单价法就是采用地区统一单位估价表中的各分项工程工料预算单价（基价）乘以相应的各分项工程的工程量，求和后得到包括人工费、材料费和施工机械使用费在内的单位工程直接工程费，措施费、间接费、利润和税金可根据统一规定的费率乘以相应的计费基数得到，将上述费用汇总后得到该单位工程的施工图预算造价。

预算单价法编制施工图预算的基本步骤如下：

①编制前的准备工作。编制施工图预算的过程是具体确定建筑安装工程预算造价的过程。编制施工图预算，不仅要严格遵守国家计价法规、政策，严格按图纸计量，而且还要考虑施工现场条件因素，是一项复杂而细致的工作，也是一项政策性和技术性都很强的工作，因此，必须事前做好充分准备。准备工作主要包括两大方面：一是组织准备；二是资料的收集和现场情况的调查。

②熟悉图纸和预算定额以及单位估价表。图纸是编制施工图预算的基本依据。熟悉图纸不但要弄清图纸的内容，而且要对图纸进行审核：图纸间相关尺寸是否有误，设备与材料表上的规格、数量是否与图示相符；详图、说明、尺寸和其他符号是否正确等。若发现错误应及时纠正。此外，还要熟悉标准图以及设计变更通知（或类似文件），这些都是图纸的构成部分，不可遗漏。通过对图纸的熟悉，要了解工程的性质、系统的构成，设备和材料的规格型号和品种，以及有无新材料、新工艺的采用。

预算定额和单位估价表是编制施工图预算的计价标准，对其适用范围、工程量计算规则以及定额系数等都要充分了解，要做到心中有数，这样才能使预算编制准确、迅速。

③了解施工组织设计和施工现场情况。编制施工图预算前，应了解施工组织设计中影响工程造价的相关内容。例如，各分部分项工程的施工方法，土方工程中余土外运使用的工具、运距，施工平面图对建筑材料、构件等堆放点到施工操作地点的距离等，以便能正确计算工程量和正确套用或确定某些分项工程的基价。这对于正确计算工程造价，提高施工图预算质量，具有非常重要的意义。

④划分工程项目和计算工程量。

A. 划分工程项目。划分的工程项目必须和定额规定的项目相同，这样才能正确地套用定额。不能重复列项计算，也不能漏项少算。

B. 计算并整理工程量。必须按定额规定的工程量计算规则进行计算，该扣除的部分要扣除，不该扣除的部分不能扣除。当按照工程项目将工程量全部计算完以后，要对工程项目和工程量进行整理，即合并同类项和按序排列，为套用定额、计算直接工程费和进行工料分析打下基础。

⑤套单价（计算定额基价）。即将定额子项中的基价填入预算表单价栏内，并将单价乘以工程量得出合价，将结果填入合价栏。

⑥工料分析。工料分析即按分项工程项目，根据定额或单位估价表，计算人工及各种材料的实物消耗量，并将主要材料汇总成表。工料分析的方法是：首先从定额项目表中分别将各分项工程消耗的每项材料和人工的定额消耗量查出；再分别乘以该工程项目的工程量，得到分项工程工料消耗量，最后将各分项工程工料消耗量汇总，得出单位工程人工、材料的消耗数量。

⑦计算主材费（未计价材料费）。由于许多定额项目基价为不完全价格，即未包括主材费用在内。计算所在地定额基价费（基价合计）之后，还应计算出主材费，以便计算工程造价。

⑧按费用定额取费。即按相关规定计取措施费，以及按当地费用定额的取费规定计取间接费、利润、税金等。

⑨计算汇总工程造价。

将直接费、间接费、利润和税金相加即为工程预算造价。

预算单价法施工图预算编制程序如图 5-9 所示。图中双线箭头表示施工图预算编制的主要程序。施工图预算编制依据的代号有：a、t、k、l、m、n、p、q、r。施工图预算编制内容的代号有：b、c、d、e、f、g、h、i、s、j。

2）实物法。用实物法编制单位工程施工图预算，就是根据施工图计算的各分项工程量分别乘以地区定额中人工、材料、施工机械台班的定额消耗量，分类汇总得到该单位工程所需要的全部人工、材料、施工机械台班消耗数量，然后再乘以当时当地人工工日单价、各种材料单价、施工机械台班单价，算出相应的人工费、材料费、机械使用费，再加上措施费，就可以求出该工程的直接费。间接费、利润及税金等费用计取方法与预算单价法相同。

单位工程直接工程费的计算可以按照以下公式：

$$\text{人工费}=\text{综合工日消耗量}\times\text{综合工日单价} \tag{5-34}$$

$$\text{材料费}=\sum(\text{各种材料消耗量}\times\text{相应材料单价}) \tag{5-35}$$

$$\text{机械费}=\sum(\text{各种机械消耗量}\times\text{相应机械台班单价}) \tag{5-36}$$

$$\text{单位工程直接工程费}=\text{人工费}+\text{材料费}+\text{机械费} \tag{5-37}$$

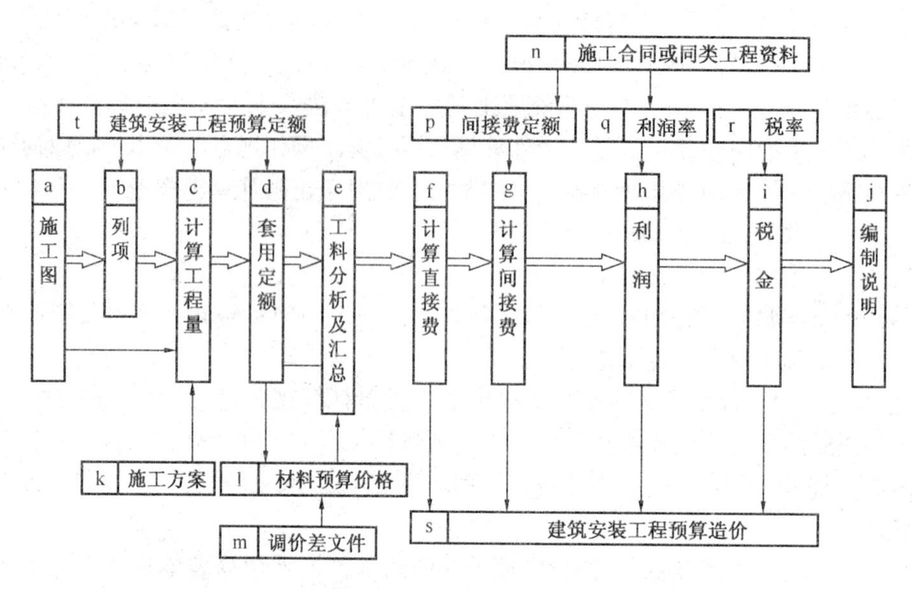

图 5-9 预算单价法施工图预算编制程序示意图

实物法的优点是能比较及时地将反映各种材料、人工、机械的当时当地市场单价计入预算价格，不需要调价，反映当时当地的工程价格水平。

实物法编制施工图预算的基本步骤如下：

①编制前的准备工作。具体工作内容同预算单价法相应步骤的内容。但此时要全面收集各种人工、材料、机械台班的当时当地的市场价格，应包括不同品种、规格的材料预算单价；不同工种、等级的人工工日单价；不同种类、型号的施工机械台班单价等。要求获得的各种价格全面、真实、可靠。

②熟悉图纸及预算定额。该步骤与预算单价法相应步骤内容相同。

③了解施工组织设计和施工现场情况。该步骤与预算单价法相应步骤内容相同。

④划分工程项目和计算工程量。该步骤与预算单价法相应步骤内容相同。

⑤套用定额消耗量，计算人工、材料、机械台班消耗量。根据地区定额中人工、材料、施工机械台班的定额消耗量，乘以各分项工程的工程量，分别计算出各分项工程所需的各类人工工日数量、各类材料消耗数量和各类施工机械台班数量。

⑥计算并汇总单位工程的人工费、材料费和施工机械台班费。在计算出各分部分项程的各类人工工日数量、材料消耗数量和施工机械台班数量后。先按类别相加汇总求出该单位工程所需的各种人工、材料、施工机械台班的消耗数量，分别乘以当时当地相应人工、材料、施工机械台班的实际市场单价，即可求出单位工程的人工费、材料费、机械使用费，再汇总计算出单位工程直接工程费。计算公式为：

$$\begin{aligned}\text{单位工程直接工程费} = &\sum(\text{工程量}\times\text{定额人工消耗量}\times\text{市场工日单价})+\\&\sum(\text{工程量}\times\text{定额材料消耗量}\times\text{市场材料单价})+\\&\sum(\text{工程量}\times\text{定额机械台班消耗量}\times\text{市场机械台班单价})\end{aligned} \tag{5-38}$$

⑦计算其他费用，汇总工程造价。对于措施费、间接费、利润和税金等费用的计算，可以采用与预算单价法相似的计算程序，只是有关费率是根据当时当地建设市场的供求情况确定。将上述直接费、间接费、利润和税金等汇总即为单位工程预算造价。

(2) 综合单价法

综合单价法是指分项工程单价综合了直接工程费及以外的多项费用，按照单价综合的内容不同，综合单价法可分为全费用综合单价和清单综合单价。

1) 全费用综合单价。全费用综合单价，即单价中综合了分项工程人工费、材料费、机械费，管理费、利润、规费以及有关文件规定的调价、税金以及一定范围的风险等全部费用。以各分项工程量乘以全费用单价的合价汇总后，再加上措施项目的完全价格，就生成了单位工程施工图造价。公式如下：

$$\text{建筑安装工程预算造价} = \sum(\text{分项工程量} \times \text{分项工程全费用单价}) + \text{措施项目完全价格} \tag{5-39}$$

2) 清单综合单价。分部分项工程清单综合单价中综合了人工费、材料费、施工机械使用费，企业管理费、利润，并考虑了一定范围的风险费用，但并不包括措施费、规费和税金，所以它是一种不完全单价。以各分部分项工程量乘以该综合单价的合价汇总后，再加上措施项目费、规费和税金后，就是单位工程的造价。公式如下：

$$\begin{aligned}\text{建筑安装工程预算造价} = & \sum(\text{分项工程量} \times \text{分项工程不完全单价}) + \\ & \text{措施项目不完全价格} + \text{规费} + \text{税金}\end{aligned} \tag{5-40}$$

5.4.3 施工图预算的审查

5.4.3.1 审查施工图预算的意义

施工图预算编完之后，需要认真进行审查。加强施工图预算审查，对于提高预算的准确性，控制工程造价具有非常重要的现实意义。

(1) 有利于控制工程造价，克服及防止预算超概算。

(2) 有利于加强固定资产投资管理，节约建设资金。

(3) 有利于施工承包合同价的合理确定和控制。施工图预算对于招标工程还是编制招标控制价的依据。对于不宜招标的工程，它又是合同价款结算的基础。

(4) 有利于积累和分析各项技术经济指标，不断提高设计水平。通过审查工程预算，核实了预算价值，为积累和分析技术经济指标，提供了准确数据，进而通过有关指标的比较，找出设计中的薄弱环节，以便及时改进，不断提高设计水平。

5.4.3.2 施工图预算的审查内容

审查施工图预算的重点，应该放在工程量计算、预算单价套用、设备材料预算价格取定是否正确，各项费用标准是否符合现行规定等方面。

(1) 审查工程量

1) 土方工程需审查的工程量包括：

①平整场地、挖地槽、挖地坑、挖土方工程量的计算是否符合现行的定额计算规定及施工图纸标注尺寸，土壤类别是否与勘察资料相同，地槽与地坑放坡、带挡土板是否符合设计要求，有无重算和漏算。

②回填土工程量应该注意地槽、地坑回填土的体积是否扣除了基础所占体积，地面和室内填土的厚度是否符合设计要求。

③运土方的审查除了注意运土距离外，还要注意运土数量是否扣除了就地回填的土方。

2) 打桩工程需审查的工程量包括：

①注意审查各种不同桩料，必须分别计算，施工方法必须符合设计要求。

②桩料长度必须符合设计要求，实际桩料长度如果超过一般桩料长度需要接桩时，注意

审查接头数是否正确。

3）砖石工程需审查的工程量包括：

①墙基和墙身的划分是否符合规定。

②不同厚度的内、外墙是否分别计算，应扣除的门窗洞口及埋入墙体的各种钢筋混凝土梁、柱等是否已经扣除。

③不同砂浆强度等级的墙和按定额规定以 m^3 或 m^2 计算的墙，有无混淆、错算或漏算。

4）混凝土及钢筋混凝土工程需审查的工程量包括：

①现浇与预制构件是否分别计算，有无混淆。

②现浇柱与梁，主梁与次梁及各种构件计算是否符合规定，有无重算或漏算。

③有筋与无筋构件是否按设计规定分别计算，有无混淆。

④钢筋混凝土的含钢量与预算定额的含钢量发生差异时，是否按规定予以增减调整。

5）木结构工程需审查的工程量包括：

①门窗是否分类，按门、窗洞口面积计算。

②木装修的工程量是否按规定分别以延长米或平方米计算。

6）楼地面工程需审查的工程量包括：

①楼梯抹面是否按踏步和休息平台部分的水平投影面积计算。

②细石混凝土地面找平层的设计厚度与定额厚度不同时，是否按其厚度进行换算。

7）屋面工程需审查的工程量包括：

①卷材屋面工程是否与屋面找平层工程量相等。

②屋面保温层的工程量是否按屋面层的建筑面积乘以保温层平均厚度计算，不做保温层的挑檐部分是否按规定不作计算。

8）构筑物工程需审查的工程量包括：

当烟囱和水塔定额是以“座”编制时，地下部分已包括在定额内，按规定不能再另行计算，应审查是否符合要求，有无重算。

9）装饰工程需审查的工程量包括：

内墙抹灰的工程量是否按墙面的净高和净宽计算，有无重算或漏算。

10）金属构件制作工程需审查的工程量包括：

金属构件制作工程量多数以“吨”为单位。在计算时，型钢按图示尺寸求出长度，再乘以每米的重量；钢板要求算出面积，再乘以每平方米的重量。审查是否符合规定。

11）水暖工程需审查的工程量包括：

①室内外排水管道、暖气管道的划分是否符合规定。

②各种管道的长度、口径是否按设计规定计算。

③室内给水管道不应扣除阀门、接头零件所占的长度，但应扣除卫生设备（浴盆、卫生盆、冲洗水箱、淋浴器等）本身所附带的管道长度，审查是否符合要求，有无重算。

④室内排水工程采用承插铸铁管，不应扣除异形管及检查口所占长度，应审查是否符合要求，有无漏算。

⑤室外排水管道是否已经扣除了检查井与连接井所占的长度。

⑥暖气片的数量是否与设计时一致。

12）电气照明工程需审查的工程量包括：

①灯具的种类、型号、数量是否与设计图一致。

②线路的敷设方法、线材品种等，是否达到设计标准，工程量计算是否正确。

13）设备及其安装工程需审查的工程量包括：

①设备的种类、规格、数量是否与设计相符，工程量计算是否正确。

②需要安装的设备和不需要安装的设备是否分清，有无把不需安装的设备作为安装的设备计算在安装工程费用内。

（2）审查设备、材料的预算价格

设备、材料预算价格是施工图预算造价所占比重最大，变化最大的内容，应当重点审查。

1）审查设备、材料的预算价格是否符合工程所在地的真实价格及价格水平。如果是采用市场价，要核实其真实性，可靠性；如果是采用有关部门公布的信息价，要注意信息价的时间、地点是否符合要求，是否要按规定调整。

2）设备、材料的原价确定方法是否正确。非标准设备的原价的计价依据、方法是否正确、合理。

3）设备的运杂费率及其运杂费的计算是否正确，材料预算价格的各项费用的计算是否符合规定、有无差错。

（3）审查预算单价的套用

审查预算单价套用是否正确，是审查预算工作的主要内容之一。审查时应注意以下几个方面：

1）预算中所列各分项工程预算单价是否与现行预算定额的预算单价相符，其名称、规格、计量单位及所包括的工程内容是否与单位估价表相同。

2）审查换算的单价，首先要审查换算的分项工程是否是定额中允许换算的，其次审查换算是否正确。

3）审查补充定额及单位估价表的编制是否符合编制原则，单位估价表计算是否正确。

（4）审查有关费用项目及其计取

有关费用项目计取的审查，要注意以下几个方面：

1）措施费的计算是否符合有关的规定标准，间接费和利润的计取基础是否符合现行规定，有无不能作为计费基础的费用列入计费的基础。

2）预算外调增的材料差价是否计取了间接费。直接工程费或人工费增减后，有关费用是否相应也做了调整。

3）有无巧立名目乱计费、乱摊费用现象。

5.4.3.3 施工图预算的审查方法

审查施工图预算的方法较多，主要有全面审查法、标准预算审查法、分组计算审查法、对比审查法、筛选审查法、重点抽查法、利用手册审查法和分解对比审查法等八种。

（1）全面审查法

全面审查也称为逐项审查法，就是按预算定额顺序或施工的先后顺序，逐一全部进行审查的方法。其具体计算方法和审查过程与编制施工图预算基本一致。该方法的优点是全面、细致，经审查的工程预算差错比较少，质量比较高。缺点是工作量比较大。所以在一些工程量比较小、工艺比较简单的工程，编制工程预算的技术力量又比较薄弱的，采用全面审查法的相对较多。

（2）标准预算审查法

对于利用标准图纸或通用图纸施工的工程，先集中力量，编制标准预算，以此为标准审查预算的方法。按标准图纸设计或通用图纸施工的工程一般上部结构和做法相同，可集中力量细审一份预算或编制一份预算，作为这种标准图纸的标准预算，或用这种标准图纸的工程量为标准，对照审查，而对局部不同部分作单独审查即可。这种方法的优点是时间短、效果好、好定案；缺点是只适用于按标准图纸设计的工程，适用范围小。

（3）分组计算审查法

分组计算审查法是一种加快审查工程量速度的方法，把预算中的项目划分为若干个组，并把相邻且有一定内在联系的项目编为一组，审查或计算同一组中某个分项工程量，利用工程量间具有相同或相似计算基础的关系，判断同组中其他几个分项工程量计算的准确程度的方法。

（4）对比审查法

对比审查法是用已建成工程的预算或虽未建成但已审查修正的工程预算对比审查拟建的类似工程预算的一种方法。对比审查法，通常有下述几种情况，应根据工程的不同条件，区别对待。

1）两个工程采用同一个施工图，但基础部分和现场条件不同。其新建工程基础以上部分可采用对比审查法；不同部分可分别采用相应的审查方法进行审查。

2）两个工程设计相同，但建筑面积不同。根据两个工程建筑面积之比与两个工程分部分项工程量之比例基本一致的特点，可审查新建工程各分部分项工程的工程量。或者用两个工程每平方米建筑面积造价以及每平方米建筑面积的各分部分项工程量，进行对比审查，如果基本一致时，说明新建工程预算是正确的，反之，说明新建工程预算有问题，找出差错原因，加以更正。

3）两个工程的面积相同，但设计图纸不完全相同时，可把相同的部分，进行工程量的对比审查，不能对比的分部分项工程按图纸计算。

（5）筛选审查法

筛选法是统筹法的一种，也是一种对比方法。建筑工程虽然有建筑面积及高度的不同，但是它们的各个分部分项工程的工程量、造价、用工量在每个单位面积上的数值变化不大，我们把这些数据加以汇集，优选，归纳为工程量、造价（价值）、用工三个单方基本值表，并注明其适用的建筑标准。这些基本值就像“筛子孔”，用来筛选各分部分项工程，筛下去的就不审查了，没有筛下去的就意味着此分部分项的单位建筑面积数值不在基本值范围之内，应对该分部分项工程详细审查。当所审查的预算的建筑面积标准与“基本值”所适用标准不同时，就要对其进行调整。

筛选法的优点是简单易懂，便于掌握，审查速度和发现问题快。但要解决差错、分析其原因时需继续审查。因此，此法适用于住宅工程或不具备全面审查条件的工程。

（6）重点抽查法

重点抽查法是抓住工程预算中的重点进行审查的方法。审查的重点一般是：工程量大或造价较高、工程结构复杂的工程，补充单位估价表，计取的各项费用（计费基础、取费标准等）。

重点抽查法的优点是重点突出、审查时间短、效果好。

（7）利用手册审查法

利用手册审查法是把工程中常用的构件、配件，事先整理成预算手册，按手册对照审查的方法。例如我们可以将工程常用的预制构件、配件按标准图集计算出工程量，套上单价，编制成预算手册使用，可大大简化预结算的编审工作。

（8）分解对比审查法

一个单位工程，按直接费与间接费进行分解，然后再把直接费按工种和分部工程进行解，分别与审定的标准预算进行对比分析的方法，叫分解对比审查法。

分解对比审查法一般有三个步骤：

第一步，全面审查某种建筑的定型标准施工图或重复使用的施工图的工程预算。经审定后作为审查其他类似工程预算的对比基础。而且将审定预算按直接费与应取费用分解成两部分，再把直接费分解为各工种工程和分部工程预算，分别计算出每平方米预算价格。

第二步，把拟审的工程预算与同类型预算单方造价进行对比，若出入在1%～3%（根据本地区要求），再按分部分项工程进行分解，边分解边对比，对出入较大者，进一步审查。

第三步，对比审查。其方法是：

1）经分析对比，若发现应取费用相差较大，应考虑建设项目的投资来源和工程类别及其取费项目和取费标准是否符合现行规定；材料调价相差较大，则应进一步审查《材料调价统计表》，将各种调价材料的用量、单位差价及其调增数量等进行对比。

2）经过分解对比，若发现土建工程预算价格出入较大，首先审查其土方和基础工程，因为±0.00以下的工程一般相差较大。再对比其余各个分部工程，发现某一分部工程预算价格相差较大时，再进一步对比各分项工程或工程细目。在对比时，先检查所列工程细目是否正确，预算价格是否相同。发现相差较大者，再进一步审查所套预算单价，最后审查该项工程细目的工程量。

5.4.3.4 施工图预算的审查步骤

（1）做好审查前的准备工作

1）熟悉施工图纸。施工图是编审预算分项数量的重要依据，必须全面熟悉了解，核对所有图纸，清点无误后，依次识读。

2）了解预算包括的范围。根据预算编制说明，了解预算包括的工程内容。例如：配套设施、室外管线、道路以及会审图纸后的设计变更等。

3）弄清预算采用的单位估价表。任何单位估价表或预算定额都有一定的适用范围，应根据工程性质，收集熟悉相应的单价、定额资料。

（2）选择合适的审查方法，按相应内容审查

由于工程规模、繁简程度不同，施工方法和施工企业情况不一样，所编工程预算和质量也不同，所以需选择适当的审查方法进行审查。

（3）调整预算

综合整理审查资料，并与编制单位交换意见，定案后编制调整预算。审查后需要进行增加或核减的，经与编制单位协商，统一意见后进行修正。

上岗工作要点

1. 学会工程设计方案的优选方法。
2. 掌握设计概算的编制和审查方法。
3. 掌握施工图预算的编制和审查方法及其在工程中的实际应用。

思 考 题

5-1 民用项目设计中，方案设计的内容包括哪些?

5-2 工程设计的程序包括哪些?

5-3 设计阶段影响工程造价的因素有哪些?

5-4 民用建筑设计影响工程造价的因素有哪些?

5-5 设计评价方案的原则有哪些?

5-6 设计评价方案的方法有哪些?

5-7 设计概算的定义及特点?

5-8 设备安装工程费概算的主要编制方法有哪些?

5-9 审查施工图预算的意义有哪些?

习 题

单选题:

5-1 总平面设计中，影响工程造价的因素包括( )。

A. 占地面积、功能分区、运输方式　　B. 占地面积、功能分区、工艺流程

C. 占地面积、运输方式、工艺流程　　D. 运输方式、功能分区、工艺流程

5-2 在工艺设计过程中，影响工程造价的因素主要包括( )。

A. 生产方法、工艺流程、功能分区　　B. 工艺流程、功能分区、运输方式

C. 生产方法、工艺流程、设备选型　　D. 工艺流程、设备选型、运输方式

5-3 下列关于民用建筑设计与工程造价的关系中，正确的说法是( )。

A. 住宅的层高和净高增加，会使工程造价随之增加

B. 圆形住宅既有利于施工，又能降低造价

C. 在满足住宅功能和质量前提下，减小住宅进深，对降低工程造价有明显效果

D. 6层以内住宅层数越多，相邻层次间造价差值越大

5-4 某企业为扩大生产规模，提出三个设计方案：方案甲，一次性投资5400万元，年经营成本620万元；方案乙，一次性投资4300万元，年经营成本760万元；方案丙，一次性投资5100万元，年经营成本680万元。三个方案的寿命期相同，所在行业的标准投资效果系数为8%，用计算费用法确定的最优方案是( )。

A. 方案甲、丙　　B. 方案甲　　C. 方案乙　　D. 方案丙

5-5 价值工程的核心是( )。

A. 成本计算　　B. 费用分析　　C. 功能分析　　D. 价值计算

5-6 关于限额设计，以下叙述中不正确的是( )。

A. 限额设计是建设项目投资控制系统中的一项关键措施

B. 限额设计最关键的阶段是施工图设计阶段

C. 限额设计控制工程造价，可采用纵向控制和横向控制两种方法

D. 限额设计的本质特征是投资控制的主动性

5-7 某已建工程项目为框架结构，单方预算造价1100元/㎡，其中人工费占15%，材料费占60%，其他费用占25%。现拟建类似工程为框架剪力墙结构，与已建工程的人工、材料和其他费用的差异系数分别为1.2、1.3、0.9。则拟建工程的单方概算造价为( )。

A. 1716　　B. 1303.5　　C. 1360.5　　D. 1256.3

5-8　设备安装工程费概算的主要编制方法有(　　)。

A. 扩大单价法、概算指标法、类似工程预算法、综合吨位指标法

B. 扩大单价法、综合吨位指标法、类似工程预算法

C. 预算单价法、概算指标法、设备价值百分比法

D. 预算单价法、扩大单价法、设备价值百分比法、综合吨位指标法

5-9　某类别建筑工程的 $10m^3$ 砖墙砌筑工程的人工费、材料费、机械费分别为 370 元、980 元、50 元，当地公布的该类典型工程材料费占分项直接工程费的比例为 68%，有关费率见表 1，按照综合单价法确定的该砌墙砌筑（$10m^3$）的综合单价中，利润为(　　)元。

表 1　费率计算表

费用名称	计　算　基　数		
	直接费	人工费+机械费	人工费
间接费	8%	20%	55%
利　润	5%	16%	30%

A. 67.2　　B. 70.0　　C. 75.6　　D. 111.0

多选题：

5-10　在建筑设计阶段，影响工程造价的因素包括(　　)。

A. 平面形状、建筑结构　　B. 流通空间

C. 层数、层高　　D. 柱网布置

E. 建筑物的体积与面积

5-11　有关价值工程在设计阶段工程造价控制中的应用的表述正确的有(　　)。

A. 功能分析是主要分析研究对象具有哪些功能及各项功能之间的关系

B. 可以应用 ABC 法来选择价值工程研究对象

C. 功能评价，不但要确定各功能评价系数还要计算功能的现实成本及价值系数

D. 对于价值系数大于 1 的重要功能，可以不做优化

E. 对于价值系数小于 1 的，必须提高功能水平

5-12　设计概算编制的编制原则有(　　)。

A. 严格执行国家的建设方针和经济政策的原则

B. 要完整、准确地反映设计内容的原则

C. 要坚持结合拟建工程的实际，反映工程所在地当时价格水平的原则

D. 将概算控制在投资估算限额内的原则

E. 简洁、易懂的原则

5-13　标准预算审查法的优点是(　　)。

A. 时间短　　B. 效果好

C. 简单易懂、实用性强　　D. 适用范围广

E. 好定案

计算题：

5-14　某工程基础平面图如图 1 所示，现浇钢筋混凝土带形基础、独立基础的尺寸如图 2 所示。混凝土垫层强度等级为 C15，混凝土基础强度等级为 C20，按外购商品混凝土考虑。

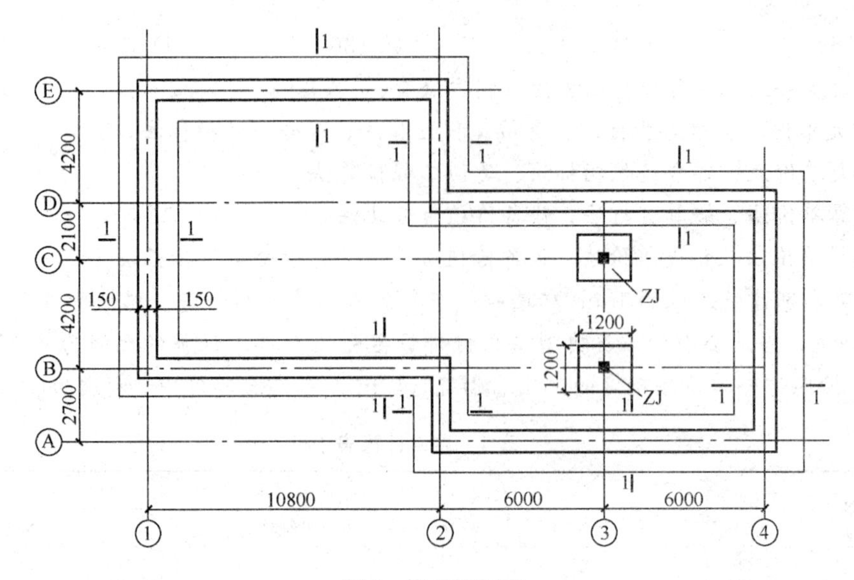

图 1　基础平面图

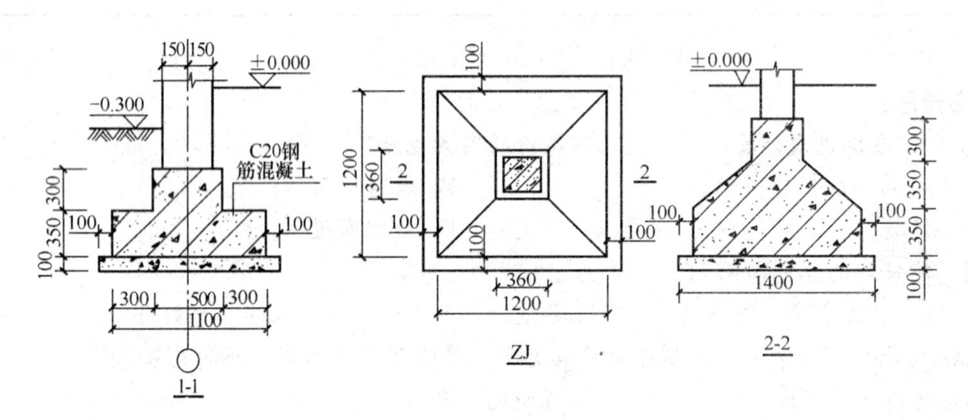

图 2　基础剖面图

混凝土垫层支模板浇筑，工作面宽度 300mm，槽坑底面用电动夯实机夯实，费用计入混凝土垫层和基础中。直接工程费用单价见表 2，基础定额见表 3。

表 2　直接工程费用单价

序号	项目名称	计量单位	费用组成（元）			
			人工费	材料费	机械使用费	单　价
1	带形基础组合钢模板	m^2	8.85	21.53	1.60	31.98
2	独立基础组合钢模板	m^2	8.32	19.01	1.39	28.72
3	垫层木模板	m^2	3.58	21.64	0.46	25.68

表 3　基　础　定　额

项　　目			基础槽底夯实	现浇混凝土基础垫层	现浇混凝土带形基础
名　　称	单　　位	单价（元）	$100m^2$	$10m^3$	$10m^3$
综合人工	工　日	52.36	1.42	7.33	9.56
混凝土 C15	m^3	252.40		10.15	
混凝土 C20	m^3	266.05			10.15
草　袋	m^2	2.25		1.36	2.52

续表

项目			基础槽底夯实	现浇混凝土基础垫层	现浇混凝土带形基础
水	m^3	2.92		8.67	9.19
电动打夯机	台班	31.54	0.56		
混凝土振捣器	台班	23.51		0.61	0.77
翻斗车	台班	154.80		0.62	0.78

依据《建设工程工程量清单计价规范》计算原则，以人工费、材料费和机械使用费之和为基数，取管理费率5%、利润率4%；以分部分项工程量清单计价合计和模板及支架清单项目费之和为基数，取临时设施费率1.5%、环境保护费率0.8%、安全和文明施工费率1.8%。

问题：

依据《清单计价规范》的规定（有特殊注明除外）完成下列计算：

1. 计算现浇钢筋混凝土带形基础、独立基础、基础垫层的工程量。将计算过程及结果填入分部分项工程量计算表。

$$棱台体体积公式为 V=\frac{1}{3}h(a^2+b^2+ab)$$

2. 编制现浇混凝土带形基础、独立基础的分部分项工程量清单，说明项目特征。带形基础的项目编码为010401001，独立基础的项目编码为010401002，填入分部分项工程量清单表。

3. 依据提供的基础定额数据，计算混凝土带形基础的分部分项工程量清单综合单价，填入分部分项工程量清单综合单价分析表，并列出计算过程。

4. 计算带形基础、独立基础（坡面不计算模板工程量）和基础垫层的模板工程量，将计算过程及结果填入模板工程量计算表。

5. 现浇混凝土基础工程的分部分项工程量清单计价合价为57686.00元，计算措施项目清单费用，填入措施项目清单计价表，并列出计算过程。

（注意：计算结果均保留两位小数。）

第6章 建设项目招标投标阶段工程造价控制

重点提示

1. 了解建设项目招标投标的范围与方式。
2. 了解建设工程招标投标的程序。
3. 掌握标底价格的编制方法与审查。
4. 掌握建设工程投标报价的编制方法。

6.1 建设项目招标投标概述

6.1.1 我国招标投标制度的改革与发展

我国招标投标制度是伴随着改革开放而逐步建立并完善的。1984 年，国家计委、城乡建设环境保护部联合下发了《建设工程招标投标暂行规定》，倡导实行建设工程招标投标，我国由此开始推行招标投标制度。

1991 年 11 月 21 日，建设部、国家工商行政管理局联合下发《建筑市场管理规定》，明确提出加强发包管理和承包管理，其中发包管理主要是指工程报建制度与招标制度。在整顿建筑市场的同时，建设部还与国家工商行政管理局一起制定了《施工合同示范文本》及其管理办法，于 1991 年颁发，以指导工程合同的管理。1992 年 12 月 30 日，建设部颁发了《工程建设施工招标投标管理办法》。

1994 年 12 月 16 日，建设部、国家体改委再次发出《全面深化建筑市场体制改革的意见》，强调了建筑市场管理环境的治理。文中明确提出大力推行招标投标，强化市场竞争机制。此后，各地也纷纷制定了各自的实施细则，使我国的工程招标投标制度趋于完善。

1999 年，我国工程招标投标制度面临重大转折。首先是 1999 年 3 月 15 日全国人大通过了《中华人民共和国合同法》，并于同年 10 月 1 日起生效实施。由于招标投标是合同订立过程中的重要阶段，因此，该法对招标投标制度产生了重要的影响。其次是 1999 年 8 月 30 日全国人大常委会通过了《中华人民共和国招标投标法》，并于 2000 年 1 月 1 日起施行。这部法律基本上是针对建设工程发包活动而言的，其中大量采用了国际惯例或通用做法，带来了招标投标体制的巨大变革。

随后的 2000 年 5 月 1 日，国家计委发布了《工程建设项目招标范围的规模标准规定》；2000 年 7 月 1 日国家计委又发布了《工程建设项目自行招标试行办法》和《招标公告发布暂行办法》。

2001 年 7 月 5 日，国家计委等七部委联合发布第 12 号令《评标委员会和评标办法暂行规定》。其中有三个重大突破：关于低于成本价的认定标准；关于中标人的确定条件；关于最低价中标。在这里第一次明确了最低价中标的原则。在这一时期，建设部也连续颁布了第 79 号令《工程建设项目招标代理机构资格认定办法》、第 89 号令《房屋建筑和市政基础设施工程施工招标投标管理办法》、第107号令《建筑工程施工发包与承包计价管理办法》（2001年11月）等，对招标投标活动及其承发包中的计价工作做出进一步的规范。与这些管理办法相对应，建设部还相继颁发了《建筑工程施工招标文件范本》（建监［1996］577号）和《房屋建筑和市政基础设施工程施工招标文件范本》（建市［2002］256号）等一系列标准示范文本，为招标投标活动的规范性提供了良好的标准。

2002年1月10日，国家发展计划委员会颁布了第18号令《国家重大建设项目招标投标监督暂行办法》，并于2002年2月1日起执行。

2003年3月8日，国家发展计划委员会、建设部、铁道部、交通部、信息产业部、水利部、民航总局联合发布了第30号令《工程建设项目施工招标投标办法》，于2003年5月1日起执行。

2007年11月1日，国家发改委、财政部、建设部、铁道部、交通部、信息产业部、水利部、民航总局、广电总局联合发布了第56号令《〈标准施工招标资格预审文件〉和〈标准施工招标文件〉试行规定》，标志着我国的招标投标制度逐步趋于完善，与国际惯例进一步接轨。

6.1.2 建设项目招标投标的概念

（1）建设项目招标的概念

建设项目招标是指招标人（或招标单位）在发包建设工程项目之前，以公告或邀请书的方式提出招标项目的有关要求，公布招标条件，投标人（或投标单位）根据招标人的意图和要求提出报价，择日当场开标，以便从中择优选定中标人。

（2）建设项目投标的概念

建设项目投标是指具有合法资格和能力的投标人（或投标单位）根据招标条件，经过初步研究和估算，在指定期限内填写标书，根据实际情况提出自己的报价，并等待开标。

6.1.3 建设项目招标投标的分类

建设工程项目招标投标可分为建设工程项目总承包招标投标、工程勘察招标投标、工程设计招标投标、工程施工招标投标、工程监理招标投标、工程材料设备招标投标。

（1）建设工程项目总承包招标投标

建设工程项目总承包招标投标又称为建设工程项目全过程招标投标，也称之为“交钥匙”工程招标投标。它是指在项目决策阶段从项目建议书开始，包括可行性研究、勘察设计、设备材料询价与采购、工程施工、生产准备，直至竣工投产、交付使用全面实行招标。

工程总承包企业根据建设单位所提出的工程要求，对项目建议书、可行性研究、勘察设计、设备询价与选购、材料订货、工程施工、职工培训、试生产、竣工投产等实行全面投标报价。

（2）工程勘察招标投标

工程勘察招标投标指招标人就拟建工程项目的勘察任务发布通告，以法定方式吸引勘察单位参加竞争，经招标人审查获得投标资格的勘察单位按照招标文件的要求，在规定时间内向招标人填报投标书，招标人从中选择优秀者完成勘察任务。

（3）工程设计招标投标

工程设计招标投标指招标人就拟建工程项目的设计任务发布通告，以吸引设计单位参加竞争，经招标人审查获得投标资格的设计单位按照招标文件的要求，在规定的时间内向招标人填报标书，招标人择优选定中标单位来完成设计任务。设计招标一般是设计方案招标。

（4）工程项目施工招标投标

工程项目施工招标投标指招标人就拟建的工程项目发布通告，以法定方式吸引建筑施工企业参加竞争，招标人从中选择优秀者完成建筑施工任务。施工招标可分为全部工程招标、单项工程招标和专业工程招标。

（5）工程监理招标投标

工程监理招标投标指招标人就拟建工程项目的监理任务发布通告，以法定方式吸引工程监理单位参加竞争，招标人从中选择优秀者完成监理任务。

（6）工程材料设备招标投标

工程材料设备招标投标指招标人就拟购买的材料设备发布通告或邀请，以法定方式吸引材料设备供应商参加竞争，招标人从中选择优秀者的法律行为。

6.1.4 建设项目招标投标的基本原则

（1）公开原则。公开原则是指有关招标投标的法律、政策、程序和招标投标活动都要公开，即招标前发布公告，公开发售招标文件，公开开标，中标后公开中标结果，使每个投标人拥有同样的信息、同等的竞争机会和获得中标的权利。

（2）公平原则。公平原则是指所有参加竞争的投标人机会均等，并受到同等待遇。

（3）公正原则。公正原则是指在招标投标的立法、管理和进行过程中，立法者应制定法律，司法者和管理者按照法律和规则公正地执行法律和规则，对一切被监管者给予公正待遇。

（4）诚实信用原则。诚实信用原则是指民事主体在从事民事活动时，应诚实守信，以善意的方式履行其义务，在招标投标活动中体现为购买者、中标者在依法进行采购和招标投标活动中要具有良好的信用。

6.1.5 建设项目招标投标的范围与方式

6.1.5.1 建设项目招标投标的范围

《中华人民共和国招标投标法》指出，凡在中华人民共和国境内进行下列工程建设项目，包括项目的勘察、设计、施工、监理以及与工程建设有关的重要设备、材料等的采购，必须进行招标。

（1）大型基础设施、公用事业等关系社会公共利益、公众安全的项目。

（2）全部或者部分使用国有资金投资或者国家融资的项目。

（3）使用国际组织或者外国政府贷款、援助资金的项目。

6.1.5.2 建设项目招标投标的方式

（1）公开招标

公开招标又称为无限竞争招标，是由招标单位通过报刊、广播、电视等方式发布招标广告，有意的承包商均可以参加资格审查，合格的承包商可购买招标文件，参加投标。

公开招标的优点是：投标的承包商多、范围广、竞争激烈，业主有较大的选择余地，有利于降低工程造价，提高工程质量及缩短工期。缺点是：由于投标的承包商多，招标工作量大，组织工作复杂，需投入较多的人力、物力，招标过程所需时间较长。

公开招标的方式主要用于政府投资项目或投资额度大，工艺、结构复杂的较大型工程建设项目。

（2）邀请招标

邀请招标又称为有限竞争性招标。这种方式不发布广告，业主根据自己的经验和所掌握的信息资料，向有承担该项工程施工能力的三个以上（含三个）承包商发出招标邀请书，收到邀请书的单位才有资格参加投标。

邀请招标的优点是：目标集中，招标的组织工作较容易，工作量比较小。缺点是：由于参加的投标单位较少，竞争性较差，使招标单位对投标单位的选择余地较少，如果招标单位在选择邀请单位前所掌握信息资料不足，则会失去发现最适合承担该项目的承包商的机会。

无论公开招标还是邀请招标都必须按规定的招标程序完成，通常是事先制定统一的招标文件，投标均按招标文件的规定进行。

6.2 建设工程施工招标与投标

6.2.1 施工招标投标单位应具备的条件

（1）施工招标单位应具备的条件

1）是法人或依法成立的其他组织。

2）有与招标工程相适应的经济、技术管理人员。

3）有组织编写招标文件的能力。

4）有审查投标单位资质的能力。

5）有组织开标、评标、定标的能力。

不具备以上条件的建设单位，需委托具有相应资质的中介机构代理招标，建设单位与中介机构签订委托代理招标的协议，并报招标管理机构备案。

（2）施工投标单位应具备的条件

1）投标人应具备与投标项目相适应的技术力量、机械设备、人员、资金等方面的能力，具有承担该招标项目的能力。

2）具有招标条件要求的资质等级，并是独立的法人单位。

3）承担过类似项目的相关工作，并有良好的工作业绩和履约记录。

4）企业财产状况良好，没有处于财产被接管、破产或其他关、停、并、转的状态。

5）在最近3年没有骗取合同及其他经济方面的严重违法行为。

6）近几年有较好的安全记录，投标当年没有发生重大质量和特大安全事故。

6.2.2 施工招标文件

《中华人民共和国招标投标法》规定，招标人应当根据招标项目的特点和需要编制招标文件。招标文件应当包括招标项目的技术要求、对投标人资格审查的标准、投标报价要求和评标标准等所有实质性要求和条件以及拟签订合同的主要条款。国家对招标项目的技术、标准有规定的，招标人应当按照其规定在招标文件中提出相应要求。

（1）施工招标应具备的条件

1）概算已经被批准，建设工程项目已正式列入国家、部门或地方的年度固定资产投资计划。

2）按照国家规定需要履行项目审批手续的，已经履行审批手续。

3）建设用地的征用工作已经完成。

4）工程资金或者资金来源已经落实。

5）有满足施工招标需要的设计文件及其他技术资料。

6）已经建设工程项目所在地规划部门批准，施工现场的“三通一平”已经完成或一并列入施工招标范围。

7）法律、法规、规章规定的其他条件。

（2）施工招标文件应包括的内容

1）投标须知。

2）招标工程的技术要求和设计文件。

3）采用工程量清单招标的，应当提供工程量清单。

4）投标函的格式及附录。

5）拟签订合同的主要条款。

6）要求投标人提交的其他资料。

（3）招标文件的发售与修改

招标文件一般发售给通过资格预审、获得投标资格的投标人。投标人购买招标文件的费用不论中标与否，都不予退还。招标人提供给投标人编制投标书的设计文件可以酌情收取一定的押金，开标后投标人将设计文件退还的，招标人应当退还押金。

招标人对已发出的招标文件进行必要的澄清或修改的，应当在招标文件要求提交投标文件截止时间至少15日前，以书面形式通知所有招标文件收受人。该澄清或者修改的内容作为招标文件的构成部分。

【例6-1】 某工程采用公开招标的方式，招标人3月1日在指定媒体上发布了招标公告，3月6日至3月12日发售了招标文件，共有A、B、C、D四家投标人购买了招标文件。在招标文件规定的投标截止日（4月5日）前，四家投标人都递交了投标文件。开标时投标人D因其投标文件的签署人没有法定代表人的授权委托书而被招标管理机构宣布为无效投标。

该工程评标委员会于4月15日经评标确定投标人A为中标人，于4月26日向中标人和其他投标人分别发出中标通知书和中标结果通知，同时通知了招标人。

发包人与承包人A于5月10日签订了工程承包合同，合同约定的不含税合同价为6948万元，工期为300天；合同价中的间接费以直接费为计算基数，间接费率为12%，利润率为5%。

在施工过程中，该工程的关键线路上发生了以下几种原因引起的工期延误：

（1）由于发包人原因，设计变更后新增一项工程于7月28日至8月7日施工（新增工程款为160万元）；另一分项工程的图纸延误导致承包人于8月29日至9月12日停工。

（2）由于承包人原因，原计划于8月5日晨到场的施工机械直到8月26日晨才到场。

（3）由于天气原因，连续多日高温造成供电紧张。该工程所在地区于8月3日至8月5日停电，另外，该地区于8月24日晨至8月28日晚下了特大暴雨。

在发生上述工期延误事件后，承包人A按合同规定的程序向发包人提出了索赔要求，经双方协商一致。除特大暴雨造成的工期延误之外，对其他应予补偿的工期延误事件，既补偿直接费又补偿间接费，间接费补偿按合同工期每天平均分摊的间接费计算。

（1）指出该工程在招标过程中的不妥之处，并说明理由。

（2）谈工程的实际工期延误为多少天？应予批准的工期延长时间为多少天？分别说明每个工期延误事件应批准的延长时间及其原因。

【解】

（1）招标管理机构宣布无效投标不妥，应由招标人宣布。评标委员会确定中标人并发出中标通知书和中标结果通知不妥，应由招标人发出。

（2）该工程的实际工期延误为47天。应批准的工期延长为32天。其中，新增工程属于业主应承担的责任应批准工期延长11天（7月28日至8月7日）。

图纸延误属于业主应承担的责任，延长工期为15天（8月29日至9月12日）。

停电属于业主应承担的责任，应批准工期延长为3天。

施工机械延误属于承包商责任，不予批准延长工期。

特大暴雨造成的工期延误属于业主应承担的风险范围，但8月24～25日属于承包商机械未到场延误在先，不予索赔，应批准工期延长3天（8月26日至8月28日）。

6.2.3 建设项目招标投标的程序

6.2.3.1 建设项目招标程序

建设项目施工招标是一项非常规范的管理活动，以公开招标为例，通常应遵循以下流程，参见图6-1。

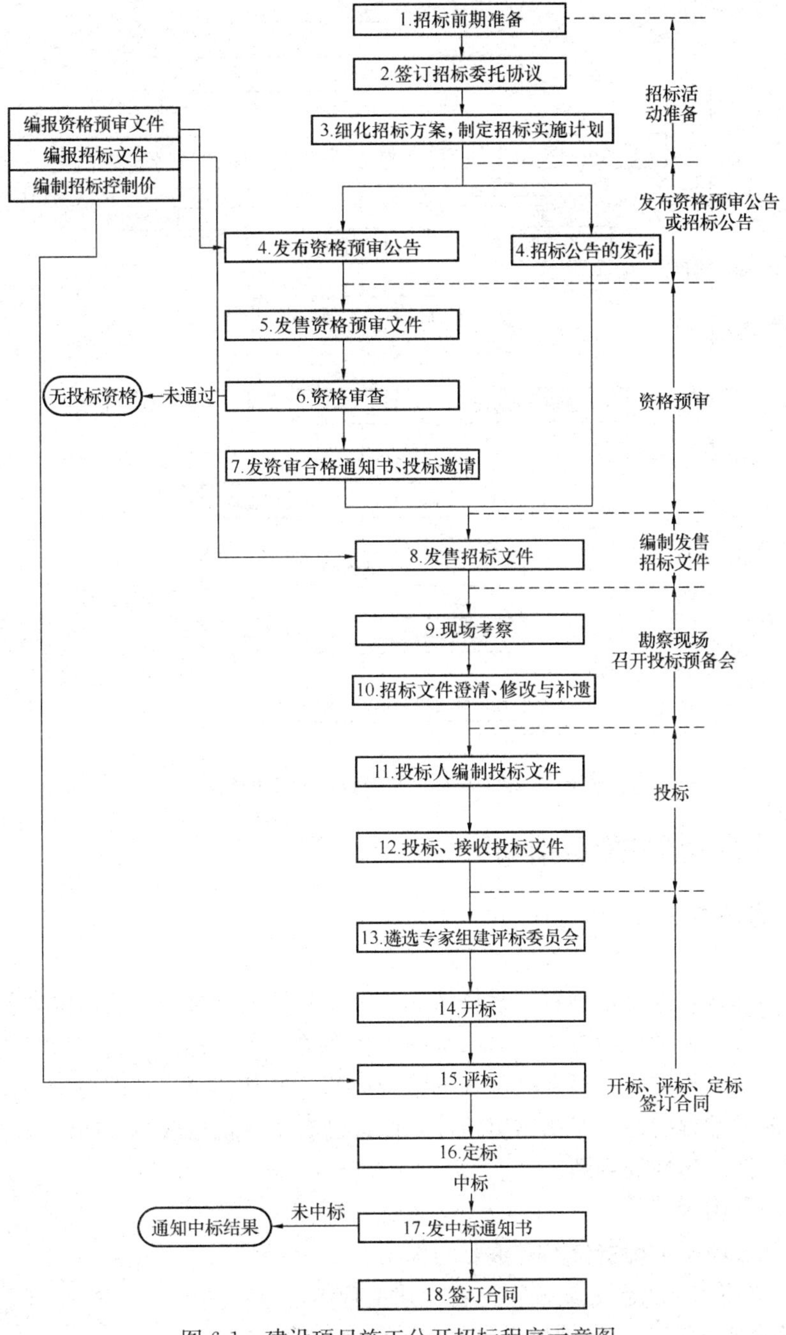

图6-1 建设项目施工公开招标程序示意图

6.2.3.2　建设项目投标程序

建设项目施工投标报价是一项复杂的系统工程，需要周密思考，统筹安排，并遵循一定的程序，具体参见图 6-2。

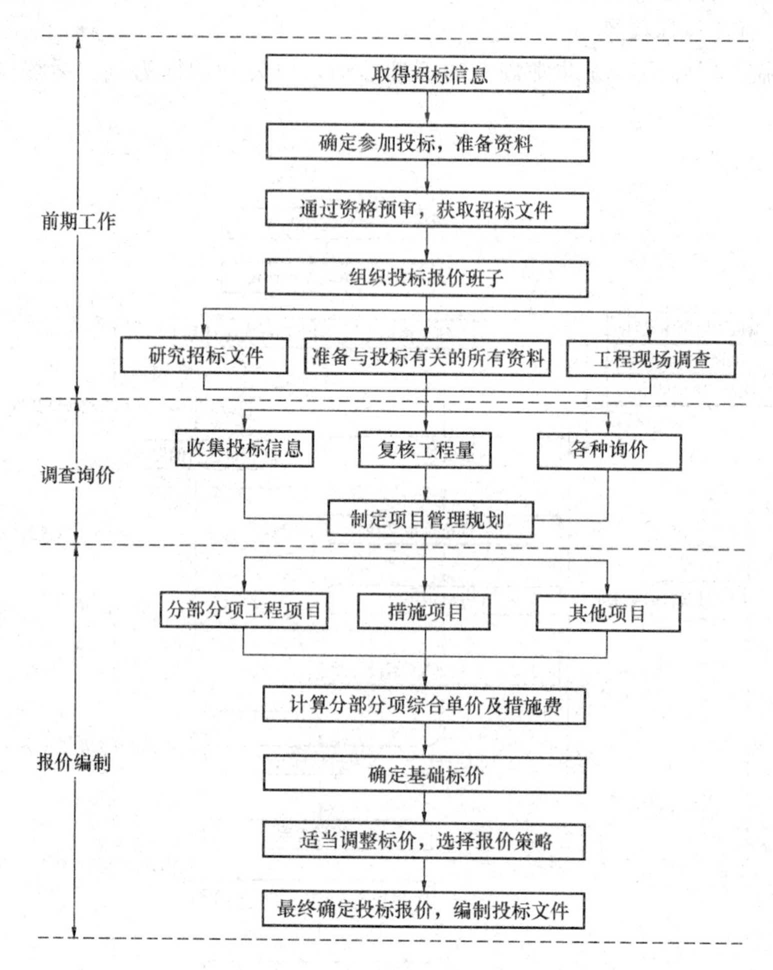

图 6-2　施工投标工程量清单报价的程序

6.3　建设工程标底的编制与审查

6.3.1　标底的概念和作用

（1）标底的概念

标底是指招标人根据招标项目的具体情况，编制的完成招标项目所需的全部费用，是根据国家规定的计价依据和计价办法计算出来的工程造价，是招标人对建设项目的期望价格。

招标人可根据工程的实际情况决定是否编制标底。通常情况下，即使采用无标底方式招标，招标人也需对工程的建造费用做出估计，使自己有基本价格底数，同时也可以对各个投标价格的合理性做出理性的判断。

（2）标底的作用

标底对招标人控制工程造价具有重要的作用：

1）标底能够使招标人预先明确自己在拟建工程中应承担的财务义务。

2）标底给上级主管部门提供核实建设规模的依据。

3）标底是衡量投标人报价高低的准绳。只有确定了标底，才能正确判断出投标报价的合理性及可靠性。

4）标底是评标的重要尺度。只有编制了科学合理的标底，才能在定标时做出正确的抉择，否则评标就是盲目的。因此招标工程必须以严肃认真的态度及科学的方法来编制标底。

6.3.2 标底的编制原则与依据

（1）标底的编制原则

1）根据国家公布的统一工程项目划分、统一计量单位、统一计算规则以及施工图纸、招标文件，并参照国家、行业或地方批准发布的定额和国家、行业、地方规定的技术标准规范，以及要素市场价格编制标底。

2）标底作为建设单位的期望价格，应力求与市场的实际变化相吻合，要有利于竞争和保证工程质量。

3）标底应由直接费、间接费、利润、税金等构成，通常应控制在批准的总概算（或修正概算）及投资包干的限额内。

4）标底应考虑人工、材料、设备、机械台班等价格变化因素，还应包括不可预见费(特殊情况)、预算包干费、措施费（赶工措施费、施工技术措施费)、现场因素费用、保险以及采用固定价格的工程的风险金等。工程要求优良的还应增加相应费用。

5）一个工程只能编制一个标底。

6）标底编制完成，直至开标时，所有接触过标底价格的人员均负有保密责任，不得泄露。

（2）标底的编制依据

1）招标文件。

2）工程施工图纸、工程量计算规则。

3）施工现场地质、水文、地上情况等有关资料。

4）施工方案或施工组织设计。

5）现行的工程预算定额、工期定额、工程项目计价类别及取费标准。

6）国家或地方有关价格调整文件规定。

7）招标时建筑安装材料及设备的市场价格。

6.3.3 标底的编制程序与内容

（1）标底的编制程序

工程标底价格的编制必须遵循一定的程序才能保证标底价格的正确性。

1）确定标底价格的编制单位。标底价格由招标单位（或业主）自行编制，或由受其委托具有编制标底资格和能力的中介机构代理编制。

2）收集审阅编制依据。

3）确定标底计价方法，取定市场要素价格。

4）确定工程计价要素消耗量指标。当使用现行定额编制标底价格时，应对定额中各类消耗量指标按社会先进水平进行调整。

5）参加工程招标投标交底会，勘察施工现场。

6）招标文件质疑。对招标文件（工程量清单）表述，或描述不清的问题向招标方质疑，请求解释，明确招标方的真实意图，力求计价精确。

7）确定施工方案。

8）计算标底价格。

9）审核修正定稿。

（2）标底的编制内容

1）标底的综合编制说明。

2）标底价格审定书、标底价格计算书、带有价格的工程量清单、现场因素、各种施工措施费的测算明细以及采用固定价格工程的风险系数测算明细等。

3）主要人工、材料、机械设备用量表。

4）标底附件。

5）标底价格编制的有关表格。

6.3.4 标底价格的编制方法及确定

6.3.4.1 标底价格的编制方法

（1）用定额计价法编制标底

定额计价法编制标底采用的是分部分项工程项目的直接工程费单价（或称为工料单价），该单价中仅仅包括了人工、材料、机械费用。

1）单位估价法。单位估价法编制招标工程的标底大多是在工程概预算定额基础上做出的，但它不完全等同于工程概预算。编制一个合理、可靠的标底还必须在此基础上综合考虑工期、质量、自然地理条件和招标工程范围等因素。

2）实物量法。用实物量法编制标底，主要先用计算出的各分项工程的实物工程量，分别套取工程定额中的人工、材料、机械消耗指标，并按类相加，求出单位工程所需的各种人工、材料、施工机械台班的总消耗量，然后分别乘以当时当地的人工、材料、施工机械台班市场单价，求出人工费、材料费、施工机械使用费，再汇总求和得到直接工程费。对于间接费、利润和税金等费用的计算则应根据当时当地建筑市场的供求情况具体确定。

虽然以上两种方法在本质上没有太大的区别，但由于标底具有力求与市场的实际变化相吻合的特点，所以标底应考虑人工、材料、设备、机械台班等价格变化因素，还应考虑不可预见费用（特殊情况）、预算包干费用、现场因素费用、保险以及采用固定价格合同的工程的风险费用。工程要求优良的还应增加相应费用。

（2）用清单计价法编制标底

工程量清单计价法编制标底时采用的单价主要是综合单价。用综合单价编制标底价格，要根据统一的项目划分，按照统一的工程量计算规则计算工程量，确定分部分项工程项目以及措施项目的工程量清单，然后分别计算其综合单价。该单价是根据具体项目分别计算的。综合单价确定以后，填入工程量清单中，再与工程量相乘得到合价，汇总之后最后考虑规费、税金即可得到标底价格。

采用工程量清单计价法编制标底时应注意两点：一是若编制工程量清单与编制招标标底不是同一单位时，应注意发放招标文件中的工程量清单与编制标底的工程量清单在格式、内容、项目特征描述等各方面保持一致，避免由此造成的招标失败或评标的不公正。二是要仔细区分清单中分部分项工程清单费用、措施项目清单费用、其他项目清单费用和规费、税金等各项费用的组成，避免重复计算。

6.3.4.2 标底价格的确定

（1）标底价格的计算方式

工程标底的编制，需要根据招标工程的具体情况，例如设计文件和图纸的深度、工程的规模和复杂程度、招标人的特殊要求、招标文件对投标报价的规定等，选择适当的编制方法计算。

在工程招标时施工图设计已经完成的情况下，标底价格应按施工图纸进行编制；如果招标时只是完成了初步设计，标底价格只能按照初步设计图纸进行编制；如果招标时只有设计方案，标底价格可用每平方米造价指标或者单位指标等进行编制。

标底价格的编制，除了依据设计图纸进行费用的计算外，还需考虑图纸以外的费用，包括由合同条件、现场条件、主要施工方案、施工措施等所产生费用的取定，依据招标文件或合同条件规定的不同要求，选择不同的计价方式。根据我国现行工程造价的计算方式和习惯做法，在按工程量清单计算标底价格时，单价的计算可采用工料单价法和综合单价法。综合单价法针对分部分项工程内容，综合考虑其工料机成本及各类间接费及利税后报出单价，再根据各分项量价积之和组成工程总价；工料单价法则首先汇总各种工料机消耗量，乘以相应的工料机市场单价，得到直接工程费，再考虑措施费、间接费和利税得出总价。

（2）确定标底价格需考虑的其他因素

1）标底价格必须适应目标工期的要求。预算价格反映的是按定额工期完成合格产品的价格水平。若招标工程的目标工期不属于正常工期，而需要缩短工期，则应按提前天数给出必要的赶工费及奖励，并列入标底价格。

2）标底价格必须反映招标人的质量要求。预算价格反映的是按照国家有关施工验收规范规定完成合格产品的价格水平。当招标人提出需要达到高于国家验收规范的质量要求时，就意味着承包方要付出比完成合格水平的工程更高的费用。所以，标底价格应体现优质优价。

3）标底价格计算时，必须合理确定措施费、间接费、利润等费用，费用的计取应反映企业和市场的现实情况，特别是利润，一般应以行业平均水平为基础。

4）标底价格应根据招标文件或合同条件的规定，按规定的工程发承包模式，确定相应的计价方式，考虑相应的风险费用。

5）标底价格必须综合考虑招标工程所处的自然地理条件及招标工程的范围等因素。

6.3.5 标底的审查

（1）审查标底的目的

审查标底的目的是检查标底价格编制是否真实、准确。标底价格若有漏洞，应予以调整和修正。如果标底价超过概算，应按照相关规定进行处理，同时也不得以压低标底价格作为压低投资的手段。

（2）标底审查的内容

1）审查标底的计价依据：承包范围、招标文件规定的计价方法等。

2）审查标底价格的组成内容：工程量清单及其单价组成，措施费费用组成，间接费、利润、规费、税金的计取，相关文件规定的调价因素等。

3）审查标底价格相关费用：人工、材料、机械台班的市场价格，现场因素费用、不可预见费用，对于采用固定价格合同的还应审查在施工周期内价格的风险系数等。

6.4 建设工程投标报价的编制

6.4.1 投标报价的概念

投标报价的编制主要是投标人对承建工程所要发生的各种费用的计算。《清单计价规范》

规定，“投标价是投标人投标时报出的工程造价”。具体来说，投标价是在工程招标发包过程中，由投标人按照招标文件的要求，根据工程特点，并结合自身的施工技术、装备和管理水平，根据有关计价规定自主确定的工程造价，是投标人希望达成工程承包交易的期望价格，它不能高于招标人设定的招标控制价。作为投标计算的必要条件，应预先确定施工方案及施工进度，另外，投标计算还必须与采用的合同形式相协调。报价是投标的关键性工作，报价是否合理直接关系到投标的成功与失败。

6.4.2 投标报价的编制原则与依据

6.4.2.1 投标报价的编制原则

（1）投标报价由投标人自主确定，但必须执行《清单计价规范》的强制性规定。投标价应由投标人或受其委托，具有相应资质的工程造价咨询人员编制。

（2）投标人的投标报价不得低于成本。《中华人民共和国反不正当竞争法》第十一条规定：“经营者不得以排挤竞争对手为目的，以低于成本的价格销售商品。”《中华人民共和国招标投标法》第四十一条规定：“中标人的投标应当符合下列条件……（二）能够满足招标文件的实质性要求，并且经评审的投标价格最低，但是投标价格低于成本的除外。”《评标委员会和评标方法暂行规定》（国家计委等七部委第12号令）第二十一条规定：“在评标过程中，评标委员会发现投标人的报价明显低于其他投标报价或者在设有标底时明显低于标底的，使得其投标报价可能低于其个别成本的，应当要求该投标人做出书面说明并提供相关证明材料。投标人不能合理说明或者不能提供相关证明材料的，由评标委员会认定该投标人以低于成本报价竞标，其投标应作为废标处理。”根据上述法律、规章的规定，特别要求投标人的投标报价不得低于成本。

（3）投标报价要以招标文件中设定的承发包双方责任划分，作为考虑投标报价费用项目和费用计算的基础，承发包双方的责任划分不同，会导致合同风险不同的分摊，从而导致投标人选择不同的报价；根据工程承发包模式考虑投标报价的费用内容和计算深度。

（4）以施工方案、技术措施等作为投标报价计算的基本条件；以反映企业技术和管理水平的企业定额作为计算人工、材料和机械台班消耗量的基本依据；充分利用现场考察、调研成果、市场价格信息及行情资料，编制基础标价。

（5）报价计算方法要科学严谨，简明适用。

6.4.2.2 投标报价的编制依据

《清单计价规范》规定，投标报价应根据下列依据编制：

（1）工程量清单计价规范。

（2）国家或省级、行业建设主管部门颁发的计价办法。

（3）企业定额，国家或省级、行业建设主管部门颁发的计价定额。

（4）招标文件、工程量清单及其补充通知、答疑纪要。

（5）建设工程设计文件及相关资料。

（6）施工现场情况、工程特点及拟定的投标施工组织设计或施工方案。

（7）与建设项目相关的标准、规范等技术资料。

（8）市场价格信息或工程造价管理机构发布的工程造价信息。

（9）其他的相关资料。

6.4.3 投标报价的编制方法与内容

投标报价的编制过程，应首先根据招标人提供的工程量清单编制分部分项工程量清单计价表，措施项目清单计价表，其他项目清单计价表，规费、税金项目清单计价表，计算完毕之后，汇总得到单位工程投标报价汇总表，再层层汇总，分别得出单项工程投标报价汇总表和工程项目投标总价汇总表，全部过程如图 6-3 所示。在编制过程中，投标人应按招标人提供的工程量清单填报价格。填写的项目编码、项目名称、项目特征、计量单位、工程量必须与招标人提供的相一致。

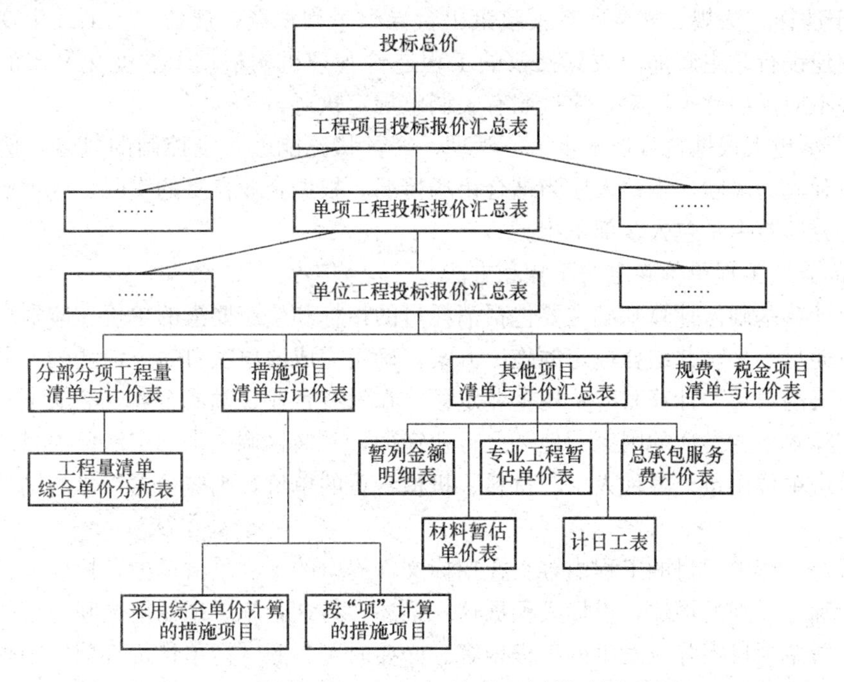

图 6-3 建设项目施工投标工程量清单报价流程图

（1）分部分项工程量清单与计价表的编制。承包人投标价中的分部分项工程费应按照招标文件中分部分项工程量清单项目的特征描述确定综合单价计算。所以，确定综合单价是分部分项工程工程量清单与计价表编制过程中最主要的内容。分部分项工程量清单综合单价，包括完成单位分部分项工程所需的人工费、材料费、机械使用费、管理费、利润，并考虑风险费用的分摊。

分部分项工程综合单价 = 人工费 + 材料费 + 机械使用费 + 管理费 + 利润　（6-1）

1）确定分部分项工程综合单价时的注意事项

①以项目特征描述为依据。确定分部分项工程量清单项目综合单价的最重要的依据之一是该清单项目的特征描述，投标人投标报价时应根据招标文件中分部分项工程量清单项目的特征描述确定清单项目的综合单价。在招标投标过程中，当出现招标文件中分部分项工程量清单特征描述与设计图纸不一致时，投标人应以分部分项工程量清单的项目特征描述为准，确定投标报价的综合单价。当施工中施工图纸或设计变更与工程量清单项目特征描述不一致时，发、承包双方应按实际施工的项目特征，依据合同约定重新确定综合单价。

②材料暂估价的处理。招标文件中在其他项目清单中提供了暂估单价的材料，应按其暂估的单价计入分部分项工程量清单项目的综合单价中。

③应包括承包人承担的合理风险。招标文件中要求投标人承担的风险费用，投标人应考虑进入综合单价。在施工过程中，当出现的风险内容及其范围（幅度）在招标文件规定的范围（幅度）内时，综合单价不得变动，工程价款不做调整。根据国际惯例并结合我国社会主义市

场经济条件下的工程建设特点，承发包双方对工程施工阶段的风险宜采用如下分摊原则：

A. 对于主要由市场价格波动导致的价格风险，例如工程造价中的建筑材料、燃料等价格风险，承发包双方应当在招标文件中或者在合同中对此类风险的范围和幅度予以明确约定，进行合理分摊。根据工程特点及工期要求，建议可一般采取的方式是承包人承担5%以内的材料价格风险，10%以内的施工机械使用费风险。

B. 对于法律、法规、规章或有关政策出台导致工程税金、规费、人工发生变化，并由省级、行业建设行政主管部门或其授权的工程造价管理机构根据上述变化发布的政策性调整，承包人不应承担此类风险，应按照有关调整规定执行。

C. 对于承包人根据自身技术水平、管理、经营状况能够自主控制的风险，例如承包人的管理费、利润的风险，承包人应当结合市场情况，根据企业自身的实际，合理确定、自主报价，该部分风险由承包人全部承担。

2）分部分项工程单价确定的步骤和方法

①确定计算基础。计算基础主要包括消耗量的指标和生产要素的单价。应根据本企业的企业实际消耗量水平，并结合拟定的施工方案，确定完成清单项目需要消耗的各种人工、材料、机械台班的数量。计算时应采用企业定额，在没有企业定额或企业定额缺项时，可参照与本企业实际水平相类似的国家、地区、行业定额，并通过调整来确定清单项目的人工、材料、机械台班单位用量。各种人工、材料、机械台班的单价，则应根据询价的结果及市场行情综合确定。

②分析每一清单项目的工程内容。在招标文件提供的工程量清单中，招标人已对项目特征进行了准确、详细的描述，投标人根据这一描述，再结合施工现场情况和拟定的施工方案确定完成各清单项目实际应发生的工程内容。必要时可参照《清单计价规范》中提供的工程内容，有些特殊的工程也可能发生规范列表之外。

③计算工程内容的工程数量与清单单位含量。每一项工程内容都应根据所选定额的工程量计算规则计算其工程数量，当定额的工程量计算规则和清单的工程量计算规则相一致时，可直接以工程量清单中的工程量作为工程内容的工程数量。

当采用清单单位含量计算人工费、材料费、机械使用费时，还需要计算每一计量单位的清单项目所分摊的工程内容的工程数量，即清单单位含量。

$$\text{清单单位含量} = \frac{\text{某工程内容的定额工程量}}{\text{清单工程量}} \tag{6-2}$$

④分部分项工程人工、材料、机械费用的计算。以完成每一计量单位的清单项目所需的人工、材料、机械用量为基础计算，即：

$$\text{每一计量单位清单项目某种资源的使用量} = \text{该种资源的定额单位用量} \times \text{相应定额条目的清单单位含量} \tag{6-3}$$

再根据预先确定的各种生产要素的单位价格可计算出每一计量单位清单项目的分部分项工程的人工费、材料费与机械使用费。

$$\text{人工费} = \text{完成单位清单项目所需人工的工日数量} \times \text{每工日的人工日工资单价} \tag{6-4}$$

$$\text{材料费} = \sum \text{完成单位清单项目所需各种材料、半成品的数量} \times \text{各种材料、半成品单价} \tag{6-5}$$

$$\text{机械使用费} = \sum \text{完成单位清单项目所需各种机械的台班数量} \times \text{各种机械的台班单价} \tag{6-6}$$

当招标人提供的其他项目清单中列出了材料暂估价时，应根据招标提供的价格计算材料费，并在分部分项工程量清单与计价表中表现出来。

⑤计算综合单价。管理费和利润的计算可按照人工费、材料费、机械费之和，按照一定的费率取费计算。

$$管理费=(人工费+材料费+机械使用费)\times管理费费率(\%) \tag{6-7}$$

$$利润=(人工费+材料费+机械使用费+管理费)\times利润率(\%) \tag{6-8}$$

将五项费用汇总之后，并考虑合理的风险费用后，即可得到分部分项工程量清单综合单价。

根据计算出的综合单价，可编制分部分项工程量清单与计价分析表，见表 6-1。

表 6-1　分部分项工程量清单与计价表

工程名称：××中学教师住宅工程　　　　标段：　　　　第　页　共　页

序号	项目编码	项目名称	项目特征描述	计量单位	工程量	金额（元）		
						综合单价	合价	其中：暂估价
			…					
		A.4 混凝土及钢筋混凝土工程						
6	010403001001	基础梁	C30 混凝土基础梁，梁底标高 −1.55m，梁截面 300mm × 600mm，250mm×500mm	m	208	356.14	74077	
7	010416001001	现浇混凝土钢筋	螺纹钢 Q235，ϕ14	t	98	5857.16	574002	490000
			…					
		分部小计					2532419	490000
合计							3758977	1000000

3）工程量清单综合单价分析表的编制。我国目前主要采用经评审的合理低标价法进行评标，为表明分部分项工程量综合单价的合理性，投标人应对其进行单价分析，以此作为评标时判断综合单价合理性的主要依据。

综合单价分析表的编制应反映出上述综合单价的编制过程，并按照规定的格式进行，见表 6-2。

表 6-2　工程量清单综合单价分析表

工程名称：××中学教师住宅工程　　　　标段：　　　　第　页　共　页

项目编码		010416001001		项目名称		现浇混凝土钢筋		计量单位		t	
清单综合单价组成明细											
定额编号	定额名称	定额单位	数量	单价（元）				合价（元）			
				人工费	材料费	机械费	管理费和利润	人工费	材料费	机械费	管理费和利润
AD0899	现浇螺纹钢筋制安	t	1.000	294.75	5397.70	62.42	102.29	294.75	5397.70	62.42	102.29
人工单价				小计				294.75	5397.70	62.42	102.29
38 元/工日				未计价材料费							
清单项目综合单价								5857.16			

续表

材料费明细	主要材料名称、规格、型号	单位	数量	单价（元）	合价（元）	暂估单价（元）	暂估合价（元）
	螺纹钢 Q235，ϕ14	t	1.07			5000.00	5350.00
	焊　条	kg	8.64	4.00	34.56		
	其他材料费				13.14		
	材料费小计				47.70		5350.00

（2）措施项目清单与计价表的编制。编制内容主要是计算各项措施项目费用，措施项目费应根据招标文件中的措施项目清单和投标时拟定的施工组织设计或施工方案按不同报价方式自主报价。计算时应遵循以下原则：

1）投标人可根据工程实际情况结合施工组织设计，自主确定措施项目费。对招标人所列的措施项目可以进行增补。这是由于各投标人拥有的施工装备、技术水平和采用的施工方法有所不同，招标人提出的措施项目清单是根据一般情况确定的，没有考虑不同投标人的“个性”，投标人投标时应根据自身编制的投标施工组织设计或施工方案确定措施项目，对招标人提供的措施项目进行调整。投标人根据投标施工组织设计或施工方案调整和确定的措施项目应通过评标委员会的评审。

2）措施项目清单计价应根据拟建工程的施工组织设计，可以计算工程量的措施项目，应按分部分项工程量清单的方式采用综合单价计价（表 6-3）；无法计算工程量的措施项目，可以以“项”为单位的方式计价，应包括除规费、税金外的全部费用（表 6-4）。

表 6-3　措施项目清单与计价表（一）

工程名称：××中学教师住宅工程　　　　标段：　　　　　　第　页　共　页

序号	项目编码	项目名称	项目特征描述	计量单位	工程量	金额（元）	
						综合单价	合价
1	AB001	现浇混凝土平板模板及支架	矩形板，支模高度 3m	m^2	1200	18.37	22044
2	AB002	现浇钢筋混凝土有梁板及支架	矩形梁，断面200mm×400mm，梁底支模高度2.6m，板底支模高度 3m	m^2	1500	23.97	35955
			…				
本页小计							195998
合　计							195998

表 6-4　措施项目清单与计价表（二）

工程名称：××中学教师住宅工程　　　　标段：　　　　　　第　页　共　页

序号	项　目　名　称	计算基础	费率（%）	金额（元）
1	安全文明施工费	人工费	30	222742
2	夜间施工费	人工费	1.5	11137
3	二次搬运费	人工费	1	7425
4	冬雨期施工	人工费	0.6	4455

续表

序号	项 目 名 称	计算基础	费率（%）	金额（元）
5	大型机械设备进出场及安拆费			13500
6	施工排水			2500
7	施工降水			17500
8	地上、地下设施，建筑物的临时保护设施			2000
9	已完工程及设备保护			6000
10	各专业工程的措施项目			255000
(1)	垂直运输机械			105000
(2)	脚手架			150000
合 计				542259

3）措施项目清单中的安全文明施工费应按照国家或省级、行业建设主管部门的规定计价，不得作为竞争性费用。清单计价规范规定，措施项目清单中的安全文明施工费应按照国家或省级、行业建设主管部门的规定费用标准计价，招标人不得要求投标人对该项费用进行优惠，投标人也不得将该项费用参与市场竞争。

（3）其他项目与清单计价表的编制。其他项目费主要包括暂列金额、暂估价、计日工以及总承包服务费（表6-5）。投标人对其他项目费投标报价时应遵循以下原则：

1）暂列金额应按照其他项目清单中列出的金额填写，不得变动（表6-6）。

2）暂估价不得变动和更改。暂估价中的材料暂估价必须按照招标人提供的暂估单价计入分部分项工程费用中的综合单价（表6-7）；专业工程暂估价必须按照招标人提供的其他项目清单中列出的金额填写（表6-8）。材料暂估单价及专业工程暂估价均是由招标人提供，为暂估价格，在工程实施过程中，对于不同类型的材料与专业工程采用不同的计价方法。

表6-5 其他项目清单与计价汇总表

工程名称：××中学教师住宅工程　　　　标段：　　　　第 页 共 页

序 号	项目名称	计量单位	金额（元）
1	暂列金额	项	300000
2	暂估价		100000
2.1	材料暂估价		—
2.2	专业工程暂估价	项	100000
3	计日工		20210
4	总承包服务费		15000
合 计			435210

表6-6 暂列金额明细表

工程名称：××中学教师住宅工程　　　　标段：　　　　第 页 共 页

序号	项 目 名 称	计量单位	暂定金额（元）	备 注
1	工程量清单中工程量偏差和设计变更	项	100000	
2	政策性调整和材料价格风险	项	100000	
3	其 他	项	100000	
合 计			300000	

表 6-7　材料暂估单价表

工程名称：××中学教师住宅工程　　　　标段：　　　　　　　　　　第　页　共　页

序号	材料名称、规格、型号	计量单位	单价（元）	备　注
1	钢筋（规格、型号综合）	t	5000	用在所有现浇混凝土钢筋清单项目

表 6-8　专业工程暂估价表

工程名称：××中学教师住宅工程　　　　标段：　　　　　　　　　　第　页　共　页

序号	工程名称	工程内容	金额（元）	备　注
1	入户防盗门	安　装	100000	
合　计			100000	—

①招标人在工程量清单中提供了暂估价的材料和专业工程属于依法必须招标的，由承包人和招标人共同通过招标确定材料单价与专业工程中标价。

②若材料不属于依法必须招标的，经发、承包双方协商确认单价后计价。

③若专业工程不属于依法必须招标的，由发包人、总承包人与分包人按有关计价依据进行计价。

3）计日工应按照其他项目清单列出的项目和估算的数量，自主确定各项综合单价并计算费用（表 6-9）。

表 6-9　计日工表

工程名称：××中学教师住宅工程　　　　标段：　　　　　　　　　　第　页　共　页

序号	项　目　名　称	单位	暂定数量	综合单价(元)	合价(元)
一	人　工				
1	普　工	工日	200	35	7000
2	技工（综合）	工日	50	50	2500
人工小计					9500
二	材　　料				
1	钢筋（规格、型号综合）	t	1	5500	5500
2	水泥 42.5	t	2	571	1142
3	中　　砂	m^3	10	83	830
4	砾石（5～40mm）	m^3	5	46	230
5	页岩砖（240mm×115mm×53mm）	千匹	1	340	340
材料小计					8042
三	施工机械				
1	自升式塔式起重机（起重力矩 1250kN·m）	台班	5	526.20	2631
2	灰浆搅拌机（400L）	台班	2	18.38	37
施工机械小计					2668
总　　计					20210

4）总承包服务费应依据招标人在招标文件中列出的分包专业工程内容和供应材料、设备情况，按照招标人提出的协调、配合与服务要求和施工现场管理需要自主确定（表 6-10）。

表 6-10　总承包服务费用计价表

工程名称：××中学教师住宅工程　　　　　标段：　　　　　　　　　　第　页　共　页

序号	项目名称	项目价值（元）	服务内容	费率（%）	金额（元）
1	发包人发包专业工程	100000	1. 按专业工程承包人的要求提供施工工作面并对施工现场进行统一管理，对竣工资料进行统一整理汇总 2. 为专业工程承包人提供垂直运输机械和焊接电源接入点，并承担垂直运输费和电费 3. 为防盗门安装后进行补缝和找平并承担相应费用	5	5000
2	发包人供应材料	1000000	对发包人供应的材料进行验收及保管和使用发放	1	10000
合　计					15000

（4）规费、税金项目清单与计价表的编制。规费和税金具有强制性，所以，投标人在投标报价时必须按照国家或省级、行业建设主管部门的有关规定计算，见表 6-11。

表 6-11　规费、税金项目清单与计价表

工程名称：××中学教师住宅工程　　　　　标段：　　　　　　　　　　第　页　共　页

序号	项目名称	计算基础	费率（%）	金额（元）
1	规　费			
1.1	工程排污费	按工程所在地环保部门规定按实计算		
1.2	社会保障费	（1）＋（2）＋（3）		163353
（1）	养老保险费	人工费	14	103946
（2）	失业保险费	人工费	2	14894
（3）	医疗保险费	人工费	6	44558
1.3	住房公积金	人工费	6	44558
1.4	危险作业意外伤害保险	人工费	0.5	3712
1.5	工程定额测定费	税前工程造价	0.14	10473
2	税　金	分部分项工程费＋措施项目费＋其他项目费＋规费	3.41	262664
合　　计				484760

（5）投标价的汇总。投标人的投标总价应当与构成工程量清单的分部分项工程费、措施项目费、其他项目费和规费、税金的合计金额相一致，即投标人在进行工程量清单招标的投标报价时，不能进行投标总价降价（或优惠、让利），投标人对投标报价的任何降价（或优惠、让利）均应反映在相应清单项目的综合单中。

6.4.4　投标报价的策略

投标策略是指投标人在投标竞争中的系统工作部署及其参与投标竞争的方式和手段。投标策略作为投标取胜的方式、手段和艺术，贯穿于投标竞争的始终，内容十分丰富。常用的投标策略主要有：

（1）根据招标项目的不同特点采用不同报价

投标报价时，既要考虑自身的优势和劣势，也要分析招标项目的特点。按照工程项目的不同特点、类别、施工条件等来选择报价的策略。

1）遇到如下情况报价可高一些：施工条件差的工程，专业要求高的技术密集型工程，而投标人在这方面又有专长，声望也较高；总价低的小工程，以及自己不愿做又不方便不投标的工程；特殊的工程，例如港口码头、地下开挖工程等；工期要求急的工程；投标竞争对手少的工程；支付条件不理想的工程。

2）遇到如下情况报价可低一些：施工条件好的工程；工作简单、工程量大而其他投标人都可以做的工程；投标人目前急于打入某一市场、某一地区，或在该地区面临工程结束，机械设备等无工地转移时；投标人在附近有工程，而本项目又可利用该工程的设备、劳务，或有条件短期内突击完成的工程；投标竞争对手多，竞争激烈的工程；非常急需工程；支付条件好的工程。

（2）不平衡报价法

这一方法是指一个工程项目总报价基本确定后，通过调整内部各个项目的报价，以期既不提高总报价、不影响中标，又能在结算时得到更理想的经济效益。一般可以考虑在以下几个方面采用不平衡报价：

1）能够早日结算的项目（如前期措施费、基础工程、土石方工程等）可以适当提高报价，以利于资金周转，提高资金时间价值。后期工程项目如设备安装、装饰工程等的报价可以适当降低。

2）经过工程量复核，预计今后工程量会增加的项目，单价可以适当提高，这样在最终结算时可多赢利。而将来工程量有可能减少的项目，降低单价，工程结算时损失不大。但是，上述两种情况要统筹考虑，具体分析后再定。

3）设计图纸不明确、估计修改后工程量要增加的，可以提高单价，而工程内容说明不清楚的，则可以降低一些单价，在工程实施阶段通过索赔再寻求提高单价的机会。

4）暂定项目又称为任意项目或选择项目，对这类项目要作具体分析。因为这一类项目要等开工后由发包人研究决定是否实施，以及由哪一家投标人实施。如果工程不分标，不会另由一家投标人施工，则其中肯定要施工的单价可高些，不一定要施工的则相应低一些。如果工程分标，即该暂定项目可能由其他投标人施工时，则不宜报高价，以免抬高总报价。

5）单价与包干混合制合同中，招标人要求有些项目采用包干报价时，宜报高价。一则这类项目多半有风险，二则这类项目在完成后可全部按报价结算，即可以全部结算回来。其余单价项目则可适当降低一些。

6）有时招标文件要求投标人对工程量较大的项目报“综合单价分析表”，投标时可将单价分析表中的人工费和机械设备费报得较高，而材料费报得较低。这主要是为了在今后补充项目报价时，可以参考选用“综合单价分析表”中较高的人工费及机械费，而材料费则往往采用市场价，因而可获得较高的收益。

（3）计日工单价的报价

如果是单纯报计日工单价，而且不计入总价中，可以报高些，以便在招标人额外用工或使用施工机械时可多赢利。但是如果计日工单价要计入总报价时，则需具体分析是否报高价，以免抬高总报价。总之，要分析招标人在开工后可能使用的计日工数量，再来确定报价方针。

（4）可供选择的项目的报价

对于有些工程项目的分项工程，招标人可能要求按某一方案报价，而后再提供几种可供选择方案的比较报价。投标时，应对不同规格情况下的价格都进行调查，对于将来有可能被选择使用的规格应适当提高其报价；对于技术难度大或其他原因导致难以实现的规格，可将价格有意抬得更高一些，来阻挠招标人选用。但是，所谓“可供选择项目”并非由投标人任意选择，而是只有招标人才有权进行选择。所以，虽然适当提高了可供选择项目的报价，并不意味着肯定可以取得较好的利润，只是提供了一种可能性，一旦招标人今后选用，投标人即可得到额外加价的利益。

（5）暂定金额的报价

暂定金额有三种：

1）招标人规定了暂定金额的分项内容和暂定总价款，并规定所有投标人都必须在总报价中加入这笔固定金额，但是由于分项工程量不是很准确，允许将来按投标人所报单价和实际完成的工程量付款。在这种情况下，由于暂定总价款是固定的，对各投标人的总报价水平竞争力没有任何影响，所以，投标时应当对暂定金额的单价适当提高。

2）招标人列出了暂定金额的项目的数量，但并没有限制这些工程量的估价总价款，要求投标人既要列出单价，也应按暂定项目的数量计算总价，当将来结算付款时可按实际完成的工程量和所报单价支付。在这种情况下，投标人必须慎重考虑。如果单价定得高了，同其他工程量计价一样，将会增大总报价，影响投标报价的竞争力；如果单价定得低了，将来这类工程量增大，将会影响收益。通常来说，这类工程量可以采用正常价格。如果投标人估计今后实际工程量肯定会增大，则可适当提高单价，使将来可增加额外收益。

3）只有暂定金额的一笔固定总金额，将来这笔金额做什么用，由招标人确定。这种情况对投标竞争没有实际意义，按招标文件要求将规定的暂定金额列入总报价即可。

（6）多方案报价法

对于一些招标文件，如果发现工程范围不很明确，条款不清楚或很不公正，或技术规范要求过于苛刻时，则要在充分估计投标风险的基础上，按多方案报价法处理，即是按原招标文件报一个价，然后再提出如某某条款做某些变动，报价可降低多少，由此可报出一个较低的价格。这样可以降低总价，以吸引招标人。

（7）增加建议方案

有时招标文件中规定，可以提一个建议方案，即可以修改原设计方案，提出投标者的方案。投标人这时应抓住机会，组织一批有经验的设计和施工工程师，对原招标文件的设计和施工方案仔细研究，提出更为合理的方案以吸引招标人，促成自己的方案中标。这种新建议方案可以降低总造价或是缩短工期，或使工程运用更为合理。但要注意，对原招标方案也一定要报价。建议方案不要写得太具体，要保留方案的技术关键，防止招标人将此方案交给其他投标人。同时要强调的是，建议方案一定要比较成熟，有很好的可操作性。

（8）分包商报价的采用

总承包商通常应在投标前先取得分包商的报价，并增加总承包商摊入的管理费，然后作为自己投标总价的一个构成部分一并列入报价单中。应当注意的是，分包商在投标前可能同意接受总承包商压低其报价的要求，但等到总承包商得标后，他们常以种种理由要求提高分包价格，这将使总承包商处于十分被动的地位。解决的办法是，总承包商在投标前找两三家分包商分别报价，而后选择其中一家信誉较好、实力较强和报价合理的分包商签订协议，同意该分包商作为本分包工程的唯一合作者，并将分包商的姓名列入投标文件中，但是要求该分包商提交投标保函。如果该分包商认为总承包商确实有可能得标，或许愿意接受这一条件。这种把分包商的利益同投标人捆在一起的做法，不但可以防止分包商事后反悔和涨价，还可能迫使分包时报出较合理的价格，以便共同争取中标。

(9) 许诺优惠条件

投标报价附带优惠条件是一种行之有效的手段。招标人评标时，除了主要考虑报价和技术方案外，还要分析其他条件，例如工期、支付条件等。所以在投标时主动提出提前竣工、低息贷款、赠给施工设备、免费转让新技术或某种技术专利、免费技术协作、代为培训人员等，都是吸引招标人、利于中标的辅助手段。

(10) 无利润报价

缺乏竞争优势的承包商，在无计可施的情况下，只好在报价时根本不去考虑利润而去夺标。这种办法一般是处于以下条件时采用：

1）有可能在中标后，将大部分工程分包给索价较低的一些分包商。

2）对于分期建设的项目，先以低价获得首期工程，然后赢得机会创造第二期工程中的竞争优势，并在以后的实施中赢利。

3）较长时期内，投标人没有在建的工程项目，如果再不得标，就难以维持生存。所以，虽然本工程无利可图，但只要能有一定的管理费来维持公司的日常运转，就可设法渡过暂时的困难，以图将来东山再起。

上岗工作要点

在掌握招标投标的基本内容及其基本程序的基础上，为工程项目的招标投标做好充分准备。

思考题

6-1 建设工程项目招标投标可分为哪几种？

6-2 建设工程项目招标投标的基本原则有哪些？

6-3 公开招标的优点有哪些？

6-4 施工招标单位应具备哪些条件？

6-5 标底对招标人控制工程造价具有什么作用？

6-6 审查标底的目的是什么？

6-7 投标报价的编制依据有哪些？

6-8 常用的投标策略主要有哪些？

习题

单选题：

6-1 我国法学界一般认为，招标投标的性质是（　　）。

A. 招标是要约，投标是承诺

B. 招标是邀请，投标是响应，中标通知书是承诺

C. 招标是要约邀请，投标是要约，中标通知书是承诺

D. 招标是要约邀请，投标是承诺，中标通知书是对投标承诺的承诺

6-2 下列有关招标项目标段划分的表述中，错误的是（　　）。

A. 标段不能划分太小，一般分解为分部工程进行招标

B. 若招标项目的几部分内容专业要求接近，则该项目可以考虑作为一个整体进行招标

C. 当承包商更能做好招标项目的协调管理工作时，应考虑整体招标

D. 标段划分要考虑项目在建设过程中的时间和空间的衔接

6-3 有助于承包商公平竞争，提高工程质量，缩短工期和降低建设成本的招标方式是(　　)。

A. 公开招标　　B. 邀请招标　　C. 邀请议标　　D. 有限竞争招标

6-4 工程量清单计价模式所采用的综合单价不含(　　)。

A. 管理费　　B. 利润　　C. 措施费　　D. 风险费

6-5 关于投标报价策略论述正确的有(　　)。

A. 工期要求紧但支付条件理想的工程应较大幅度提高报价

B. 施工条件好且工程量大的工程可适当提高报价

C. 一个建设项目总报价确定后，内部调整时，地基基础部分可适当提高报价

D. 当招标文件中部分条款不公正时，可采用增加建设方案法报价

6-6 符合性评审是指(　　)。

A. 审查工程材料和机械设备供应的技术性能是否符合设计技术要求

B. 对报价构成的合理性进行评审

C. 对施工方案的可行性进行评审

D. 审查投标文件是否响应招标文件的所有条款和条件，有无显著的差异或保留

6-7 招标人最迟应当在投标有效期结束日(　　)个工作日前确定。

A. 14　　B. 28　　C. 15　　D. 30

6-8 对投标报价校核，审查全部报价数据计算的正确性，分析报价构成的合理性等工作属于投标文件的(　　)。

A. 商务符合性评审　　B. 技术符合性评审　　C. 商务性评审　　D. 技术性评审

多选题：

6-9 我国施工招标文件部分内容的编写应遵循的规定有(　　)。

A. 明确投标有效时间不超过18天

B. 明确评标原则和评标方法

C. 招标文件的修改，可用各种形式通知所有招标文件收受人

D. 明确提前工期奖的计算办法

E. 明确投标保证金数额

6-10 编制标底价格需考虑的因素，包括(　　)。

A. 标底必须适应目标工期的要求，对提前工期因素有所反映

B. 标底必须适应招标方的质量要求，对高于国家施工及验收规范的质量因素有所反映

C. 标底价格应根据招标文件或合同条件的规定，按规定的工程发承包模式，确定相应的计价方式，考虑相应的风险费用

D. 标底必须适应建筑材料采购渠道和市场价格的变化，考虑材料差价因素，并将差价列入标底

E. 标底必须合理考虑招标工程的自然地理条件和招标工程范围等因素

6-11 无利润报价，一般是处于(　　)条件时采用。

A. 得标后，将大部分工程分包给索价较低的一些分包商

B. 希望二期工程中标，赚得利润

C. 希望修改设计方案

D. 希望改动某些条款

E. 较长时期内承包商没有在建工程，如再不中标，就难以生存

计算题：

6-12　某大型工程项目由政府投资建设，业主委托某招标代理公司代理施工招标。招标代理公司确定该项目采用公开招标方式招标，招标公告在当地政府规定的招标信息网上发布。招标文件中规定：投标担保可采用投标保证金或投标保函方式得保。评标方法采用经评审的最低投标价法。投标有效期为 60 天。

业主对招标代理公司提出以下要求：为了避免潜在的投标人过多，项目招标公告只在本市日报上发布，且采用邀请招标方式招标。

项目施工招标信息发布以后，共有 12 家潜在的投标人报名参加投标。业主认为报名参加投标的人数太多，为减少评标工作量，要求招标代理公司仅对报名的潜在投标人的资质条件、业绩进行资格审查。

开标后发现：

(1) A 投标人的投标报价为 8000 万元，为最低投标价，经评审后推荐其为中标候选人。

(2) B 投标人在开标后又提交了一份补充说明，提出可以降价 5%。

(3) C 投标人提交的银行投标保函有效期为 70 天。

(4) D 投标人投标文件的投标函盖有企业及企业法定代表人的印章，但没有加盖项目负责人的印章。

(5) E 投标人与其他投标人组成了联合体投标，附有各方资质证书，但没有联合体共同投标协议书。

(6) F 投标人投标报价最高，故 F 投标人在开标后第二天撤回了其投标文件。

经过标书评审，A 投标人被确定为中标候选人。发出中标通知书后，招标人和 A 投标人进行合同谈判，希望 A 投标人能再压缩工期、降低费用。经谈判后双方达成一致：不压缩工期，降价 3%。

问题：

1. 业主对招标代理公司提出的要求是否正确？说明理由。

2. 分析 A、B、C、D、E 投标人的投标文件是否有效？说明理由。

3. F 投标人的投标文件是否有效？对其撤回投标文件的行为应如何处理？

4. 该项目施工合同应该如何签订？合同价格应是多少？

6-13　某工业项目厂房主体结构工程的招标公告中规定，投标人必须为国有一级总承包企业，且近 3 年内至少获得过 1 项该项目所在省优质工程奖；若采用联合体形式投标，必须在投标文件中明确牵头人并提交联合投标协议，若某联合体中标，招标人将与该联合体牵头人订立合同。该项目的招标文件中规定，开标前投标人可修改或撤回投标文件，但开标后投标人不得撤回投标文件；采用固定总价合同，每月工程款在下月末支付；工期不得超过 12 个月，提前竣工奖为 30 万元/月，在竣工结算时支付。

承包商 C 准备参与该工程的投标。经造价工程师估算，总成本为 1000 万元，其中材料费占 60%。

预计在该工程施工过程中，建筑材料涨价10%的概率为0.3，涨价5%的概率为0.5，不涨价的概率为0.2。

假定每月完成的工程量相等，月利率按1%计算。

问题：

1. 该项目的招标活动中有哪些不妥之处？逐一说明理由。

2. 按预计发生的总成本计算，若希望中标后能实现3%的期望利润，不含税报价应为多少？该报价按承包商原估算总成本计算的利润率为多少？

3. 若承包商C以1100万元的报价中标，合同工期为11个月，合同工期内不考虑物价变化，承包商C工程款的现值为多少？

4. 若承包商C每月采取加速施工措施，可使工期缩短1个月，每月底需额外增加费用4万元，合同工期内不考虑物价变化，则承包商C工程款的现值为多少？承包商C是否应采取加速施工措施？

（注意：问题3和问题4的计算结果，均保留两位小数。）

第7章 建设项目施工阶段工程造价控制

> **重 点 提 示**
>
> 1. 了解施工阶段与工程造价的关系。
> 2. 熟悉工程变更与合同价款的调整。
> 3. 掌握工程索赔分析和计算。
> 4. 熟悉资金使用计划的编制和应用。

7.1 建设项目施工阶段与工程造价的关系

7.1.1 建设项目施工阶段与工程造价的关系

建设工程项目施工阶段是按照设计文件、图纸等要求，具体组织施工建造的阶段，即把设计蓝图付诸实现的过程。

在我国，建设工程项目施工阶段的造价管理一直是工程造价管理非常重要的内容。承包商通过施工生产活动来完成建设工程项目产品的实物形态，建设工程项目投资的绝大部分支出花费都在这一阶段上。由于建设工程项目施工是一个动态系统的过程，涉及环节较多、难度较大、多种多样；另外设计图纸、施工条件、市场价格等因素的变化都会直接影响到工程的实际价格；加上建设工程项目施工阶段是业主和承包商工作的中心环节，也是业主和承包商工程造价管理的中心，各类工程造价从业人员的主要造价工作就集中在这一阶段。因此，这一阶段的工程造价管理最为复杂，是工程造价确定与控制理论和方法的重点和难点所在。

建设工程项目施工阶段工程造价控制的目标，就是把工程造价控制在承包合同价或施工图预算之内，并且力求在规定的工期内生产出质量好、造价低的建设（或建筑）产品。

7.1.2 建设项目施工阶段工程造价控制

7.1.2.1 建设项目施工阶段工程造价的确定

建设工程项目施工阶段工程造价的确定，就是在工程施工阶段按照承包人实际完成的工程量，依据合同价为基础，同时考虑因物价上涨因素所引起的造价提高，考虑到设计中难以预计的而在施工阶段实际发生的工程变更和费用，合理确定工程的结算价款。

7.1.2.2 建设项目施工阶段工程造价的控制

建设工程项目施工阶段工程造价的控制是建设工程项目全过程造价控制不可缺少的重要一环，造价管理者在施工阶段进行造价控制的基本原理就是把计划投资额作为造价（投资）控制的目标值，在工程施工过程中定期地进行造价实际值和目标值的比较，通过比较发现并找出实际支出额和造价控制目标值之间的偏差，分析产生偏差的原因，并采取有效措施加以控制，来保证造价控制目标的实现。

在这一阶段应努力做好如下工作：认真做好建设工程项目招标投标工作，严格定额管理，严格按照合同约定拨付工程进度款，严格控制工程的变更，及时处理施工索赔工作，加强价格信息的管理，了解市场价格的变动等。

7.1.2.3　建设项目施工阶段工程造价的程序

建设工程项目施工阶段的涉及面广泛，涉及的人员很多，与造价控制有关的工作也很多，现对实际情况加以适当简化，列出施工阶段的造价控制工作流程图，如图7-1所示。

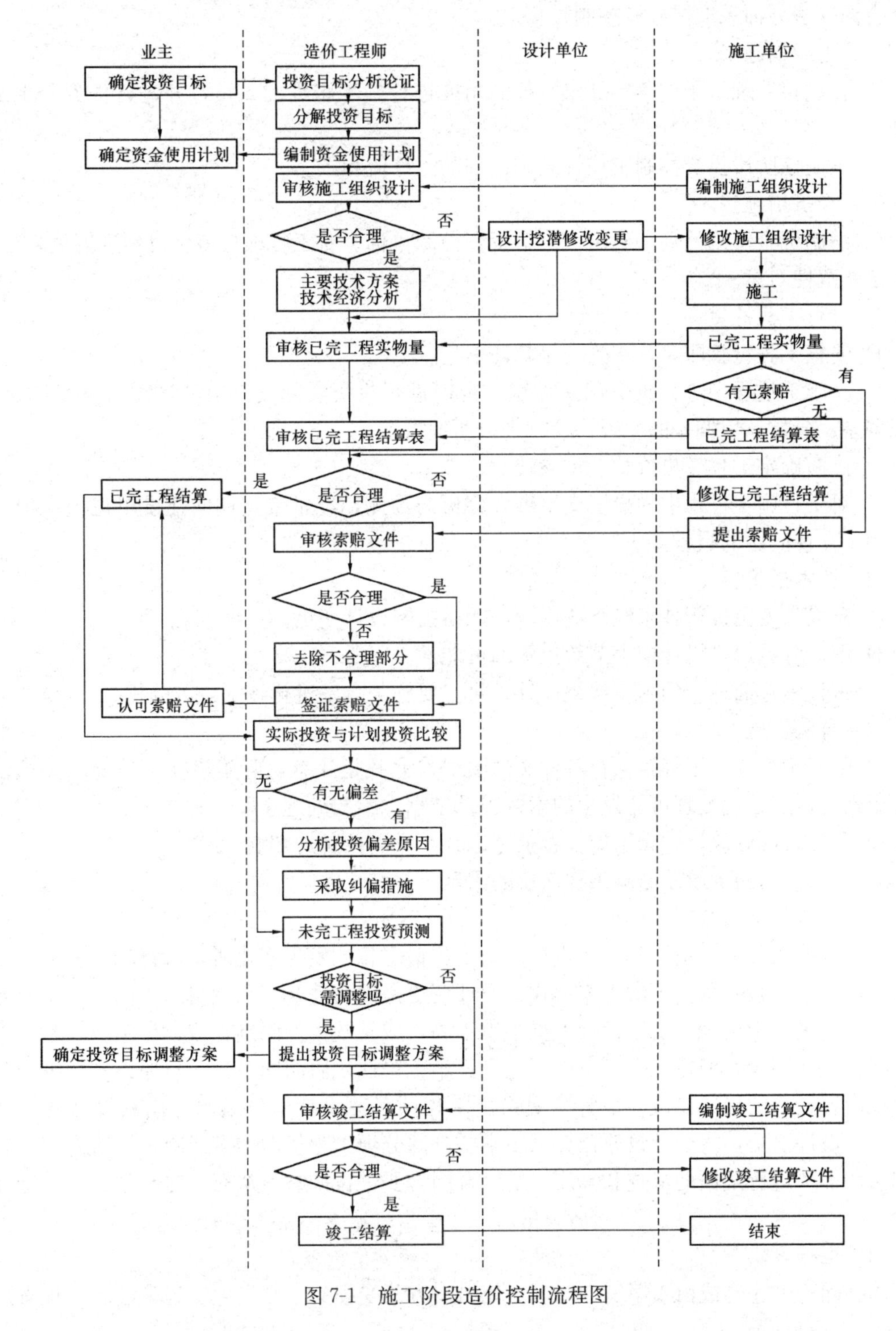

图7-1　施工阶段造价控制流程图

7.1.2.4 建设项目施工阶段工程造价控制的措施

一般来讲，建设工程项目的投资主要发生在施工阶段，在这一阶段需要投入大量的人力、物力、资金等，是建设项目费用消耗最多的时期，浪费投资的可能性也比较大。所以，精心地组织施工，挖掘各方面的潜力，节约资源消耗，可以收到节约资源的显著效果。对施工阶段的投资应给予足够的重视，单靠控制工程款的支付是不够的，还应从组织、经济、技术、合同等多方面采取措施，控制投资。

（1）组织措施

1）在项目管理班子中落实从投资控制角度进行施工跟踪的人员，并进行任务分工及职能分工。

2）编制该阶段投资控制工作计划和详细的工作流程图。

（2）经济措施

1）编制资金使用计划，确定、分解投资控制目标。对工程项目造价目标进行风险分析，并制定防范性对策。

2）进行工程计量。

3）复核工程付款账单，并签发付款证书。

4）在施工过程中进行投资跟踪控制，定期进行投资实际支出值和计划目标值的比较，发现偏差，分析产生偏差的原因，及时采取纠偏措施。

5）协商确定工程变更价款，审核竣工结算。

6）对工程施工过程中的投资支出做好分析与预测，经常或定期向建设单位提交项目投资控制及存在问题的报告。

（3）技术措施

1）对设计变更进行技术经济的比较，严格控制设计变更。

2）继续寻找通过设计挖潜节约投资的可能性。

3）审核承包商编制的施工组织设计，对主要施工方案进行技术经济分析。

（4）合同措施

1）做好工程施工记录，保存各种文件图纸，尤其是注有实际施工变更情况的图纸，注意收集素材，为正确处理可能发生的索赔提供依据，参与处理索赔事宜。

2）参与合同修改、补充工作，着重考虑其对投资控制的影响。

7.1.3 建设项目施工阶段影响工程造价的因素

（1）工程变更与合同价调整

当工程的实际施工情况和招标投标时的工程情况相比发生变化时，就意味着发生了工程变更。设计变更是工程变更的主要形式。设计变更是因为建筑工程项目施工图在技术交底会议上或现场施工中出现的由于设计人员构思不周，或某些条件限制，或建设单位、施工单位的某些合理化建议，经过三方（设计、建设、施工单位）协商同意，而对原设计图纸的某些部位或内容进行的局部修改。设计变更是由工程项目原设计单位编制并出具设计变更通知书。由于设计变更，将会导致原预算书中某些分部分项工程量的增多或减少，所有相关的原合同文件都要进行全面的审查和修改，所以合同价要进行调整，从而引起工程造价的增加或减少。

（2）工程索赔

当合同一方违约或由于第三方原因，使另一方蒙受损失，则发生工程索赔。工程索赔发生后，工程造价必然会受到严重的影响。

（3）工期

工期与工程造价有着对立统一的关系，加快工期需要增加投入，而延缓工期则会导致管理费的提高，进一步影响工程造价。这些都会影响工程造价。

（4）工程质量

工程质量与工程造价也有着对立统一的关系，工程质量有较高的要求，则应作财务上的准备，较多地增加投入。而工程质量降低，就意味着故障成本的提高。

（5）人力及材料、机械设备等资源的市场供求规律的影响

供求规律是商品供给和需求的变化规律。供求规律要求社会总劳动应按社会需求分配于国民经济的各个部门。如果这一规律不能得到实现，就会产生供求不平衡，从而影响价格，进而会影响工程造价。

（6）材料代用

材料代用是指设计图中所采用的某种材料规格、型号或品牌不能适应工程质量要求，或难以订货采购，或没有库存一时很难订货，工艺上又不允许等待，经施工单位提出，设计单位同意用相近材料代用，并签发代用材料通知单，所引起的材料用量或价格的增减。显然材料代换也会影响工程造价。

7.2 工程变更与合同价款调整

7.2.1 我国现行合同条款下的工程变更

7.2.1.1 工程变更的范围和内容

在履行合同中发生以下情形之一的，经发包人同意，监理人可按照合同约定的变更程序向承包人发出变更指示：

（1）取消合同中任何一项工作，但被取消的工作不能转由发包人或者其他人实施，此项规定是为了维护合同公平，防止一些发包人在签约后擅自取消合同中的工作，转由发包人或者其他承包人实施而使本合同承包人蒙受损失。如发包人将取消的工作转由自己或者其他人实施，就构成违约，按照《中华人民共和国合同法》的规定，发包人应赔偿承包人损失。

（2）改变合同中任何一项工作的质量或其他特性。

（3）改变合同工程的基线、标高、位置或尺寸。

（4）改变合同中任何一项工作的施工时间或改变已批准的施工工艺或顺序。

（5）为完成工程需要追加的额外工作。

在履行合同过程中，经发包人同意，监理人可按照约定的变更程序向承包人作出变更指示，承包人应该遵照执行。没有监理人的变更指示，承包人不得擅自变更。

7.2.1.2 变更程序

在合同履行过程中，监理人发出变更指示包括下列三种情形：

（1）监理人认为可能要发生变更的情形

在合同履行过程中，可能发生上述变更情形的，监理人可向承包人发出变更意向书。变更意向书应说明变更的具体内容及发包人对变更的时间要求，并附必要的图纸和相关资料。变更意向书应要求承包人提交包括拟实施变更工作的计划、措施及竣工时间等内容的实施方案。发包人同意承包人根据变更意向书要求提交的变更实施方案的，由监理人发出变更指

示。若承包人收到监理人的变更意向书后认为难以实施此项变更，应立即通知监理人，说明原因并附详细的依据。监理人与承包人和发包人协商后确定撤销、改变或不改变原变更意向书。

（2）监理人认为发生了变更的情形

在合同履行过程中，发生合同约定的变更情形的，监理人应向承包人发出变更指示。变更指示应说明变更的目的、范围、变更内容以及变更的工程量及其进度和技术要求，并附相关图纸和文件。承包人收到变更指示后，应按变更指示进行变更工作。

（3）承包人认为可能要发生变更的情形

承包人收到监理人按合同约定发出的图纸和文件，经检查认为其中存在变更情形的，可向监理人提出书面变更建议。变更建议应阐明要求变更的依据，并附必要的图纸和说明。监理人收到承包人书面建议后，应与发包人共同研究，确认存在变更的，应在收到承包人书面建议后的 14 天内做出变更指示。经研究后不同意作为变更的，应由监理人书面答复承包人。

无论何种情况确认的变更，变更指示只能由监理人发出。变更指示应说明变更的目的、范围、变更内容以及变更的工程量及其进度和技术要求，并附有关图纸和文件。承包人收到变更指示后，应按变更指示进行变更工作。

7.2.1.3 变更估价

（1）变更估价的程序

承包人应在收到变更指示或变更意向书后的 14 天内，向监理人提交变更报价书，报价内容应根据变更估价原则，详细开列变更工作的价格组成及其依据，并附必要的施工方法说明和有关图纸。变更工作影响工期的，承包人应提出调整工期的具体细节。监理人认为有必要时，可要求承包人提交要求提前或延长工期的施工进度计划及相应施工措施等详细资料。监理人收到承包人变更报价书后的 14 天内，根据变更估价原则，商定或确定变更价格。

（2）变更估价的原则

因变更引起的价格调整按照下列原则处理：

1）已标价工程量清单中有适用于变更工作子目的，采用该子目的单价。此种情况适用于变更工作采用的材料、施工工艺和方法与工程量清单中已有子目相同，同时也不因变更工作增加关键线路工程的施工时间。

2）已标价工程量清单中无适用于变更工作子目但有类似子目的，可在合理范围内参照类似子目的单价，由发、承包双方商定或确定变更工作的单价。这种情况适用于变更工作采用的材料、施工工艺和方法与工程量清单中已有子目基本相似，同时也不因变更工作增加关键线路上工程的施工时间。

3）已标价工程量清单中没有适用或类似子目的单价，可以按照成本加利润的原则，由发、承包双方商定或确定变更工作的单价。

4）由于分部分项工程量清单漏项或非承包人原因的工程变更，引起措施项目发生变化，造成施工组织设计或施工方案变更，原措施费中已有的措施项目，按照原措施费的组价方法调整；原措施费中没有的措施项目，由承包人根据措施项目变更情况，提出适当的措施费变更，经发包人确认后调整。

变更的确认、指示和估价的过程如图 7-2 所示。

7.2.1.4 承包人的合理化建议

在履行合同过程中，承包人对发包人提供的图纸、技术要求以及其他方面提出的合理化

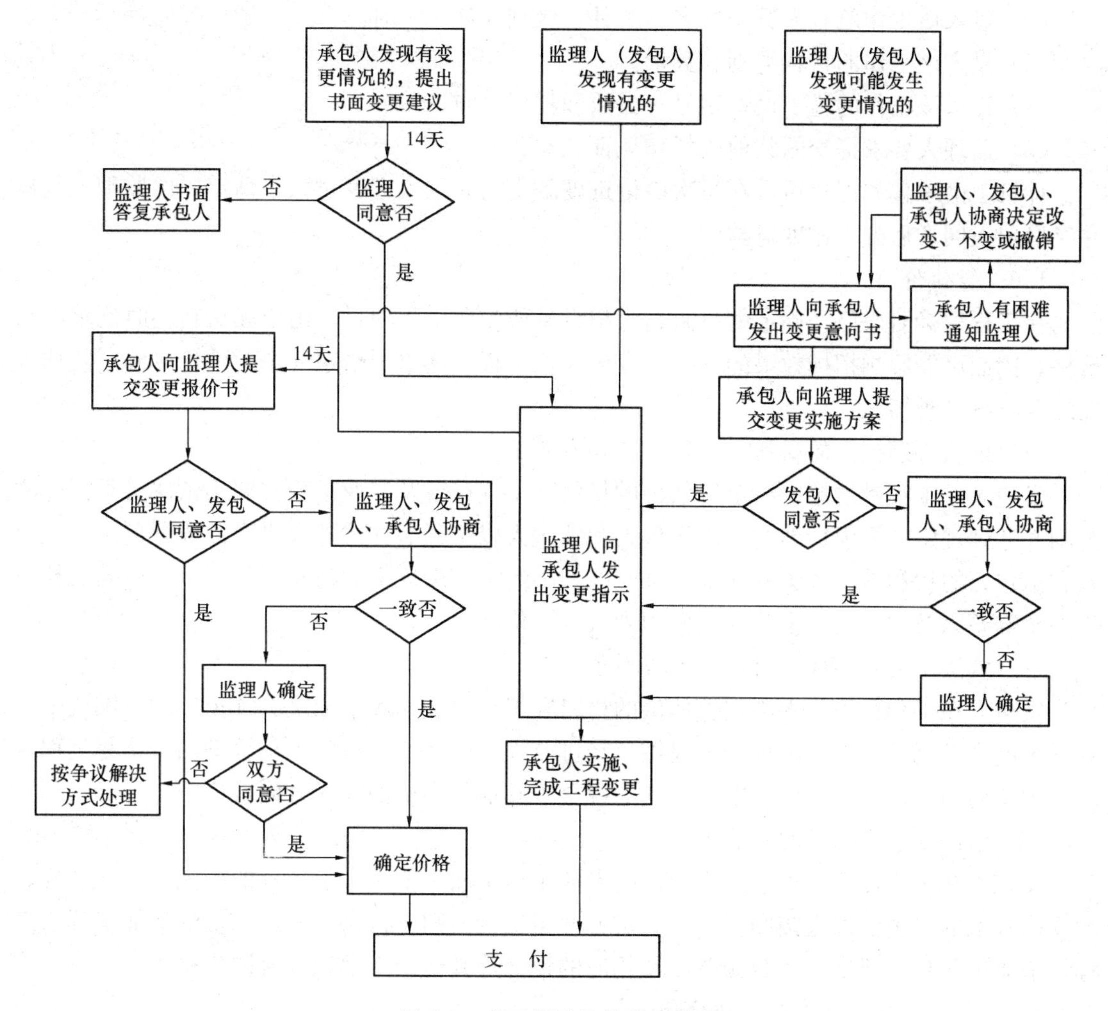

图 7-2　变更指示及估价的程序

建议，均应以书面形式提交给监理人。合理化建议书的内容应包括建议工作的详细说明、进度计划和效益以及与其他工作的协调等，并附必要的文件说明。监理人应与发包人协商是否采纳建议。建议被采纳并发生变更的，监理人应向承包人发出变更指示。

承包人提出的合理化建议降低了合同价格、缩短了工期或者提高了工程经济效益的，发包人可依据国家有关规定在专用合同条款中约定给予奖励。

7.2.1.5　暂列金额与计日工

暂列金额只能按照监理人的指示使用，并对合同价格进行相应的调整。尽管暂列金额列入合同价格，但并不属于承包人所有，也不必然发生。只有按照合同约定实际发生后，才能成为承包人的应得金额，纳入合同结算价款中。扣除实际发生额后的暂列金额的余额仍属于发包人所有。

发包人认为有必要时，由监理人通知承包人以计日工方式实施变更的零星工作，其价款按列入已标价工程量清单中的计日工计价子目及其单价进行计算。采用计日工计价的任何一项变更工作，应从暂列金额中支付，承包人应在该项变更的实施过程中，每天提交以下报表及相关凭证报送监理人审批：

（1）工作名称、内容和数量。

（2）投入该工作所有人员的姓名、工种、级别和耗用工时。

（3）投入该工作的材料类别和数量。

（4）投入该工作的施工设备型号、台数和耗用台时。

（5）监理人要求提交的其他资料和凭证。

计日工由承包人汇总后，在每次申请进度款支付时列入进度付款申请单，由监理人复核并经发包人同意后列入进度付款中。

7.2.1.6　暂估价

在工程招标阶段已经确定的材料、工程设备或专业工程项目，由于无法在当时确定准确价格，因而可能影响招标效果的，可由发包人在工程量清单中给定一个暂估价。确定暂估价实际开支分三种情况：

（1）依法必须招标的材料、工程设备和专业工程

发包人在工程量清单中给定暂估价的材料、工程设备及专业工程都属于依法必须招标的范围并达到规定的规模标准的，由发包人和承包人以招标的方式选择供应商或分包人。发包人和承包人的权利与义务关系在专用合同条款中约定。中标金额与工程量清单中所列的暂估价的金额差以及相应的税金等其他费用列入合同价格中。

（2）依法不需要招标的材料、工程设备

发包人在工程量清单中给定暂估价的材料和工程设备不属于依法必须招标的范围或未达到规定的规模标准的，应由承包人提供。经过监理人确认的材料、工程设备的价格与工程量清单中所列的暂估价的金额差以及相应的税金等其他费用也都列入合同价格中。

（3）依法不需要招标的专业工程

发包人在工程量清单中给定暂估价的专业工程不属于依法必须招标的范围或未达到规定的规模标准的，由监理人按照合同中约定的变更估价原则进行估价。经估价的专业工程与工程量清单中所列的暂估价的金额差以及相应的税金等其他费用都列入合同价格中。

7.2.2　FIDIC合同条件下的工程变更

7.2.2.1　工程变更的范围

由于工程变更属于合同履行过程中的正常管理工作，工程师可以依据施工进展的实际情况，在认为必要时就以下几个方面发布变更指令：

1）对合同中任何工作工程量的改变。为了便于合同管理，当事人双方应在专用条款内约定工程量变化较大可以调整单价的百分比（视工程具体情况，可在15%～25%范围内确定）。

2）任何工作质量或者其他特性的变更。

3）工程任何部分标高、位置和尺寸的改变。

4）删减任何合同约定的工作内容。省略的工作应是不再需要的工程，不允许用变更指令的方式将承包范围内的工作变更给其他承包商来实施。

5）新增工程按单独合同对待。这种变更指令应是增加与合同工作范围性质一致的新增工作内容，而且不应以变更指令的形式要求承包人使用超过他目前正在使用或计划使用的施工设备范围去完成新增工程。除非承包人同意此项工作按变更对待，通常应将新增工程按一个单独的合同来对待。

6）改变原定的施工顺序或时间安排。

7.2.2.2 变更程序

颁发工程接收证书之前的任何时间，工程师可以通过发布变更指令或以要求承包商递交建议书的任何一种方式提出变更。

（1）指令变更

工程师在业主授权范围内根据施工现场的实际情况，在确认需要时有权发布变更指令。指令的内容应包括详细的变更内容、变更工程量、变更项目的施工技术要求和有关部门文件图纸，以及变更处理的原则。

（2）要求承包商递交建议书后再确定的变更。其程序为：

1）工程师将计划变更事项通知承包商，并要求承包商递交实施变更的建议书。

2）承包商应尽快予以答复。一种情况可能是通知工程师由于受到某些非自身原因的限制而无法执行该项变更，另一种情况是承包商依据工程师的指令递交实施此项变更的说明，内容包括：

①将要实施的工作说明书以及该工作实施的进度计划。

②承包商依据合同规定对进度计划和竣工时间做出任何必要修改的建议，提出工期顺延的要求。

③承包商对变更估价的建议，提出变更费用的要求。

3）工程师做出是否变更的决定，尽快通知承包商说明批准与否或提出意见。在这一过程中应注意的问题是：

①承包商在等待答复期间，不应延误任何工作。

②工程师发出每一项实施变更的指令，应要求承包商记录支出的费用。

③承包商提出的变更建议书，只是作为工程师决定是否实施变更的参考。除了工程师做出指令或批准以总价方式支付的情况外，每一项变更应该依据计量工程量进行估价和支付。

7.2.2.3 变更估价

（1）变更估价的原则

承包人按照工程师的变更指令实施变更工作之后，通常会涉及对变更工程的估价问题。变更工程的价格或费率，往往是双方协商时的焦点。计算变更工程应采用的费率或价格，可以分为三种情况：

1）变更工作在工程量表中有同种工作内容的单价，应以该费率计算变更工程费用。

2）工程量表中虽然列有同类工作的单价或价格，但对具体变更工作而言已经不适用，则应在原单价和价格的基础上制定合理的新单价或价格。

3）变更工作的内容在工程量表中没有同类工作的费率和价格，应按照与合同单价水平相一致的原则，确定新的费率或价格。

【例 7-1】 某工程项目原计划有土方量 13000m^3，合同约定土方单价 15 元/m^3，在工程实施中，业主提出增加一项新的土方工程，土方量 5000m^3，施工方提出 18 元/m^3，增加工程价款：5000×18=90000（元）。施工方的工程价款计算能否被监理工程师支持？

【解】 不能被支持。因合同中已有土方单价，应按合同单价执行，正确的工程价款为：5000×15=75000（元）。

【例 7-2】 某工程项目发包方提出的估计工程量为 2000m^3，合同中规定工程单价为 18 元/m^3，实际工程量超过 10%时，调整单价，单价为 16 元/m^3，结束时实际完成工程量 2500m^3，则该项工作工程款为多少元？

【解】 $$2000\times(1+10\%)=2200\ (m^3)$$

$$2200\times18+(2500-2200)\times16=44400\ (元)$$

（2）可以调整合同工作单价的原则

具备以下条件时，允许对某一项工作规定的费率或单价加以调整：

1）该项工作实际测量的工程量比工程量表或其他报表中规定的工程量的变动大于10%。

2）工程量的变更与对该项工作规定的具体费率的乘积超过接受的合同款额的0.01%。

3）由该工程量的变更直接造成该项工作每单位工程量费用的变动超过1%。

（3）删减原定工作后对承包商的补偿

工程师发布删减工作的变更指令之后承包商不再实施部分工作，合同价格中包括的直接费部分没有受到损失，但摊销在该部分的间接费、利润和税金则实际不能合理回收。所以，承包商可以就其损失向工程师发出通知并提供具体的证明资料。工程师与合同双方协商后确定一笔补偿金额加入到合同价内。

7.3 工程索赔分析和计算

7.3.1 工程索赔的概念和分类

7.3.1.1 工程索赔的概念

一般情况下，索赔是指承包人（施工单位）在合同实施过程中，对非自身原因造成的工程延期、费用增加而要求发包人给予补偿损失的一种权利要求。

索赔的概念也可以概括为以下三个方面：

（1）一方违约使另一方蒙受损失，受损方向对方提出赔偿损失的要求。

（2）发生应由发包人承担责任的特殊风险或遇到不利自然条件等情况，使承包人蒙受较大损失而向发包人提出补偿损失要求。

（3）承包人本应当获得的正当利益，由于没能及时得到监理人的确认及发包人应给予的支付，而以正式函件向发包人索赔。

7.3.1.2 工程索赔的分类

工程索赔依据不同的标准可以进行不同的分类。

（1）按索赔的合同依据分类

按索赔的合同依据可以将工程索赔分为合同中明示的索赔和合同中默示的索赔。

1）合同中明示的索赔。合同中明示的索赔是指承包人提出的索赔要求，在该工程项目的合同文件中有文字依据，承包人可以据此提出索赔要求，并取得经济补偿。这些在合同文件中有文字规定的合同条款，称为明示条款。

2）合同中默示的索赔。合同中默示的索赔，即承包人的该项索赔要求，虽然在工程项目的合同条款中没有专门的文字叙述，但可以根据该合同的某些条款的含义，推论出承包人有索赔权。这种索赔要求，同样具有法律效力，有权得到相应的经济补偿。这种有经济补偿含义的条款，在合同管理工作中被称为“默示条款”或称为“隐含条款”。默示条款是一个广泛的合同概念，它包含合同明示条款中没有写入但符合双方签订合同时设想的愿望和当时环境条件的一切条款。这些默示条款，或者从明示条款所表述的设想愿望中引申出来，或者从合同双方在法律上的合同关系引申出来，经合同双方协商一致，或被法律和法规所指明，都成为合同文件的有效条款，要求合同双方遵照执行。

（2）按索赔目的分类

按索赔目的可以将工程索赔分为工期索赔和费用索赔。

1）工期索赔。工期索赔是指由于非承包人责任的原因而导致施工进程延误，要求批准顺延合同工期的索赔，称之为工期索赔。工期索赔形式上是对权利的要求，以避免在原定合同竣工日不能完工时，被发包人追究拖期违约责任。一旦获得批准合同工期顺延后，承包人不仅免除了承担拖期违约赔偿费的严重风险，而且可能提前工期得到奖励，最终仍反映在经济收益上。

2）费用索赔。费用索赔的目的是要求经济补偿。当施工的客观条件改变导致承包人增加开支，要求对超出计划成本的附加开支给予补偿，以挽回不应由他承担的经济损失。

（3）按索赔事件的性质分类

按索赔事件的性质可以将工程索赔分为：工程延误索赔、工程变更索赔、合同被迫终止索赔、工程加速索赔、意外风险和不可预见因素索赔以及其他索赔。

1）工程延误索赔。因发包人未按合同要求提供施工条件，如未及时交付设计图纸、施工现场、道路等，或因发包人指令工程暂停或不可抗力事件等原因造成工期拖延的，承包人对此提出索赔。这是工程中常见的一类索赔。

2）工程变更索赔。由于发包人或监理人指令增加或减少工程量或增加附加工程、修改设计、变更工程顺序等，造成工期延长和费用增加，承包人对此提出索赔。

3）合同被迫终止的索赔。由于发包人或承包人违约以及不可抗力事件等原因造成合同非正常终止，无责任的受害方因其蒙受经济损失而向对方提出索赔。

4）工程加速索赔。由于发包人或监理人指令承包人加快施工速度，缩短工期，引起承包人的人、财、物的额外开支而提出的索赔。

5）意外风险和不可预见因素索赔。在工程实施过程中，因人力不可抗拒的自然灾害、特殊风险以及一个有经验的承包人通常不能合理预见的不利施工条件或外界障碍，如地下水、地质断层、溶洞、地下障碍物等引起的索赔。

6）其他索赔。例如因货币贬值、汇率变化、物价上涨、政策法令变化等原因引起的索赔。

7.3.2 工程索赔分析

7.3.2.1 工程索赔产生的原因

（1）当事人违约

当事人违约通常表现为没有按照合同约定履行自己的义务。发包人违约通常表现为没有为承包人提供合同约定的施工条件、未按照合同约定的期限和数额付款等。监理人未能按照合同约定完成工作，如未能及时发出图纸、指令等也视为发包人违约。承包人违约的情况则主要是没有按照合同约定的质量、期限完成施工，或者由于不当行为给发包人造成其他损害。

（2）不可抗力或不利的物质条件

不可抗力又可以分为自然事件和社会事件。自然事件主要是工程施工过程中不可避免地发生并不能克服的自然灾害，包括地震、海啸、瘟疫、水灾等；社会事件则包括国家政策、法律、法令的变更，战争、罢工等。不利的物质条件通常是指承包人在施工现场遇到的不可预见的自然物质条件、非自然的物质障碍和污染物，包括地下和水文条件。

（3）合同缺陷

合同缺陷表现为合同文件规定不严谨甚至矛盾、合同中的遗漏或错误。在这种情况下，工程师应当给予解释，若这种解释将导致成本增加或工期延长，发包人应当给予补偿。

（4）合同变更

合同变更表现为设计变更、施工方法变更、追加或者取消某些工作、合同规定的其他变更等。

（5）监理人指令

监理人指令有时也会产生索赔，如监理人指令承包人加速施工、进行某项工作、更换某些材料、采取某些措施等，并且这些指令不是由于承包人的原因造成的。

（6）其他第三方原因

其他第三方原因常常表现为与工程有关的第三方的问题而引起的对本工程的不利影响。

7.3.2.2 工程索赔的程序

（1）《清单计价规范》中规定的索赔程序

1）索赔的提出。承包人向发包人的索赔应在索赔事件发生后，持证明索赔事件发生的有效证据和依据正当的索赔理由，应按照合同约定的时间向发包人递交索赔通知。发包人应按合同约定的时间对承包人提出的索赔进行答复和确认。当发、承包双方在合同中对此通知未作具体约定时，可以按以下规定办理：

①承包人应在确认引起索赔的事件发生后 28 天内向发包人发出索赔通知，否则，承包人无权获得追加付款，竣工时间不得延长。承包人应在现场或发包人认可的其他地点，保持证明索赔可能需要的记录。发包人收到承包人的索赔通知后，未承认发包人责任之前，可检查记录保持的情况，并可指示承包人保持进一步的同期记录。

②在承包人确认引起索赔的事件后 42 天内，承包人应向发包人递交一份详细的索赔报告，包括索赔的依据以及要求追加付款的全部资料。

③如果引起索赔的事件具有连续影响，承包人应按月递交进一步的中间索赔报告，说明累计索赔的金额。承包人应在索赔事件产生的影响结束后 28 天内，递交一份最终索赔报告。

2）承包人索赔的处理程序。发包人在收到索赔报告后 28 天内，应做出回应，表示批准或不批准并附具体意见。还可以要求承包人提供进一步的资料，但仍要在上述期限内对索赔做出回应。发包人在收到最终索赔报告后的 28 天内，未向承包人做出答复，就视为该项索赔报告已经认可。

3）承包人提出索赔的期限。承包人接受了竣工付款证书后，应被认为已无权再提出在合同工程接收证书颁发前所发生的任何索赔。承包人提交的最终结清申请单中，只限于提出工程接收证书颁发后发生的索赔。提出索赔的期限自接受最终结清证书时终止。

（2）FIDIC 合同条件规定的工程索赔程序

FIDIC 合同条件只对承包商的索赔做出了规定。

1）承包商发出索赔通知。如果承包商认为有权得到竣工时间的任何延长期和（或）任何追加付款，承包商应当向工程师发出通知，说明索赔的事件或情况。该通知应当尽快在承包商察觉或者应当察觉该事件或情况后 28 天内发出。

2）承包商未及时发出索赔通知的后果。如果承包商未能在上述 28 天期限内发出索赔通知，则竣工时间不得延长，承包商无权获得追加付款，而业主应免除有关该索赔的全部责任。

3）承包商递交详细的索赔报告。在承包商察觉或者应当察觉该事件或情况后 42 天内，或在承包商可能建议并经工程师认可的其他期限内，承包商应当向工程师递交一份充分详细的索赔报告，包括索赔的依据、要求延长的时间和（或）追加付款的全部详细资料。

4）如果引起索赔的事件或者情况具有连续影响，则：

①上述充分详细索赔报告应被视为中间的。

②承包商应当按月递交进一步的中间索赔报告，说明累计索赔延误时间和金额，以及能说明其合理要求的进一步详细资料。

③承包商应当在索赔的事件或者情况产生影响结束后 28 天内，或在承包商可能建议并经工程师认可的其他期限内，递交一份最终索赔报告。

5）工程师的答复。工程师在收到索赔报告或对过去索赔的任何进一步证明资料后 42 天内，或在工程师可能建议并经承包商认可的其他期限内，做出回应，表示“批准”或“不批准”，或“不批准并附具体意见”等处理意见。工程师应当商定或者确定应给予竣工时间的延长期及承包商有权得到的追加付款。

（3）FIDIC 合同条件中的有关索赔条款

表 7-1 中列示了 FIDIC 合同条件下部分可以合理补偿承包商的条款。

表 7-1　FIDIC 合同条件下部分可以合理补偿承包商的条款

序号	条款号	主要内容	可补偿内容		
			工期	费用	利润
1	1.9	延误发放图纸	√	√	√
2	2.1	延误移交施工现场	√	√	√
3	4.7	承包商依据工程师提供的错误数据导致放线错误	√	√	√
4	4.12	不可预见的外界条件	√	√	
5	4.24	施工遇到的文物古迹	√	√	
6	7.4	非承包商原因检验导致工期延误	√	√	√
7	8.4（a）	变更导致竣工时间延长	√		
8	（c）	异常不利的施工条件	√		
9	（d）	由于传染病或其他政府行为导致工期的延误	√		
10	（e）	业主或其他承包商干扰	√		
11	8.5	公共当局引起的延误	√		
12	10.2	业主提前占用工程		√	√
13	10.3	对竣工检验的干扰	√	√	√
14	13.7	后续法规引起的调整	√	√	
15	18.1	业主办理的保险未能从保险公司获得补偿部分		√	
16	19.4	不可抗力事件造成的损害	√	√	

7.3.2.3　索赔报告的内容

索赔报告的具体内容，依据该索赔事件的性质和特点而有所不同。通常来说，完整的索赔报告应包括以下四个部分。

（1）总论部分

一般包括以下内容：序言、索赔事项概述、具体索赔要求、索赔报告编写及审核人员名单。

文中首先应概要地论述索赔事件的发生日期和过程；施工单位为该索赔事件所付出的努力和附加开支；施工单位具体的索赔要求。在总论部分最后，附上索赔报告编写组主要人员和审核人员的名单，注明相关人员的职称、职务及施工经验，以表示该索赔报告的严肃性和权威性。总论部分的阐述要简明扼要，说明问题。

（2）根据部分

本部分主要是说明自己具有的索赔权利，这是索赔能否成立的关键。根据部分的内容主要来自该工程项目的合同文件，并参照相关法律规定。该部分中施工单位应引用合同中的具体条款，说明自己理应获得经济补偿或工期延长。

根据部分的篇幅可能很大，其具体内容随各个索赔事件的情况而不同。通常来说，根据部分应包括以下内容：索赔事件的发生情况；已递交索赔意向书的情况；索赔事件的处理过程；索赔要求的合同根据；所附的证据资料。

在写法结构上，按照索赔事件发生、发展、处理和最终解决的过程编写，并明确全文引用有关的合同条款，使建设单位和监理工程师能历史地、逻辑地了解索赔事件的始末，并充分认识该项索赔的合理性及合法性。

（3）计算部分

该部分是以具体的计算方法和计算过程，说明自己应得的经济补偿的款额或延长时间。如果说根据部分的任务是解决索赔能否成立，则计算部分的任务就是决定应得到多少索赔款额和工期。前者是定性的，后者是定量的。

在款额计算部分，施工单位必须阐明下列问题：索赔款的要求总额；各项索赔款的计算，例如额外开支的人工费、材料费、管理费及损失利润；指明各项开支的计算依据及证据资料，施工单位应注意采用合适的计价方法。至于采用何种计价法，应根据索赔事件的特点及自己所掌握的证据资料等因素来确定。其次，应注意每项开支款的合理性，并指出相应的证据资料的名称和编号。切忌采用笼统的计价方法和不实的开支款额。

（4）证据部分

证据部分包括该索赔事件所涉及的一切证据资料，以及对这些证据的说明，证据是索赔报告的重要构成部分，没有翔实可靠的证据，索赔是不能成功的。在引用证据时，要注意该证据的效力或可信程度。为此，对重要的证据资料最好附以文字证明或确认件。例如，对一个重要的电话内容，仅附上自己的记录本是不够的，最好附上经过双方签字确认的电话记录；或附上发给对方要求确认该电话记录的函件，即使对方未给复函，也可说明责任在对方，因为对方未复函确认或修改。按惯例应理解为已默认。

1）索赔依据的要求主要有以下五点：

①真实性。索赔依据必须是在实施合同过程中确定存在和发生的，必须能够完全反映实际情况，能经得住推敲。

②全面性。索赔依据应能说明事件的全过程。索赔报告中涉及的索赔理由、事件过程、影响、索赔数额等都应有相应依据，不能零乱和支离破碎。

③关联性。索赔依据应当能够相互说明，相互具有关联性，不能互相矛盾。

④及时性。索赔依据的取得及提出应当及时，符合合同约定。

⑤具有法律证明效力。索赔依据必须是书面文件，有关记录、协议、纪要必须是双方签署的；工程中重大事件、特殊情况的记录、统计必须由合同约定的监理人签证认可。

2）索赔依据的种类包括以下方面：

①招标文件、工程合同、发包人认可的施工组织设计、工程图纸、技术规范等。

②工程各项有关的设计交底记录、变更图纸、变更施工指令等。

③工程各项经发包人或监理人签认的签证。

④工程各项往来信件、指令、信函、通知、答复等。

⑤工程各项会议纪要。

⑥施工计划及现场实施情况记录。

⑦施工日报及工长工作日志、备忘录。

⑧工程送电、送水、道路开通、封闭的日期及数量记录。

⑨工程停电、停水和干扰事件影响的日期及恢复施工的日期记录。

⑩工程预付款、进度款拨付的数额及日期记录。

⑪工程图纸、图纸变更、交底记录的送达份数及日期记录。

⑫工程有关施工部位的照片及录像等。

⑬工程现场气候记录，例如有关天气的温度、风力、雨雪等。

⑭工程验收报告及各项技术鉴定报告等。

⑮工程材料采购、订货、运输、进场、验收、使用等方面的凭据。

⑯国家和省级或行业建设主管部门有关影响工程造价、工期的文件、规定等。

7.3.2.4　工程索赔的处理原则

（1）索赔必须以合同为依据

不论是风险事件的发生，还是当事人不完成合同工作，都必须在合同中找到相应的依据，当然，有些依据可能是合同中隐含的。工程师依据合同和事实对索赔进行处理是其公平性的重要体现。在不同的合同条件下，这些依据很可能是不同的，但必须根据实际情况进行分析，找到索赔的合同依据。

（2）及时、合理地处理索赔

索赔事件发生以后，索赔的提出应当及时，索赔的处理也应当及时。若索赔处理不及时，对双方都会产生不利的影响。如承包人的索赔长期得不到合理解决，索赔积累的结果会导致其资金周转困难，同时会影响工程进度，给双方都带来不利的影响。处理索赔还必须坚持合理性原则，既考虑到国家的相关规定，也应当考虑到工程的实际情况。

（3）加强主动控制，减少工程索赔

对于工程索赔应当加强主动控制，尽量减少索赔。这就要求在工程管理过程中，应当尽量将工作做在前面，减少索赔事件的发生。这样能够使工程更顺利地进行，降低工程投资、减少施工工期。

7.3.3　工程索赔计算

7.3.3.1　工期索赔计算

工期索赔的计算主要有网络图分析和比例计算法两种。

（1）网络图分析法。是利用进度计划的网络图，分析其关键线路。如果延误的工作是关键工作，则总延误的时间为批准顺延的工期；如果延误的工作是非关键工作，当该工作由于延误超过时差限制而成为关键工作时，可以批准延误时间和时差的差值；若该工作延误后仍为非关键工作，则不存在工期索赔的问题。

（2）比例计算法的公式。该方法主要应用于工程量有增加时工期索赔的计算，公式为：

$$\text{工期索赔值} = \frac{\text{额外增加的工程量的价格}}{\text{原合同总价}} \times \text{原合同总工期} \tag{7-1}$$

【例 7-3】 某工程，基础为整体底板，混凝土量为 900m^3，计划浇注底板混凝土 24h 连续施工5天，在土方开挖时发现地基与地质资料不符，业主与设计单位洽商后修改设计，确定局部基础深度加深，混凝土工程量增加80m³。求补偿工期的天数。

【解】 原计划浇注底板时间为$\frac{24}{8}\times5=15$（天）

由于基础工程量增加而增加的工期为$\frac{80}{900}\times15=1.3$（天）

7.3.3.2 费用索赔计算

（1）索赔费用组成

1）人工费。人工费包括增加工作内容的人工费、停工损失费和工作效率降低的损失费等累计，其中增加工作内容的人工费应按照计日工费计算，而停工损失费和工作效率降低的损失费按窝工费计算，窝工费的标准双方应在合同中约定。

2）设备费。可采用机械台班费、机械折旧费、设备租赁费等几种形式。当工作内容增加引起的设备费索赔时，设备费的标准按照机械台班费计算。因窝工引起的设备费索赔，当施工机械属于施工企业自有时，按照机械折旧费计算索赔费用；当施工机械是施工企业从外部租赁时，索赔费用的标准按照设备租赁费计算。

3）材料费。

4）保函手续费。工程延期时，保函手续费相应增加，反之，取消部分工程且发包人与承包人达成提前竣工协议时，承包人的保函金额相应折减，则计入合同价内的保函手续费也应扣减。

5）迟延付款利息。发包人未按约定时间进行付款的，应按银行同期贷款利率支付迟延付款的利息。

6）保险费。

7）管理费。此项又可分为现场管理费和公司管理费两部分，由于二者的计算方法不一样，所以在审核过程中应区别对待。

8）利润。在不同的索赔事件中可以索赔的费用是不同的。根据《标准施工招标文件》中通用合同条款的内容，可以合理补偿承包人的条款见表7-2。

表7-2 《标准施工招标文件》中合同条款规定的可以合理补偿承包人索赔的条款

序号	条款号	主要内容	可补偿内容		
			工期	费用	利润
1	1.10.1	施工过程发现文物、古迹以及其他遗迹、化石、钱币或物品	√	√	
2	4.11.2	承包人遇到不利物质条件	√	√	
3	5.2.4	发包人要求向承包人提前交付材料和工程设备		√	
4	5.2.6	发包人提供的材料和工程设备不符合合同要求	√	√	√
5	8.3	发包人提供基准资料错误导致承包人返工造成工程损失	√	√	√
6	11.3	发包人的原因造成工期延误	√	√	√
7	11.4	异常恶劣的气候条件	√		
8	11.6	发包人要求承包人提前竣工		√	
9	12.2	发包人原因引起的暂停施工	√	√	√

续表

序号	条款号	主要内容	可补偿内容		
			工期	费用	利润
10	12.4.2	发包人原因造成暂停施工后无法按时复工	√	√	√
11	13.1.3	发包人原因造成工程质量达不到合同约定验收标准的	√	√	√
12	13.5.3	监理人对隐蔽工程重新检验，经检验证明工程质量符合合同要求的	√	√	√
13	16.2	法律变化引起的价格调整		√	
14	18.4.2	发包人在全部工程竣工前，使用已接收的单位工程导致承包人费用增加	√	√	√
15	18.6.2	发包人的原因导致试运行失败		√	√
16	19.2	发包人原因导致的工程缺陷和损失		√	√
17	21.3.1	不可抗力	√		

(2）索赔费用计算

1）实际费用法。实际费用法是按照各索赔事件所引起损失的费用项目分别分析计算索赔值，然后将各费用项目的索赔值汇总，即可得到总索赔费用值。这种方法以承包商为某项索赔工作所支付的实际开支为依据，但仅限于由于索赔事项引起的、超过原计划的费用，故也称额外成本法。在这种计算方法中，需要注意的是不要遗漏费用项目。

2）修正的总费用法。修正的总费用法是对总费用法的改进，即在总费用计算的原则上，去掉一些不确定的可能因素，对总费用法进行相应的修改和调整，使其更加合理。

【例 7-4】 某建设工程项目，业主与施工单位签订了施工合同。合同规定：在施工中，若因业主原因造成窝工，则人工窝工费和机械的停工费按工日费和台班费的 60%结算支付。在计划执行中，出现了以下情况（不在同一时间)：

(1）因业主没能即时提供材料使工作 A 延误了 2 天，B 延误了 3 天，C 延误了 1 天；

(2）因机械故障检修使工作 A 延误了 1 天，C 延误了 2 天；

(3）因公网停电使工作 D 延误了 2 天，E 延误了 1 天。

已知吊车台班费单价为 250 元/台班，小型机械的台班单价为 50 元/台班，混凝土搅拌机为 70 元/台班，人工工日单价为 30 元/工日。试计算其索赔量。

【解】 分析：业主不能及时提供材料是业主违约，承包商可以得到工期和费用补偿；机械故障是承包商自身的原因造成，不予赔偿；公网停电是业主应承担的风险，可以补偿承包商工期的费用。该案例只要求计算费用补偿。

A 工作赔偿损失 2 天，B 工作赔偿 3 天，C 工作赔偿 1 天，D 工作赔偿 2 天，E 工作赔偿 1 天。

由于 A 工作使用吊车：2×250×0.6=300（元)

由于 B 工作使用小型机械：3×50×0.6=90（元)

由于 C 工作使用混凝土搅拌机：1×70×0.6=42（元)

由于 D 工作使用混凝土搅拌机：2×70×0.6=84（元)

A 工作人工索赔：2×30×30×0.6=1080（元)

B 工作人工索赔：3×15×30×0.6=810（元)

C 工作人工索赔：1×40×30×0.6=720（元)

D工作人工索赔：2×40×30×0.6＝1440（元）

E工作人工索赔：1×25×30×0.6＝450（元）

合计经济赔偿为：5016元

7.4 工程价款结算

7.4.1 工程价款结算的依据与方式

7.4.1.1 工程价款结算依据

工程价款结算应按合同约定办理，合同未作约定或约定不明的，发、承包双方应依照下列规定与文件协商处理：

（1）国家相关法律、法规和规章制度。

（2）国务院建设行政主管部门、省、自治区、直辖市或有关部门发布的工程造价计价标准、计价办法等相关规定。

（3）建设工程项目的合同、补充协议、变更签证和现场签证，以及经发、承包人认可的其他有效文件。

（4）其他可依据的材料。

7.4.1.2 工程价款结算方式

我国现行工程价款结算根据不同情况，可采取多种方式。

（1）按月结算。实行旬末或月中预支，月中结算，竣工后清算。

（2）竣工后一次结算。建设工程项目或单项工程全部建筑安装工程建设期在12个月以内，或工程承包合同价在100万元以下的，可实行工程价款每月月中预支、竣工后一次结算。即合同完成后承包人与发包人进行合同价款结算，确认的工程价款为承发包双方结算的合同价款总额。

（3）分段结算。开工当年不能竣工的单项工程或单位工程，按照工程形象进度，划分不同阶段进行结算。分段标准由各部门、省、自治区、直辖市规定。

（4）目标结算方式。在工程合同中，将承包工程的内容分解成不同控制面（验收单元），当承包商完成单元工程内容并经工程师验收合格后，业主支付单元工程内容的工程价款。对于控制面的设定，合同中应有明确的描述。

目标结算方式下，承包商要想获得工程款，必须按照合同约定的质量标准完成控制面工程内容，要想尽快获得工程款，承包商必须充分发挥自己的组织实施能力，在保证质量的前提下，加快施工进度。

（5）双方约定的其他结算方式。

7.4.2 工程价款结算的主要内容

根据《建设项目工程结算编审规程》中的相关规定，工程价款结算主要包括：竣工结算、分阶段结算、专业分包结算和合同中止结算。

（1）竣工结算。建设项目完工并经验收合格后，对所完成的建设项目进行的全面的工程结算。

（2）分阶段结算。在签订的施工承发包合同中，按工程特征划分为不同阶段实施和结算。该阶段合同工作内容已完成，经发包人或有关机构中间验收合格后，由承包人在原合同分阶段价格的基础上编制调整价格并提交发包人审核签认的工程价格，它是表达该工程不同阶段造价和工程价款结算依据的工程中间结算文件。

（3）专业分包结算。在签订的施工承发包合同或由发包人直接签订的分包工程合同中，按工程专业特征分类实施分包和结算。分包合同工作内容已完成，经总包人、发包人或有关机构对专业内容验收合格后，按合同的约定，由分包人在原合同价格基础上编制调整价格并提交总包人、发包人审核签认的工程价格，它是表达该专业分包工程造价和工程价款结算依据的工程分包结算文件。

（4）合同中止结算。工程实施过程中合同中止，对施工承发包合同中已完成且经验收合格的工程内容，经发包人、总包人或有关机构点交后，由承包人按原合同价格或合同约定的定价条款，参照有关计价规定编制合同中止价格，提交发包人或总包人审核签认的工程价格，它是表达该工程合同中止后已完成工程内容的造价和工程价款结算依据的工程经济文件。

7.4.3 工程预付款（预付备料款）结算

施工企业承包工程，一般实行包工包料，这就需要有一定数量的备料周转金。在工程承包合同条款中，规定在开工前，发包方拨付给承包单位一定限额的工程预付备料款。

根据规定：包工包料工程的预付款按照合同约定拨付，原则上预付比例不低于合同金额的10%，不高于合同金额的30%，对重大工程项目，按年度工程计划逐年预付。计价执行《清单计价规范》的工程，实体性消耗及非实体性消耗部分应在合同中分别约定预付款的比例。在具备施工条件的前提下，发包人应在双方签订合同后的一个月内或不迟于约定的开工日期前的7天内预付工程款，发包人不按约定预付，承包人应在预付时间到期后10天内向发包人发出要求预付的通知，发包人收到通知后仍不按要求预付，承包人可在发出通知14天后停止施工，发包人应从约定应付之日起向承包人支付应付款的利息（利率按同期银行贷款利率计），并且承担违约责任。

预付的工程款必须在合同中约定抵扣方式，并且在工程进度款中进行抵扣。凡是没有签订合同或者不具备施工条件的工程，发包人不得预付工程款，不得以预付款为名转移资金。

（1）预付工程款（备料款）的限额

决定预付工程款限额因素有：主要材料占工程造价比重、材料储备期、施工工期。

1）施工单位常年应备的备料款限额，按下式计算：

$$\text{备料款限额} = \frac{\text{年度承包工程总值} \times \text{主要材料所占比重}}{\text{年度施工日历天数}} \times \text{材料储备天数} \tag{7-2}$$

2）备料款数额，按下式计算：

$$\text{备料款数额} = \text{年度建筑安装工程合同价} \times \text{预付备料款比例额度} \tag{7-3}$$

备料款的比例额度是根据工程类型、合同工期、承包方式、供应体制等的不同而确定。通常建筑工程不应超过当年建筑工作量（包括水、电、暖）的30%，安装工程按年安装工作量的10%计算，材料占比重较大的安装工程按年计划产值的15%左右拨付。对于只包定额工日（不包材料定额，一切材料由发包人供给）的工程项目，可以不付备料款。

（2）备料款的扣回

发包人拨付给承包商的备料款是属于预支的性质，工程实施后，随着工程所需材料储备的逐步减少，应以抵充工程款的方式陆续扣回，即在承包商应得的工程进度款中扣回。扣回的时间称为起扣点，起扣点的计算方法有两种。

1）按公式计算。这种方法原则上是以未完工程所需材料的价值等于预付备料款时起扣。从每次结算的工程款中按材料比重抵扣工程价款，竣工前全部扣清。

$$\text{未完工程材料款} = \text{预付备料款} \tag{7-4}$$

$$\begin{aligned}\text{未完工程材料款} &= \text{未完工程价值} \times \text{主材比重} \\ &= (\text{合同总价} - \text{已完工程价值}) \times \text{主材比重}\end{aligned} \tag{7-5}$$

$$\text{预付备料款} = (\text{合同总价} - \text{已完工程价值}) \times \text{主材比重} \tag{7-6}$$

$$\text{已完工程价值(起扣点)} = \text{合同总价} - \frac{\text{预付备料款}}{\text{主材比重}} \tag{7-7}$$

2）在承包方完成金额累计达到合同总价一定比例（双方合同约定）后，由发包方从每次应付给发包方的工程款中扣回工程预付款，在合同规定的完工期前将预付款还清。

【例 7-5】 某工程合同总额 500 万元，主要材料、构件所占比重为 60%，年度施工天数为 220 天，材料储备天数为 70 天，求预付备料款。

【解】 预付备料款$=\frac{500\times 60\%}{220}\times 70=95.45$（万元）

7.4.4 工程进度款结算（中间结算）

施工企业在施工过程中，按照合同所约定的结算方式，按月或形象进度，按已经完成的工程量计算各项费用，向业主办理工程款结算的过程，叫工程进度款结算，也叫中间结算。

以按月结算为例，业主在月中向施工企业预支半月工程款，月末施工企业根据实际完成工程量，向业主提供已完工程月报表和工程价款结算的账单，经业主和工程师确认，收取当月工程价款，并通过银行结算。即：承包商提交已完工程量报告→工程师确认→业主审批认可→支付工程进度款。

在工程进度款支付过程中，应遵循如下原则。

（1）工程量的确认

1）承包人应当按照合同约定的方法和时间，向发包人提交已经完成工程量的报告。发包人接到报告后 14 天内核实已完工程量，并在核实的前 1 天通知承包人，承包人应提供条件并派人参加核实，若承包人收到通知后不参加核实，以发包人核实的工程量作为工程价款支付的依据。若发包人不按约定时间通知承包人，致使承包人未能参加核实，则核实结果无效。

2）发包人收到承包人报告后 14 天内未核实完工程量，从第 15 天起，承包人报告的工程量即被视为确认，作为工程价款支付的依据。若双方合同另有约定的，按合同执行。

3）对承包人超出设计图纸（含设计变更）范围和因承包人原因造成返工的工程量，发包人不予计量。

（2）工程进度款支付

1）根据确定的工程计量结果，该承包人向发包人提出支付工程进度款申请。14 天内，发包人应按照不低于工程价款的 60%，不高于工程价款的 90%向承包人支付工程进度款。按约定时间发包人应扣回的预付款，与工程进度款同期结算抵扣。

2）发包人超过约定的支付时间不支付工程进度款，承包人应及时向发包人发出要求付款的通知，发包人收到承包人通知后仍不能按要求付款，可与承包人协商签订延期付款协议，经承包人同意之后可延期支付，协议应该明确延期支付的时间以及从工程计量结果确认后第 15 天起计算应付款的利息（利率按同期银行贷款利率计）。

（3）发包人不按合同约定支付工程进度款，双方又未达成延期付款协议，导致施工无法进行，承包人可停止施工，由发包人承担违约责任。

7.4.5 工程质量保证金结算

7.4.5.1 质量保证金的概念

建设工程质量保证金（简称保证金）是指发包人与承包人在建设工程承包合同中约定，从应付的工程款中预留，用以保证承包人在缺陷责任期内对建设工程出现的缺陷进行维修的资金。质量保证金的计算额度不包括预付款的支付、扣回以及价格调整的金额。

7.4.5.2 保证金的预留和返还

（1）承发包双方的约定

发包人应当在招标文件中明确保证金预留、返还等内容，并与承包人在合同条款中对涉及保证金的下列事项进行约定：

1）保证金预留、返还方式。

2）保证金预留比例、期限。

3）保证金是否计付利息，如计付利息，要明确利息的计算方式。

4）缺陷责任期的期限及计算方式。

5）保证金预留、返还及工程维修质量、费用等争议的处理程序。

6）缺陷责任期内出现缺陷的索赔方式。

（2）保证金的预留

从第一个付款周期开始，在发包人的进度付款中，按约定比例扣留质量保证金，直至扣留的质量保证金总额达到专用条款约定的金额或比例为止。全部或者部分使用政府投资的建设项目，按工程价款结算总额5%左右的比例预留保证金。社会投资项目采用预留保证金方式的，预留保证金的比例可参照执行。

（3）保证金的返还

缺陷责任期内，承包人认真履行合同约定的责任。约定的缺陷责任期满，承包人向发包人申请返还保证金。发包人在接到承包人返还保证金申请后，应于14日内会同承包人按照合同约定的内容进行核实。如无异议，发包人应当在核实后14日内将保证金返还给承包人，逾期支付的，从逾期之日起，按照同期银行贷款利率计付利息，并承担违约责任。发包人在接到承包人返还保证金申请后14日内不予答复，经催告后14日内仍不予答复，视同认可承包人的返还保证金申请。

缺陷责任期满时，承包人没有完成缺陷责任的，发包人有权扣留与未履行责任剩余工作所需金额相应的质量保证金余额，并有权根据约定要求延长缺陷责任期，直至完成剩余工作为止。

7.4.6 工程竣工结算

工程竣工结算可分为单位工程竣工结算、单项工程竣工结算和建设项目竣工总结算，其中单位工程竣工结算和单项工程竣工结算也可以看作是分阶段结算。单位工程竣工结算是由承包人编制，发包人审查；实行总承包的工程，由具体承包人编制，在总包人审查的基础上，发包人审查。单项工程竣工结算或建设项目竣工总结算是由总（承）包人编制，发包人可以直接进行审查，也可以委托具有相应资质的工程造价咨询机构进行审查。政府投资项目，由同级财政部门审查。单项工程竣工结算或建设项目竣工总结算经发、承包人签字盖章后有效。

工程竣工结算争议处理问题，一直是令承包人与发包人较为头痛的问题，发包人对工程质量有异议，拒绝办理工程竣工结算的，已竣工验收或已竣工未验收但实际投入使用的工程，其质量争议按该工程的保修合同执行，竣工结算按照合同约定办理；已竣工未验收且未实际投入使用的工程以及停工、停建工程的质量争议，双方应就有争议的部分委托有资质的检测鉴定机构进行检测，根据检测结果确定解决方案，或按工程质量监督机构的处理决定执行后办理竣工结算，无争议部分的竣工结算按照合同约定办理。

7.4.7 工程价款调整

（1）工程合同价款中综合单价的调整

对实行工程量清单计价的工程，应当采用单价合同方式。即合同约定的工程价款中所包含的工程量清单项目综合单价在约定条件内是固定不变的，不予调整，工程量允许调整。工程量清单项目综合单价在约定的条件外，允许调整。调整方式、方法应在合同中约定。若合同未作约定，可参照下列原则办理：

1）当工程量清单项目工程量的变化幅度在10%以内时，其综合单价不做调整，执行原有的综合单价。

2）当工程量清单项目工程量的变化幅度在10%以上且其影响分部分项工程费超过0.1%时，其综合单价以及对应的措施费（如有）均应作调整。调整的方法是由承包人对增加的工程量或减少后剩余的工程量提出新的综合单价及措施项目费，经发包人确认后调整。

（2）物价波动引起的价格调整

通常情况下，因物价波动引起的价格调整，可采用下列两种方法中的某一种计算。

1）采用价格指数调整价格差额。该方式主要适用于使用的材料品种较少，但每种材料使用量较大的土木工程，如公路、水坝等。因人工、材料和设备等价格波动影响合同价格时，根据投标函附录中的价格指数和权重表约定的数据，按以下价格调整公式计算差额并调整合同价格：

$$\Delta P = P_0\left[A + \left(B_1 \times \frac{F_{t1}}{F_{01}} + B_2 \times \frac{F_{t2}}{F_{02}} + B_3 \times \frac{F_{t3}}{F_{03}} + \cdots + B_n \times \frac{F_{tn}}{F_{0n}}\right) - 1\right] \tag{7-8}$$

式中 ΔP——需调整的价格差额；

P_0——根据进度付款、竣工付款和最终结清等付款证书中，承包人应得到的已完成工程量的金额。此项金额应不包括价格调整、不计质量保证金的扣留和支付、预付款的支付和扣回、变更及其他金额已按现行价格计价的，也不计在内；

A——定值权重（即不调部分的权重）；

B_1，B_2，B_3，…，B_n——各可调因子的变值权重（即可调部分的权重）为各可调因子在投标函投标总报价中所占的比例；

F_{t1}，F_{t2}，F_{t3}，…，F_{tn}——各可调因子的现行价格指数，指根据进度付款、竣工付款和最终结清等约定的付款证书相关周期最后一天的前42天的各可调因子的价格指数；

F_{01}，F_{02}，F_{03}，…，F_{0n}——各可调因子的基本价格指数，是指基准日期（即投标截止时间前28天）的各可调因子的价格指数。

以上价格调整公式中的各可调因子、定值和变值权重，以及基本价格指数及其来源在投标函附录价格指数和权重表中约定。价格指数应首先采用相关部门提供的价格指数，缺乏上述价格指数时，可采用相关部门提供的价格代替。

在运用这一价格调整公式进行工程价格差额调整中，应注意以下三点：

①暂时确定调整差额。在计算调整差额时得不到现行价格指数的，可暂用上一次价格指数进行计算，并在以后的付款中再按实际价格指数进行调整。

②权重的调整。按变更范围和内容所约定的变更，导致原定合同中的权重不合理时，由监理人与承包人和发包人协商后进行调整。

③承包人工期延误后的价格调整。由于承包人原因未在约定的工期内竣工的，则对原约定竣工日期后继续施工的工程，在使用价格调整公式时，应采用原约定竣工日期与实际竣工日期的两个价格指数中较低的一个作为现行价格指数。

【例 7-6】 某建筑公司承建某职工宿舍工程项目，工程合同价款为 700 万元，2006 年 10 月签订合同开工，2007 年 7 月竣工，2006 年 10 月的造价指数为 100.01，2007 年 7 月造价指数为 100.32。求其价差调整额。

【解】 调整后的合同价为：$\frac{100.32}{100.01}\times 700=702.17$（万元）

价差调整额：702.17－700＝2.17（万元）

2）采用造价信息调整价格差额。此方式适用于使用的材料品种较多，相对而言每种材料使用量相对较小的房屋建筑与装饰工程。施工期内，因人工、材料、设备和机械台班价格波动影响合同价格时，人工、机械使用费根据国家或省、自治区、直辖市建设行政管理部门、行业建设管理部门或其授权的工程造价管理机构发布的人工成本信息、机械台班单价或机械使用费系数进行调整；需要进行价格调整的材料，其单价和采购数应由监理人复核，监理人确认需要调整的材料单价及数量，作为调整工程合同价格差额的依据。

①人工单价发生变化时，发、承包双方应当按省级或行业建设主管部门或其授权的工程造价管理机构发布的人工成本文件调整工程价款。

【例 7-7】 2008 年 3 月实际完成的某土方工程，按 2007 年签约时的价格计算工程价款为 15 万元，此工程固定系数为 0.2，各参加调值的因素除了人工费的价格指数增长了 15％外，其他都未发生变化，人工占调值部分的 50％，按调值公式计算其工程款。

【解】 土方工程结算的工程款为：

$$150000\times\left(0.2+0.4\times\frac{115}{100}+0.4\times\frac{100}{100}\right)=159000\text{（元）}$$

②材料价格变化超过省级或行业建设主管部门或其授权的工程造价管理机构规定的幅度时应当调整，承包人应在采购材料前就采购数量和新的材料单价报发包人核对，确认用于本合同工程时，发包人应确认采购材料的数量和单价。发包人在收到承包人报送的确认资料后 3 个工作日内不予答复的视为已经被认可，作为调整工程价款的依据。如果承包人未报经发包人核对即自行采购材料，再报发包人确认调整工程价款的，如发包人不同意，则不做调整。

③施工机械台班单价或施工机械使用费发生变化超过省级或行业建设主管部门或其授权的工程造价管理机构规定的范围时，可以按其规定进行调整。

（3）法律、政策变化引起的价格调整

在基准日后，由于法律、政策变化导致承包人在合同履行中所需要的工程费用发生增减时，监理人应依据法律、国家或省、自治区、直辖市有关部门的规定，商定或确定需要调整的合同价款。

（4）工程价款调整的程序

工程价款调整报告应当由受益方在合同约定的时间内向合同的另一方提出，经过对方确认后调整合同价款。受益方未在合同约定的时间内提出工程价款调整报告的，视为不涉及合同价款的调整。当合同未作约定时，可以按下列规定办理：

1）调整因素确定后14天内，由受益方向对方递交调整工程价款的报告。受益方在14天内未递交调整工程价款报告的，视为不调整工程价款。

2）收到调整工程价款报告的一方应当在收到之日起14天内予以确认或提出协商意见，如在14天内未作确认也未提出协商意见时，视为调整工程价款报告已被确认。

经法、承包双方确定调整的工程价款，作为追加（减）合同价款，与工程进度款同期支付。

7.5 资金使用计划的编制和应用

7.5.1 资金使用计划的作用

施工阶段资金使用计划的编制与控制在整个工程造价管理中处于重要而独特的地位，它对工程造价的重要影响表现在以下几方面：

（1）通过编制资金使用计划，合理确定工程造价施工阶段的目标值，使工程造价的控制有所依据，并为资金筹集与协调打下基础；如果没有明确的造价控制目标，就无法把工程项目的实际支出额与之进行比较，也就不能找出偏差，从而使控制措施缺乏针对性。

（2）通过资金使用计划的科学编制，可以对未来工程项目的资金使用和进度控制有所预测，避免不必要的资金浪费和进度失控，也能够避免在今后工程项目中由于缺乏根据而进行轻率判断所造成的损失，减少了盲目性，使现有资金得到充分发挥。

（3）在建设项目的进行过程中，通过资金使用计划的严格执行，可以有效地控制工程造价的上升，最大限度地节约投资，提高投资效益。

对脱离实际的工程造价目标值及资金使用计划，应当在科学评估的前提下，允许修订和修改，使工程造价更加趋于合理，从而保障发包人和承包人各自的合法利益。

7.5.2 资金使用计划的编制方法

施工阶段资金使用计划的编制方法，主要有以下两种：

（1）按不同子项目编制资金使用计划

一个建设项目一般由多个单项工程构成，每个单项工程还可能由多个单位工程组成，而单位工程总是由若干个分部分项工程构成。按不同子项目划分资金的使用，进而做到合理的分配。首先必须对工程项目进行合理划分，划分的粗细程度根据实际需要而定。

（2）按时间进度编制资金使用计划

建设项目的投资总是分阶段、分期支出的，资金应用是否合理与资金时间安排有着密切关系。为了编制资金使用计划，并据此筹措资金，尽可能地减少资金占用和利息支付，有必要将总投资目标按使用时间进行分解，确定分目标值。

按时间进度编制的资金使用计划，一般可利用项目进度网络图进一步扩充后得到。利用网络图控制时间的投资，即要求在拟定工程项目执行计划时，一方面确定完成某项施工活动所需的时间，另一方面也要确定完成这一工作的合适的支出预算。

资金使用计划通常可采用S形曲线与香蕉图的形式，或者也可用横道图和时标网络图表示。其对应数据的产生依据是施工计划网络图中时间参数（工序最早开工时间，工序最早完工时间，工序最迟开工时间，工序最迟完工时间，关键工序，关键路线，计划总工期）的计算结果与对应阶段资金使用要求。

利用确定的网络计划便可计算各项活动的最早及最迟开工时间，获得项目进度计划的横道图。在横道图的基础上便可编制按时间进度划分的投资支出预算，进而绘制时间-投资累计曲线（S形曲线图）。时间-投资累计曲线的绘制步骤如下：

1）确定工程进度计划，编制进度计划的横道图。

2）根据每单位时间内完成的实物工程量或投入的人力、物力以及财力，计算单位时间（月或旬）的投资。

3）计算规定时间 t 内计划累计完成的投资额，其计算方法为：各单位时间计划完成的投资额累加求和，可按下式计算：

$$Q_t = \sum_{n=1}^{t} q_n \tag{7-9}$$

式中 Q_t——某时间 t 内计划累计完成投资额；

q_n——单位时间 n 的计划完成投资额；

t——规定的计划时间。

4）按各规定时间的 Q_t 值，绘制S形曲线，如图7-3所示。

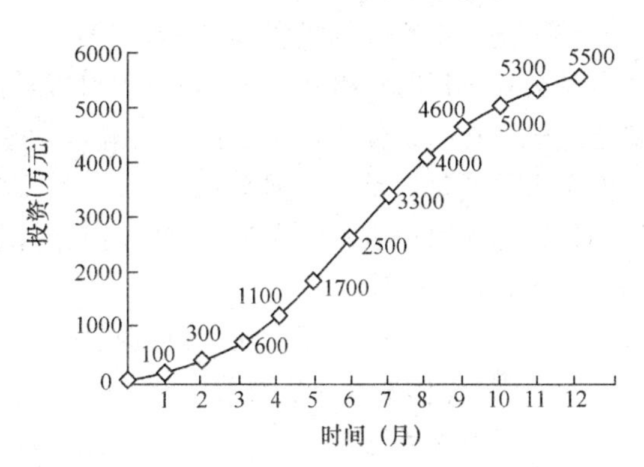

图7-3 时间-投资累计曲线（S形曲线）

每一条S形曲线都是对应某一特定的工程进度计划。进度计划的非关键路线中存在许多有时差的工序或工作，因而S形曲线（投资计划值曲线）必然包括在由全部活动都按最早开工时间开始和全部活动都按最迟开工时间开始的曲线所组成的“香蕉图”内，如图7-4所示。建设单位可根据编制的投资支出预算来合理安排资金，同时建设单位也可以根据筹措的建设资金来调整S形曲线，即通过调整非关键路线上工序项目的开工时间，力争将实际的投资支出控制在预算的范围内。

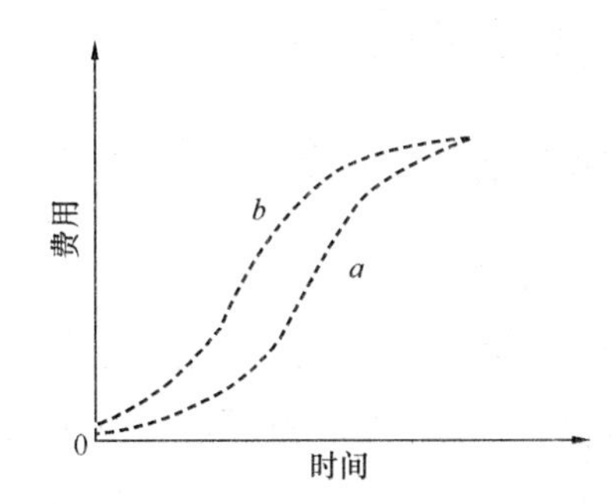

图7-4 投资计划值的香蕉图

a—所有活动按最迟开工时间开始的曲线；

b—所有活动按最早开工时间开始的曲线

通常而言，所有活动都按最迟时间开始，对节约建设资金贷款利息是有利的，但同时也降低了项目按期竣工的保证率，所以必须合理地确定投资支出预算，达到既节约投资支出，又控制项目工期的目的。

7.5.3 投资偏差与进度偏差分析

7.5.3.1 实际投资与计划投资

由于时间-投资累计曲线中既包含了投资计划，也包含了进度计划，所以有关实际投资与计划投资的变量包括了拟完工程计划投资、已完工程实际投资和已完工程计划投资。

（1）拟完工程计划投资

拟完工程计划投资是指根据进度计划安排，在某一确定时间内所应完成的工程内容的计划投资。可以表示为在某一确定时间内，计划完成的工程量与单位工程量计划单价的乘积，如下式：

$$\text{拟完工程计划投资} = \text{拟完工程量} \times \text{计划单价} \tag{7-10}$$

(2) 已完工程实际投资

已完工程实际投资是根据实际进度完成状况在某一确定时间内已经完成的工程内容的实际投资。可以表示为在某一确定时间内，实际完成的工程量与单位工程量实际单价的乘积，如下式：

$$已完工程实际投资 = 实际工程量 \times 实际单价 \tag{7-11}$$

在进行有关偏差分析时，为了简化起见，一般进行如下假设：拟完工程计划投资中的拟完工程量，与已完工程实际投资中的实际工程量在总额上是相等的，两者之间的差异只在于完成的时间进度不同。

(3) 已完工程计划投资

从公式（7-10）和公式（7-11）中可以看出，由于拟完工程计划投资和已完工程实际投资之间既存在投资偏差，也存在进度偏差。已完工程计划投资正是为了更好地辨析这两种偏差而引入的变量，是指根据实际进度完成状况，在某一确定时间内已经完成的工程所对应的计划投资额。可以表示为在某一确定时间内，实际完成的工程量与单位工程量计划单价的乘积，如下式：

$$已完工程计划投资 = 实际工程量 \times 计划单价 \tag{7-12}$$

7.5.3.2 *投资偏差与进度偏差*

(1) 投资偏差

投资偏差是指投资计划值与投资实际值之间存在的差异，当计算投资偏差时，应剔除进度原因对投资额产生的影响，因此其公式为：

$$投资偏差 = 已完工程实际投资 - 已完工程计划投资 - 实际工程量 \times (实际单价 - 计划单价) \tag{7-13}$$

上式中结果为正值表示投资增加，结果为负值表示投资节约。

(2) 进度偏差

进度偏差是指进度计划与进度实际值之间存在的差异，当计算进度偏差时，应剔除单价原因产生的影响，因此其公式为：

$$进度偏差 = 已完工程实际时间 - 已完工程计划时间 \tag{7-14}$$

为了与投资偏差联系起来，进度偏差也可表示为：

$$进度偏差 = 拟完工程计划投资 - 已完工程计划投资 - (拟完工程量 - 实际工程量) \times 计划单价 \tag{7-15}$$

进度偏差为正值时，表示工期拖延；结果为负值时，表示工期提前。

【例 7-8】 计划完成工作量 300m^3，计划进度为 25m^3/天，计划投资 12 元/m^3。到第 4 天实际完成 120m^3，实际投资 1500 元。则到第 4 天，实际完成工作量 120m^3，计划完成 25×4＝100m^3。试分析其偏差。

【解】 拟完工程计划投资＝80×12＝960（元）

已完工程计划投资＝120×12＝1440（元）

已完工程实际投资＝1500 元

投资偏差＝1500－1440＝60（元）

进度偏差＝960－1440＝－480（元）

所以，该工程进度提前，投资增加。

【例 7-9】 某工程施工到 2008 年 8 月，经统计分析得知，已完工程实际投资为 2000 万元，拟完工程计划投资为1800万元，已完工程实际投资为1600万元，则该工程此时的进度偏差为多少?

【解】 进度偏差=1800-1600=200（万元）

进度偏差是正值，表示工期拖延200万元。

7.5.3.3 常用偏差分析方法

常用的偏差分析方法有横道图法、时标网络图法、表格法和曲线法。

（1）横道图法

用横道图进行投资偏差分析，是用不同的横道标识拟完工程计划投资、已完工程实际投资和已完工程计划投资，在实际工作中通常需要根据拟完工程计划投资和已完工程实际投资确定已完工程计划投资后，再确定投资偏差与进度偏差。

根据拟完工程计划投资与已完工程实际投资，确定已完工程计划投资的方法是：

1）已完工程计划投资与已完工程实际投资的横道位置相同。

2）已完工程计划投资与拟完工程计划投资的各子项工程的投资总值相同。

横道图的优点是简单直观，便于了解项目的投资概貌，但这种方法的信息量较少，主要反映累计偏差和局部偏差，因而其应用有一定的局限性。

（2）时标网络图法

时标网络图是在确定施工计划网络图的基础上，将施工的实施进度与日历工期相结合而形成的网络图。依据时标网络图可以得到每一时间段的拟完工程计划投资；已完工程实际投资可以依据实际工作完成情况测得，在时标网络图上，考虑实际进度前锋线并经过计算，就可以得到每一时间段的已完工程计划投资。实际进度前锋线表示整个项目目前实际完成的工作面情况，将某一确定时点下时标网络图中各个工序的实际进度点相连就可以得到实际进度前锋线。

时标网络图法具有简单、直观的特点，主要用来反映累计偏差和局部偏差，但实际进度前锋线的绘制有时会遇到一定的困难。

（3）表格法

表格法是进行偏差分析最常用的一种方法。可以依据项目的实际情况、数据来源、投资控制工作的要求等条件来设计表格，因而适用性较强，表格法的信息量大，可以反映各种偏差变量和指标，对全面深入地了解项目投资的实际情况非常有益；此外，表格法还便于用计算机辅助管理，提高投资控制工作的效率。

（4）曲线法

曲线法是用投资时间曲线进行偏差分析的一种方法。在用曲线法进行偏差分析时，通常有三条投资曲线，即已完工程实际投资曲线a，已完工程计划投资曲线b和拟完工程计划投资曲线p，如图7-5所示。图中曲线a和b的竖向距离表示投资偏差，P和B的水平距离表示进度偏差。图中所反映的是累计偏差，而且主要是绝对偏差。用曲线法进行偏差分析，具有形象直观的优点，但不能直接用于定量分析，如果能与表格法结合起来，则会取得较好的效果。

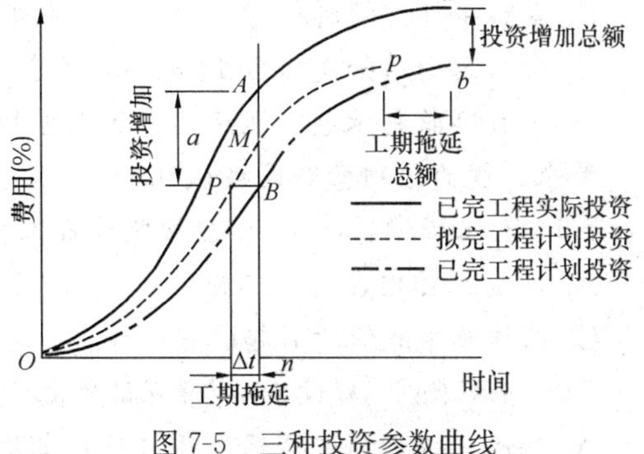

图7-5 三种投资参数曲线

上岗工作要点

1. 在掌握了资金使用计划的编制方法后，能够合理进行资金分配。
2. 在实际工程中，掌握工程价款的支付和结算方法。

思考题

7-1 建设项目施工阶段工程造价控制的措施包括哪些？
7-2 建设项目施工阶段影响工程造价有哪些因素？
7-3 监理人发出变更指示的情形有哪些？
7-4 按索赔事件的性质可以将工程索赔分为哪几种？
7-5 工程索赔产生的原因是什么？
7-6 工程价款结算依据有哪些？
7-7 在工程进度款支付过程中，应遵循哪些原则？
7-8 施工阶段资金使用计划对工程造价的重要影响表现在哪？
7-9 资金使用计划的作用是什么？
7-10 常用的偏差分析方法有哪些？

习题

单选题：

7-1 通常工程变更分为（　　）。
A. 工程量变更和工程项目变更　　B. 进度计划变更和施工条件变更
C. 设计变更和其他变更　　D. 工程环境变更和指令变更

7-2 在FIDIC合同条件下，工程师无权发布变更指令的情况包括（　　）。
A. 对合同中任何工作工程量的改变　　B. 在强制性标准外提高或降低质量标准
C. 改变原定的施工顺序或时间安排　　D. 增加或缩短合同约定的工期

7-3 我国工程合同索赔是（　　）。
A. 单项的　　B. 双向的
C. 无法确定　　D. 不确定

7-4 下列关于建设工程索赔程序的说法正确的是（　　）。
A. 设计变更发生后，承包人应在28天内向发包人提交索赔通知
B. 索赔事件持续进行时，承包人应在事件终了后立即提交索赔报告
C. 索赔意向通知发出后14天内，承包人应向工程师提交索赔报告及有关资料
D. 工程师收到承包人送交的索赔报告和有关资料后28天内未予答复或未对承包人作进一步要求，视为该项索赔已被认可

7-5 人工费中，（　　）应按照计日工费计算。
A. 增加工作内容的人工费　　B. 停工损失费
C. 工作效率降低所引起的损失费　　D. 机上工作人员的工资

7-6 根据我国《建设工程质量保证金管理暂行办法》有关规定，下列表述中错误的是（　　）。
A. 缺陷责任期从工程通过竣（交）工验收之日起计算

B. 由于发包人原因导致工程无法按规定期限进行竣（交）工验收的，在承包人提交竣（交）工验收报告90天后工程自动进入缺陷责任期

C. 全部或部分使用政府投资的建设项目，保证金按工程价款结算总额的3%预留

D. 缺陷责任期内，承包人维修并承担相应费用后，不免除对工程的一般损失赔偿责任

7-7 对拟完工程计划投资表示正确的是（　　）。

A. 拟完工程计划投资＝拟完工程量×计划单价

B. 拟完工程计划投资＝拟完工程量×实际单价

C. 拟完工程计划投资＝已完工程量×计划单价

D. 拟完工程计划投资＝已完工程量×实际单价

7-8 某分项工程工作计划在4、5、6周施工，每周计划完成工程量1000m^3，计划单价为20元/m^3；实际该分项工程于4、5、6、7周完成，每周完成工作量750m^3，第4、5周的实际单价为22元，第6、7周的实际单价为25元，则第6周该分项工程的进度偏差和投资偏差分别为（　　）元。

A. －15000，－6750　　B. －6750，15000

C. 15000，6750　　D. －15000，6750

多选题：

7-9 下列变更事件，属于设计变更的是（　　）。

A. 更改有关部分的基线

B. 环境的变化导致施工机械和材料的变化

C. 要求提前工期导致的施工机械和材料的变化

D. 强制性标准发生变化从而要求提高工程质量

E. 增减合同中约定的工程量

7-10 工程索赔分类标准包括（　　）。

A. 合同依据　　B. 索赔目的

C. 索赔事件的性质　　D. 索赔的当事人

E. 索赔处理的方法

7-11 工程索赔的处理原则有（　　）。

A. 必须以合同为依据　　B. 必须及时合理地处理索赔

C. 必须按国际惯例处理　　D. 加强主动控制，减少工程索赔

E. 必须坚持统一性和差别性相结合

7-12 工程价款的结算方式主要有（　　）两种。

A. 按月结算与支付　　B. 按季结算

C. 竣工分次结算　　D. 分段结算与支付

E. 按周结算

7-13 常用的偏差分析方法有（　　）。

A. 横道图法　　B. 时标网络图法

C. 表格法　　D. 曲线法

E. 形象图法

计算题：

7-14 某工程按最早开始时间安排的横道图计划如图1所示，其中虚线上方数字为该工

作每月的计划投资额（单位：万元）。该工程施工合同规定工程于1月1日开工，按季度综合调价系数调价。在实施过程中，各工作的实际工程量和持续时间均与计划相同。

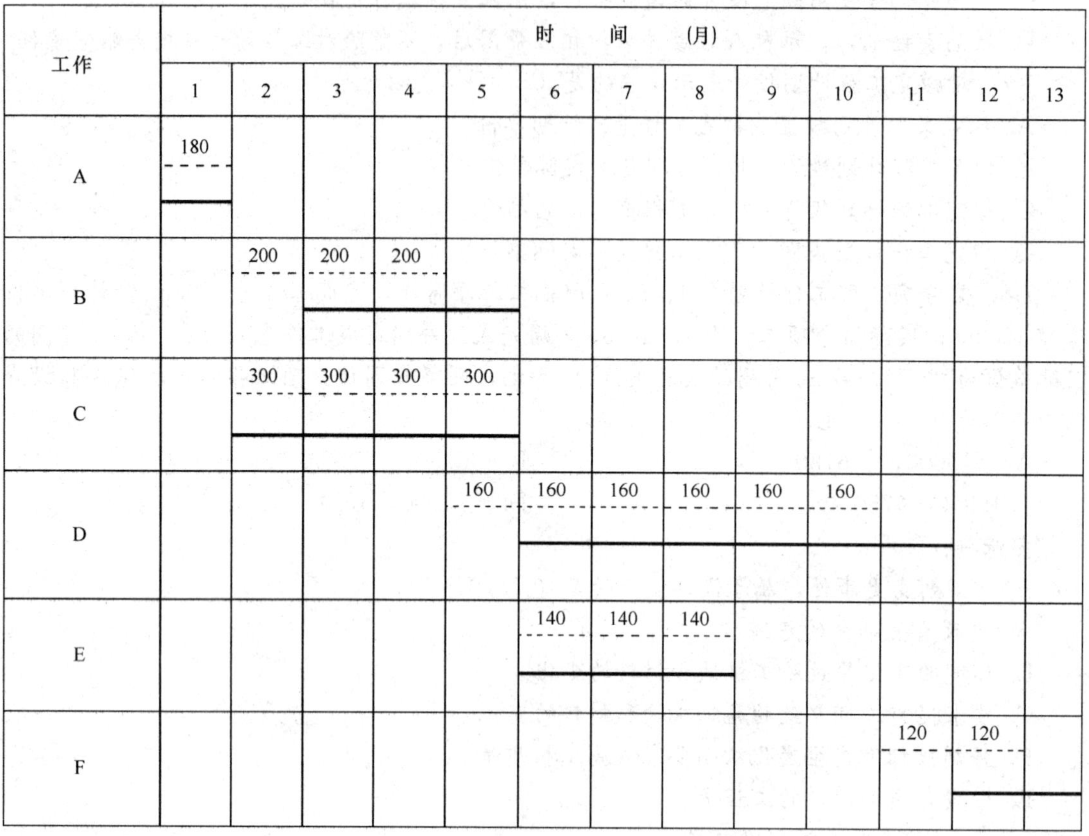

工作	时间（月）												
	1	2	3	4	5	6	7	8	9	10	11	12	13
A	180												
B		200	200	200									
C		300	300	300	300								
D					160	160	160	160	160	160			
E						140	140	140					
F											120	120	

图1　横道图

问题：

1. 在施工过程中，工作A、C、E按计划实施（如图1中的实线横道所示）。工作日推迟1个月开始，导致工作D、F的开始时间相应推迟1个月。请完成B、D、F工作的实际进度的横道图。

2. 若前三个季度的综合调价系数分别为1.00、1.05和1.10，计算第2至第7个月的已完工程实际投资。

3. 第2至第7个月的已完工程计划投资各为多少？

4. 列式计算第7个月末的投资偏差和以投资额、时间分别表示的进度偏差。

（注意：计算结果保留两位小数）。

第8章　建设项目竣工阶段工程造价控制

重　点　提　示

1. 了解竣工阶段与工程造价的关系。
2. 熟悉竣工结算方法和计算。
3. 熟悉竣工决算报表的编制。
4. 熟悉新增资产价值的确定。
5. 了解保修费用处理。

8.1　建设项目竣工阶段与工程造价

8.1.1　建设项目竣工验收概述

8.1.1.1　建设项目竣工验收的内容

建设项目竣工验收是指由发包人、承包人和项目验收委员会，以项目批准的设计任务书和设计文件，以及国家或部门颁发的施工验收规范和质量检验标准为依据，按照一定的程序和手续，在项目建成并试生产合格后（工业生产性项目），对工程项目的总体进行检验和认证、综合评价和鉴定的活动。根据我国建设程序的规定，竣工验收是建设工程的最后阶段，是建设项目施工阶段和保修阶段的中间过程，同时是全面检验建设项目是否符合设计要求和工程质量检验标准的重要环节，审查投资使用是否合理的重要环节，是投资成果转入生产或使用的标志。只有经过竣工验收，建设项目才能实现由承包人管理向发包人管理的过渡，它标志着建设投资成果投入生产或使用，对促进建设项目及时投产或交付使用、发挥投资效果、总结建设经验有着重要的作用。

不同的建设工程项目，其竣工验收的内容也不完全相同。但一般均包括工程资料验收和工程内容验收两部分。

（1）工程资料验收

包括工程技术资料、工程综合资料和工程财务资料验收三个方面的内容。

1）工程技术资料验收的内容包括：

①工程地质、水文、气象、地形、地貌、建筑物、构筑物及重要设备安装位置、勘察报告与记录。

②初步设计、技术设计或扩大初步设计、关键的技术试验、总体规划设计。

③土质试验报告、基础处理。

④建筑工程施工记录、单位工程质量检验记录、管线强度、密封性试验报告、设备及管线安装施工记录及质量检查、仪表安装施工记录。

⑤设备试车、验收运转、维修记录。

⑥产品的技术参数、性能、图纸、工艺说明、工艺规程、技术总结、产品检验与包装、

工艺图。

⑦设备的图纸、说明书。

⑧涉外合同、谈判协议、意向书。

⑨各单项工程及全部管网竣工图等资料。

2）工程综合资料验收的内容包括：

①项目建议书及批件、可行性研究报告及批件、项目评估报告、环境影响评估报告书。

②设计任务书、土地征用申报及批准的文件。

③招标投标文件、承包合同。

④项目竣工验收报告、验收鉴定书。

3）工程财务资料验收的内容包括：

①历年建设资金供应（拨、贷）情况和应用情况。

②历年批准的年度财务决算。

③历年年度投资计划、财务收支计划。

④建设成本资料。

⑤设计概算、预算资料。

⑥施工决算资料。

（2）工程内容验收

包括建筑工程验收、安装工程验收两部分。

1）建筑工程验收的内容包括：

①建筑物的位置、高程、轴线是否符合设计要求。

②对基础工程中的土石方工程、垫层工程、砌筑工程等资料的审查。

③结构工程中的砖木结构、砖混结构、内浇外砌结构、钢筋混凝土结构的审查验收。

④对屋面工程的木基、望板油毡、屋面瓦、保温层、防水层等的审查验收。

⑤对门窗工程的审查验收。

⑥对装修工程的审查验收（抹灰、油漆等工程）。

2）安装工程验收的内容包括：

①建筑设备安装工程（指民用建筑物中的上下水管道、煤气、通风、暖气、电气照明等安装工程）。应检查这些设备的规格、型号、数量、质量是否符合设计要求，检查安装时的材料、材质、材种，检查试压、闭水试验、照明。

②工艺设备安装工程包括：生产、起重、传动、试验等设备的安装，以及附属管线敷设和油漆、保温等。检查设备的规格、型号、数量、质量、设备安装的位置、高程、机座尺寸、质量、单机试车、无负荷联动试车、有负荷联动试车、管道的焊接质量、清洗、吹扫、试压、试漏及各种阀门等。

③动力设备安装工程是指有自备电厂的项目或变配电室（所）、动力配电线路的验收。

8.1.1.2 建设项目竣工验收的条件与范围

（1）竣工验收的条件

1）完成建设工程项目设计和合同约定的各项内容。

2）有完整的技术档案和施工管理资料。

3）有工程使用的主要建筑材料、建筑构配件和设备的进场试验报告。

4）有勘察、设计、施工、工程监理等单位分别签署的质量合格文件。

5）有施工单位签署的工程保修书。

（2）竣工验收的范围

国家颁布的建设法规规定，凡新建、扩建、改建的基本建设工程项目和技术改造项目（所有列入固定资产投资计划的建设工程项目或单项工程），已按国家批准的设计文件所规定的内容建成，符合验收标准，即：工业投资项目经负荷试车考核，试生产期间能够正常生产出合格产品，形成生产能力的；非工业投资项目符合设计要求，能够正常使用的，不论是属于何种建设性质，都应及时组织验收，办理固定资产移交手续。

有些工期较长、建设设备装置较多的大型工程，为了及时发挥其经济效益，对其能够独立生产的单项工程，也可以根据建成时间的先后顺序，分期分批地组织竣工验收；对能生产中间产品的一些单项工程，不能提前投料试车，可以按生产要求与生产最终产品的工程同步建成竣工后，再进行全部验收。

对于某些特殊情况，工程施工虽未全部按设计要求完成，也应进行验收。这些特殊情况主要有：

1）因少数非主要设备或某些特殊材料短期内不能解决，虽然工程内容尚未全部完成，但已可以投产或使用的工程项目。

2）规定要求的内容已完成，但由于外部条件的制约，例如流动资金不足、生产所需原材料不能满足等，而使已建工程不能投入使用的项目。

3）有些建设工程项目或单项工程，已形成部分生产能力，但近期内不能按原设计规模续建，应当从实际情况出发，经主管部门批准后，可缩小规模对已完成的工程和设备组织竣工验收，移交固定资产。

8.1.1.3 建设项目竣工验收的依据与标准

（1）竣工验收的依据

建设工程项目竣工验收的依据，除了必须符合国家规定的竣工标准（或地方政府主管机关规定的具体标准）之外，在进行工程竣工验收和办理工程移交手续时，还应该以下列文件作为依据：

1）上级主管部门对该项目批准的各种文件。

2）可行性研究报告。

3）施工图设计文件及设计变更洽商记录。

4）国家颁布的各种标准和现行的施工验收规范。

5）工程承包合同文件。

6）技术设备说明书。

7）建筑安装工程统一规定及主管部门关于工程竣工的规定。

8）从国外引进的新技术和成套设备的项目以及中外合资建设工程项目，要按照签订的合同和进口国提供的设计文件等进行验收。

9）利用世界银行等国际金融机构贷款的建设工程项目，应按世界银行规定，按时编制《项目完成报告》。

（2）竣工验收的标准

施工单位完成工程承包合同中规定的各项工程内容，并依照设计图纸、文件和建设工程项目施工及验收规范，自查合格后，申请竣工验收。

1）生产性项目和辅助性公用设施，已按设计要求完成，能满足生产使用。

2）主要工艺设备配套经联动负荷试车合格，形成生产能力，能够生产出设计文件所规定的产品。

3）主要的生产设施已按设计要求建成。

4）生产准备工作能适应投产的需要。

5）环境保护设施、劳动安全卫生设施、消防设施已按设计与主体工程同时建成使用。

6）生产性投资项目，例如工业项目的土建、安装、人防、管道、通信等工程的施工和竣工验收，必须按照国家和行业施工及验收规范执行。

8.1.1.4 建设项目竣工验收的方式与程序

（1）建设项目竣工验收的方式

建设项目竣工验收的方式可分为：单位工程竣工验收、单项工程竣工验收和全部工程竣工验收三种方式。

1）单位工程竣工验收。单位工程竣工验收也称为中间验收，是承包人以单位工程或某专业工程为对象，独立签定的建设工程施工合同，达到竣工条件后，承包人可以单独进行交工，发包人根据竣工验收的依据和标准，按施工合同约定的工程内容组织竣工验收。这阶段工作由监理人组织，发包人和承包人派人参加验收工作，单位工程验收资料是最终验收的依据。按照现行建设工程项目划分标准，单位工程是单项工程的组成部分，有独立的施工图纸，承包人施工完毕，征得发包人同意，或原施工合同已有约定的，可进行分阶段验收。这种验收方式，在一些较大型的、群体式的、技术比较复杂的建设工程中比较普遍。我国加入世贸组织后，建设工程领域利用外资或合作搞建设的机会越来越多，同时采用国际惯例的做法也日益增多。分段验收或中间验收的做法也符合国际惯例，它可以有效控制分项、分部和单位工程的质量，保证建设工程项目系统目标的实现。我国近几年来也借鉴了国际上的一些经验和做法，修订了施工合同示范文本，增加了中间交工的条款。

2）单项工程竣工验收。单项工程竣工验收也称为交工验收，是在一个总体建设项目中，一个单项工程已完成设计图纸规定的工程内容，能够满足生产要求或具备使用条件，承包人向监理人提交“工程竣工报告”和“工程竣工报验单”，经确认后向发包人发出“交付竣工验收通知书”，说明工程完工情况、竣工验收准备情况、设备无负荷单机试车情况，具体约定单项工程竣工验收的相关工作。这阶段工作由发包人组织，会同承包人、监理人、设计单位和使用单位等有关部门完成。对于投标竞争承包的单项工程施工项目，则按照施工合同的约定，仍由承包人向发包人发出交工通知书请求组织验收。竣工验收前，承包人要根据国家规定，整理好全部竣工资料并完成现场竣工验收的准备工作，明确提出交工要求，发包人应按约定的程序及时组织正式验收。对于工业设备安装工程的竣工验收，则要依据设备技术规范说明书和单机试车方案，逐级进行设备的试运行。验收合格后应签署设备安装工程的竣工验收报告。

3）全部工程的竣工验收。全部工程的竣工验收是建设项目已按设计规定全部建成、达到竣工验收条件，由发包人组织设计、施工、监理等单位和档案部门进行全部工程的竣工验收。全部工程的竣工验收，通常是在单位工程、单项工程竣工验收的基础上进行。对于已经交付竣工验收的单位工程（中间交工）或单项工程并已办理了移交手续的，原则上不再重复办理验收手续，但应将单位工程或单项工程竣工验收报告作为全部工程竣工验收的附件加以说明。

对于一个建设项目的全部工程竣工验收而言，大量的竣工验收基础工作已在单位工程和单项工程竣工验收中进行。实际上，全部工程竣工验收的组织工作，大多是由发包人负责，承包人主要是为竣工验收创造必要的条件。

全部工程竣工验收的主要任务是：负责审查建设工程各个环节的验收情况；听取各相关单位（设计、施工、监理等）的工作报告；审阅工程竣工档案资料的情况；对工程进行实地察验并对设计、施工、监理等方面工作和工程质量、试车情况等做出综合全面评价。承包人作为建设工程的承包（施工）主体，应全过程参加有关的工程竣工验收。

（2）建设项目竣工验收的程序

建设项目全部建成，经过各单项工程的验收符合设计的要求，并且具备竣工图表、竣工决算、工程总结等必要文件资料，由建设项目主管部门或发包人向负责验收的单位提出竣工验收申请报告，依据程序验收。工程验收报告应经项目经理和承包人有关负责人审核签字。竣工验收的一般程序为：

1）承包人申请交工验收。承包人在完成了合同工程或按合同约定可分部移交工程的，可申请交工验收，交工验收一般为单项工程，但在某些特殊情况下也可以是单位工程的施工内容，例如特殊基础处理工程、发电站单机机组完成后的移交等。承包人施工的工程达到竣工条件后，应先进行预检验，对不符合要求的部位及项目，确定修补措施和标准，修补有缺陷的工程部位；对于设备安装工程，要与发包人和监理人共同进行无负荷的单机和联动试车。承包人在完成了上述工作和准备好竣工资料后，即可向发包人提交“工程竣工报验单”。

2）监理人现场初步验收。监理人收到“工程竣工报验单”之后，应由总监理工程师组成验收组，对竣工的工程项目的竣工资料和各专业工程的质量进行初验，在初验中发现的质量问题，要及时书面通知承包人，令其修理甚至返工。经整改合格后监理工程师签署“工程竣工报验单”，并向发包人提出质量评估报告，至此现场初步验收工作结束。

3）单项工程验收。单项工程验收又称交工验收，即验收合格后发包人方可投入使用。由发包人组织的交工验收，由监理人、设计单位、承包人、工程质量监督部门等参加，主要根据国家颁布的相关技术规范和施工承包合同，对以下几方面进行检查或检验：

①检查、核实竣工项目准备移交给发包人的所有技术资料的完整性、准确性。

②按照设计文件和合同，检查已完工程是否有漏项。

③检查工程质量、隐蔽工程验收资料，关键部位的施工记录等，考察施工质量是否达到合同要求。

④检查试车记录及试车中所发现的问题是否得到改正。

⑤在交工验收中发现需要修补、返工的工程，明确规定完成期限。

⑥其他涉及的相关问题。

验收合格后，发包人和承包人共同签署“交工验收证书”。然后，由发包人将相关技术资料和试车记录、试车报告及交工验收报告一并上报主管部门，经批准后该部分工程即可投入使用。验收合格的单项工程，在全部工程验收时，原则上不再办理验收手续。

4）全部工程的竣工验收。全部施工过程完成后，由国家主管部门组织的竣工验收，又称之为动用验收。发包人参与全部工程竣工验收。全部工程竣工验收分为验收准备、预验收和正式验收三个阶段。

①验收准备。发包人、承包人和其他有关单位均应进行验收准备，验收准备的主要工作内容有：

A. 收集、整理各类技术资料，分类装订成册。

B. 核实建筑安装工程的完成情况，列出已交工工程和未完工工程一览表，包括单位工程名称、工程量、预算估价以及预计完成时间等内容。

C. 提交财务决算分析。

D. 检查工程质量，查明需补修或返工的工程并提出具体的时间安排，预申报工程质量等级的评定，做好相关材料的准备工作。

E. 整理汇总项目档案资料，绘制工程竣工图。

F. 登载固定资产，编制固定资产构成分析表。

G. 落实生产准备各项工作，提出试车检查的情况报告，总结试车考评情况。

H. 编写竣工结算分析报告和竣工验收报告。

②预验收。建设项目竣工验收准备工作结束后，由发包人或上级主管部门会同监理人、设计单位、承包人及有关单位或部门组成预验收组进行预验收。预验收的主要工作包括：

A. 核实竣工验收准备工作内容，确认竣工项目所有档案资料的完整性和准确性。

B. 检查项目建设标准、评定质量，对竣工验收准备过程中有争议的问题、隐患及遗留问题提出处理意见。

C. 检查财务账表是否齐全并验证数据的真实性。

D. 检查试车情况和生产准备情况。

E. 编写竣工预验收报告和移交生产准备情况报告，在竣工预验收报告中应说明项目的概况，对验收过程进行阐述，对工程质量做出总体评价。

③正式验收。建设项目的正式竣工验收是由国家、地方政府、建设项目投资商或开发商以及有关单位领导和专家参加的最终整体验收。大中型和限额以上的建设项目的正式验收，由国家投资主管部门或其委托项目主管部门或地方政府组织验收，通常由竣工验收委员会（或验收小组）主任（或组长）主持，具体工作可由总监理工程师组织实施。国家重点工程的大型建设项目，由国家有关部委邀请有关方面参加，组成工程验收委员会进行验收。小型和限额以下的建设项目由项目主管部门组织。发包人、监理人、承包人、设计单位和使用单位共同参加验收工作。

A. 发包人、勘察设计单位分别汇报工程合同履约情况以及在工程建设各环节执行法规与工程建设强制性标准的情况。

B. 听取承包人汇报建设项目的施工情况、自验情况和竣工情况。

C. 听取监理人汇报建设项目监理内容和监理情况及对项目竣工的意见。

D. 组织竣工验收小组全体人员进行现场检查，了解项目现状、查验项目质量，及时发现存在和遗留的问题。

E. 审查竣工项目移交生产使用的各种档案资料。

F. 评审项目质量，对主要工程部位的施工质量进行复验、鉴定，对工程设计的先进性、合理性和经济性进行复验和鉴定，根据设计要求和建筑安装工程施工的验收规范和质量标准进行质量评定验收。在确认工程符合竣工标准和合同条款规定后，签发竣工验收合格证书。

G. 审查试车规程，检查投产试车情况，核定收尾工程项目，对遗留问题提出处理意见。

H. 签署竣工验收鉴定书，对整个项目做出总的验收鉴定。竣工验收鉴定书是表示建设项目已经竣工，并交付使用的重要文件，是全部固定资产交付使用和建设项目正式动用的依据。竣工验收签证书的格式如表 8-1 所示：

表 8-1　建设项目竣工验收鉴定书

工程名称		工程地点	
工程范围	按合同要求定	建筑面积	
工程造价			
开工日期	年　月　日	竣工日期	年　月　月
日历工作天		实际工作天	
验收意见			
发包人验收人			

整个建设项目进行竣工验收后，发包人应及时办理固定资产交付使用手续。在进行竣工验收时，已经验收过的单项工程可以不再办理验收手续，但应将单项工程交工验收证书作为最终验收的附件而加以说明。发包人在竣工验收过程中，如发现工程不符合竣工条件，应责令承包人进行返修，并重新组织竣工验收，直到通过验收。

8.1.2　建设项目竣工阶段与工程造价的关系

建设项目竣工阶段的工程造价管理是工程造价全过程管理的内容之一，该阶段的主要工作是确定建设工程项目最终的实际造价，即竣工结算价格和竣工决算价格，编制竣工决算文件，办理项目的资产移交。通过工程竣工结算，最终实现建筑安装工程产品的“销售”。它是确定单项工程最终造价、考核施工企业经济效益以及编制竣工决算的依据。

竣工结算是反映工程项目的实际价格，最终体现工程造价系统控制的效果。要有效控制工程项目竣工结算价，必须严格审核。核对合同条款时，要注意以下几点：

（1）检查竣工工程内容是否符合合同条件要求、竣工验收是否合格。

（2）检查结算价款是否符合合同的结算方式。其次要检查隐蔽验收记录：所有隐蔽工程是否经监理工程师的签证确认。

（3）要落实设计变更签证：按合同的规定，检查设计变更签证是否有效。

（4）要核实工程数据：依据竣工图、设计变更单及现场签证等进行核算。

（5）要防止各种计算误差。

实践经验证明，通过对工程项目结算的审查，通常情况下，经审查的工程结算较施工单位编制的工程结算的工程造价资金相差率在10%左右，有的高达20%，因此，有效地审核对控制投入、节约资金起着非常重要的作用。

竣工决算是建设单位反映建设工程项目实际造价、投资效果和正确核定新增固定资产价值的文件，是竣工验收报告的重要组成部分。同时，竣工决算价格是由竣工结算价格与实际发生的工程建设其他费用等汇总而成的，是计算交付使用财产价值的依据。竣工决算可以反映出固定资产计划完成情况以及节约或超支原因，从而控制工程造价。

竣工决算是基本建设成果和财务的综合反映，它包括项目从筹建到建成投产或使用的全部费用。除了采用货币形式表示基本建设的实际成本和相关指标外，同时包括建设工期、工程量和资产的实物量以及技术经济指标，并综合了工程的年度财务决算，全面反映了基本建设的主要情况。依据国家基本建设投资的规定，在批准基本建设工程项目计划任务书时，可依据投资估算来估计基本建设计划投资额。在确定基本建设工程项目设计方案时，可依据设计概算决定建设工程项目计划总投资的最高数额。在施工图设计时，可编制施工图预算，用以确定单项工程或单位工程的计划价格，同时规定其不得超过相应的设计概算。所以，竣工决算可以反映出固定资产计划完成情况以及节约或超支原因，从而控制工程造价。

8.2 竣工结算

8.2.1 竣工结算的概念

竣工结算是由施工企业按照合同规定的内容全部完成所承包的工程，经建设单位及相关单位验收质量合格，并符合合同要求之后，在交付生产或使用前，由施工单位根据合同价格和实际发生的费用增减变化（变更、签证、洽商等）情况进行编制，并经发包方或委托方签字确认的，正确反映该项工程最终实际造价，并作为向发包单位进行最终结算工程款的经济文件。

竣工结算一般由施工单位编制，建设单位审核同意后，按合同规定签字盖章，通过相关银行办理工程价款的最后结算。

8.2.2 竣工结算的内容

竣工结算的内容与施工图预算的内容基本相同，由直接费、间接费、计划利润和税金四部分组成。竣工结算以竣工结算书的形式表现，包括单位工程竣工结算书、单项工程竣工结算书及竣工结算说明书等。

竣工结算书中主要应体现“量差”和“价差”的基本内容。

“量差”是指原计价文件所列工程量与实际完成的工程量不符而产生的差别。

“价差”是指签订合同时的计价或取费标准与实际情况不符而产生的差别。

8.2.3 竣工结算的编制原则与依据

8.2.3.1 竣工结算的编制原则

工程项目竣工结算既要正确贯彻执行国家和地方基建部门的政策和规定，又要准确反映施工企业完成的工程价值。在进行工程结算时，要遵循以下原则：

（1）必须具备竣工结算的条件，要有工程验收报告，对于未完工程，质量不合格的工程、不能结算；需要返工重做的，应返工修补合格后，才能结算。

（2）严格执行国家和地区的各项有关规定。

（3）实事求是，认真履行合同条款。

（4）编制依据充分，审核和审定手续完备。

（5）竣工结算要本着对国家、建设单位、施工单位认真负责的精神，做到既合理又合法。

8.2.3.2 竣工结算的编制依据

（1）工程竣工报告、工程竣工验收证明、图纸会审记录、设计变更通知单及竣工图。

（2）经审批的施工图预算、购料凭证、材料代用价差、施工合同。

（3）本地区现行预算定额、费用定额、材料预算价格及各种收费标准、双方有关工程计价协定。

（4）各种技术资料（技术核定单、隐蔽工程记录、停复工报告等）及现场签证记录。

（5）不可抗力、不可预见费用的记录以及其他有关文件的规定。

8.2.4 竣工结算的编制方法与程序

8.2.4.1 竣工结算的编制方法

（1）合同价格包干法

在考虑了工程造价动态变化的因素后，合同价格一次包死，项目的合同价就是竣工结算造价。即：

$$结算工程造价 = 经发包方审定后确定的施工图预算造价 \times (1 + 包干系数) \quad (8\text{-}1)$$

（2）合同价增减法

在签订合同时商定合同价格，但没有包死，结算时以合同价为基础，按实际情况进行增减结算。

（3）预算签证法

按双方审定的施工图预算签订合同，凡在施工过程中经双方签字同意的凭证都作为结算的依据，结算时以预算价为基础按所签凭证内容调整。

（4）竣工图计算法

结算时根据竣工图、竣工技术资料、预算定额，依据施工图预算编制方法，全部重新计算，得出结算工程造价。

（5）平方米造价包干法

双方根据一定的工程资料，事先协商好每平方米造价指标，结算时以平方米造价指标乘以建筑面积确定应付的工程价款。即：

$$结算工程造价 = 建筑面积 \times 每平方米造价指标 \quad (8\text{-}2)$$

（6）工程量清单计价法

以业主与承包方之间的工程量清单报价为依据，进行工程结算。

办理工程价款竣工结算的一般公式为：

$$\begin{aligned} 竣工结算工程价款 = & 预算(或概算)或合同价款 + \\ & 施工过程中预算或合同价款调整数额 - \\ & 预付及已结算的工程价款 - 未扣的保修金 \end{aligned} \quad (8\text{-}3)$$

【例 8-1】 某三类工程分部分项工程费和措施费合计为 400 万元，规费费率为 3%，其他费用暂不考虑，税金按 3.14%计取，该工程施工水电由建设单位直接提供，水的定额含量为 4800m^3，电的定额含量为 78000kWh。计算工程甲乙双方的结算价格应为多少？（其中水单价为 3.0 元/m^3，电单价为 0.75 元/kWh）

【解】 税后总价＝400×（1＋3%）×（1＋3.14%）＝424.94（万元）

水价＝4800×3.0＝14400（元）＝1.44（万元）

电价＝78000×0.75＝58500（元）＝5.85（万元）

结算价＝424.94－1.44－5.85＝417.65（万元）

8.2.4.2 竣工结算的编制程序

（1）承包方进行竣工结算的程序和方法

1）收集分析影响工程量差、价差和费用变化的原始凭证。

2）依据工程实际对施工图预算的主要内容进行检查、核对。

3）依据收集的资料和预算对结算进行分类汇总，计算量差、价差，进行费用调整。

4）依据查对结果和各种结算依据，分别归类汇总，填写竣工工程结算单，编制单位工程结算。

5）编写竣工结算说明书。

6）编制单项工程结算。目前国家没有统一规定工程竣工结算书的格式，各地区可结合当地情况和需要自行设计计算表格，供结算使用。

单位工程结算费用计算程序，见表 8-2、表 8-3，竣工工程结算单见表 8-4。

表 8-2　土建工程结算费用计算程序表

序　　号	费用项目	计算公式	金　　额
1	原概（预）算直接费		
2	历次增减变更直接费		
3	调价金额	[（1）＋（2）]×调价系数	
4	直接费	（1）＋（2）＋（3）	
5	间接费	（4）×相应工程类别费率	
6	利润	[（4）＋（5）]×相应工程类别利润率	
7	税金	[（4）＋（5）＋（6）＋（7）]×相应税率	
8	工程造价	（4）＋（5）＋（6）＋（7）	

表 8-3　水、暖、电工程结算费用计算程序表

序　　号	费用项目	计算公式	金　　额
1	原概（预）算直接费		
2	历次增减变更直接费		
3	其中：定额人工费	（1）、（2）两项所含	
4	其中：设备费	（1）、（2）两项所含	
5	措施费	（3）×费率	
6	调价金额	[（1）＋（2）＋（5）]×调价系数	
7	直接费	（1）＋（2）＋（5）＋（6）	
8	间接费	（3）×相应工程类别费率	
9	利润	（3）×相应工程类别利润率	
10	税金	[（7）＋（8）＋（9）＋（10）]×相应税率	
11	设备费价差（上）	（实际供应价－原设备费）×（1＋税率）	
12	工程造价	（7）＋（8）＋（9）＋（10）＋（11）	

表 8-4　竣工工程结算单

建设单位：　　　　　　　　　　　　　　　　　　　　　　　　　单位：元

<table>
<tr><td colspan="4">1. 原预算造价</td></tr>
<tr><td rowspan="10">2. 调整预算</td><td rowspan="5">增加部分</td><td>（1）补充预算</td><td></td></tr>
<tr><td>（2）</td><td></td></tr>
<tr><td>（3）</td><td></td></tr>
<tr><td>…</td><td></td></tr>
<tr><td>合计</td><td></td></tr>
<tr><td rowspan="5">减少部分</td><td>（1）</td><td></td></tr>
<tr><td>（2）</td><td></td></tr>
<tr><td>（3）</td><td></td></tr>
<tr><td>…</td><td></td></tr>
<tr><td>合计</td><td></td></tr>
<tr><td colspan="4">3. 竣工结算总造价</td></tr>
<tr><td rowspan="3">4. 财务结算</td><td colspan="2">已收工程款</td><td></td></tr>
<tr><td colspan="2">报产值的甲供材料设备价值</td><td></td></tr>
<tr><td colspan="2">实际结算工程款</td><td></td></tr>
<tr><td>说明</td><td colspan="3"></td></tr>
<tr><td colspan="2">建设单位：
经 办 人：

年　　月　　日</td><td colspan="2">施工单位：
经 办 人：

年　　月　　日</td></tr>
</table>

（2）业主进行竣工结算的管理程序

1）业主接到承包商提交的竣工结算书后，应以单位工程为基础，对承包合同内规定的施工内容，包括工程项目、工程量、单价取费和计算结果等进行检查与核对。

2）核查合同工程的竣工结算，竣工结算应包括以下几方面：

①开工前准备工作的费用是否准确。

②土石方工程与基础处理有无漏算或多算。

③钢筋混凝土工程中的钢筋含量是否按规定进行了调整。

④加工订货的项目、规格、数量、单价等与实际安装的规格、数量、单价是否相符。

⑤特殊工程中使用的特殊材料的单价有无变化。

⑥工程施工变更记录与合同价格的调整是否相符。

⑦实际施工中有无与施工图要求不符的项目。

⑧单项工程综合结算书与单位工程结算书是否相符。

3）对核查过程中发现的不符合合同规定情况，例如多算、漏算或计算错误等，均应予以调整。

4）将批准的工程竣工结算书送交有关部门审查。

5）工程竣工结算书经过确认后，办理工程价款的最终结算拨款手续。

8.2.5 竣工结算的审查

（1）自审：竣工结算初稿编定后，施工单位内部先组织审查、校核。

（2）建设单位审查：施工单位自审后编印成正式结算书送交建设单位审查，建设单位也可委托有关部门批准的工程造价咨询单位审查。

（3）造价管理部门审查：甲乙双方有争议且协商无效时，可以提请造价管理部门裁决。

各方对竣工结算进行审查的具体内容包括：

核对合同条款；检查隐蔽工程验收记录；落实设计变更签证；按图核实工程数量；严格按合同约定计价；注意各项费用计取；防止各种计算误差。

8.3 竣工决算

8.3.1 竣工决算的概念

竣工决算是以实物数量和货币指标为计量单位，综合反映竣工项目从筹建开始到项目竣工交付使用为止的全部建设费用、投资效果和财务情况的总结性文件，是竣工验收报告的重要组成部分。竣工决算是正确核定新增固定资产价值，考核分析投资效果，建立健全经济责任制的依据，是反映建设项目实际造价和投资效果的文件。通过竣工决算，既能够正确反映建设工程的实际造价和投资结果；又可以通过竣工决算与概算、预算的对比分析，考核投资控制的工作成效，为工程建设提供重要的技术经济方面的基础资料，提高未来工程建设的投资效益。

8.3.2 竣工决算的作用

（1）建设项目竣工决算是综合全面地反映竣工项目建设成果及财务情况的总结性文件，它采用货币指标、实物数量、建设工期和各种技术经济指标，全面反映建设项目自开始建设到竣工为止的全部建设成果和财务状况。

（2）建设项目竣工决算是办理交付使用资产的依据，也是竣工验收报告的重要组成部分。建设单位与使用单位在办理交付资产的验收交接手续时，通过竣工决算反映了交付使用资产的全部价值，包括固定资产、流动资产、无形资产和其他资产的价值。及时编制竣工决算可以正确核定固定资产价值并及时办理交付使用，可缩短工程建设周期，节约建设项目投资，准确考核和分析投资效果。

（3）建设项目竣工决算是分析和检查设计概算的执行情况，考核建设项目管理水平和投资效果的依据。竣工决算反映了竣工项目计划、实际的建设规模、建设工期以及设计和实际的生产能力，反映了概算总投资和实际的建设成本，同时还反映了所达到的主要技术经济指标。通过对这些指标计划数、概算数与实际数进行对比分析，不仅可以全面掌握建设项目计划和概算执行情况，而且可以考核建设项目投资效果，为今后制定建设项目计划，降低建设成本，提高投资效果提供必要的参考资料。

8.3.3 竣工决算的内容与编制

8.3.3.1 竣工决算的内容

建设项目竣工决算应包括从筹集到竣工投产全过程的全部实际费用，即包括建筑工程费、安装工程费、设备工器具购置费用及预备费等费用。按照财政部、国家发展改革委和住房和城乡建设部的有关文件规定，竣工决算是由竣工财务决算说明书、竣工财务决算报表、工程竣工图和工程竣工造价对比分析四部分组成。其中，竣工财务决算说明书和竣工财务决算报表两部分又称建设项目竣工财务决算，是竣工决算的核心内容。

（1）竣工财务决算说明书

竣工财务决算说明书主要反映竣工工程建设成果和经验，是对竣工决算报表进行分析和补充说明的文件，是全面考核分析工程投资与造价的书面总结，是竣工决算报告的重要组成部分，其内容主要包括：

1）建设项目概况，对工程总的评价。一般从进度、质量、安全和造价方面进行分析说明。进度方面主要说明开工和竣工时间，对照合理工期和要求工期分析是提前还是延期；质量方面主要根据竣工验收委员会或相当一级质量监督部门的验收评定等级、合格率和优良品率；安全方面主要根据劳动工资和施工部门的记录，对有无设备和人身事故进行说明；造价方面主要对照概算造价，说明节约或超支的情况，用金额和百分率进行分析说明。

2）资金来源及运用等财务分析。主要包括工程价款结算、会计账务的处理、财产物资情况及债权债务的清偿情况。

3）基本建设收入、投资包干结余、竣工结余资金的上交分配情况。通过对基本建设投资包干情况的分析，说明投资包干数、实际支用数和节约额、投资包干节余的有机构成和包干节余的分配情况。

4）各项经济技术指标的分析，概算执行情况分析，根据实际投资完成额与概算进行对比分析；新增生产能力的效益分析，说明支付使用财产占总投资额的比例、占支付使用财产的比例，不增加固定资产的造价占投资总额的比例，分析有机构成和成果。

5）工程建设的经验及项目管理和财务管理工作以及竣工财务决算中有待解决的问题。

6）需要说明的其他事项。

（2）竣工财务决算报表

建设项目竣工财务决算报表根据大、中型建设项目和小型建设项目分别制定。大、中型建设项目竣工决算报表包括：建设项目竣工财务决算审批表；大、中型建设项目概况表；大、中型建设项目竣工财务决算表；大、中型建设项目交付使用资产总表；建设项目交付使用资产明细表。小型建设项目竣工财务决算报表包括建设项目竣工财务决算审批表、竣工财务决算总表、建设项目交付使用资产明细表等。

1）建设项目竣工财务决算审批表（表8-5）。该表作为竣工决算上报有关部门审批时使用，其格式是按照中央级小型项目审批要求设计的，地方级项目可按审批要求作适当修改，大、中、小型项目均要按照下列要求填报此表。

表8-5　建设项目竣工财务决算审批表

<table>
<tr><td>建设项目法人（建设单位）</td><td></td><td>建设性质</td><td></td></tr>
<tr><td>建设项目名称</td><td></td><td>主管部门</td><td></td></tr>
<tr><td colspan="4">开户银行意见：

（盖章）
年　月　日</td></tr>
<tr><td colspan="4">专员办审批意见：

（盖章）
年　月　日</td></tr>
<tr><td colspan="4">主管部门或地方财政部门审批意见：

（盖章）
年　月　日</td></tr>
</table>

①表中“建设性质”按照新建、改建、扩建、迁建和恢复建设项目等分类填列。

②表中“主管部门”是指建设单位的主管部门。

③所有建设项目均须经过开户银行签署意见后，按照有关要求进行报批：中央级小型项目由主管部门签署审批意见；中央级大、中型建设项目报所在地财政监察专员办事机构签署意见后，再由主管部门签署意见报财政部审批；地方级项目由同级财政部门签署审批意见。

④已具备竣工验收条件的项目，三个月内应及时填报审批表，如三个月内不办理竣工验收和固定资产移交手续的视同项目已正式投产，其费用不得从基本建设投资中支付，所实现的收入作为经营收入，不再作为基本建设收入管理。

2）大、中型建设项目概况表（表8-6）。该表综合反映大中型项目的基本概况，内容包括该项目总投资、建设起止时间、新增生产能力、主要材料消耗、建设成本、完成主要工程量和主要技术经济指标，为全面考核和分析投资效果提供依据，可按下列要求填写：

① 建设项目名称、建设地址、主要设计单位和主要承包人，要按全称填列。

② 表中各项目的设计、概算、计划等指标，根据批准的设计文件和概算、计划等确定的数字填列。

③ 表中所列新增生产能力、完成主要工程量的实际数据，根据建设单位统计资料和承包人提供的有关成本核算资料填列。

④ 表中基建支出是指建设项目从开工起至竣工为止发生的全部基本建设支出，包括形成资产价值的交付使用资产，如固定资产、流动资产、无形资产、其他资产支出，还包括不形成资产价值按照规定应核销的非经营项目的待核销基建支出和转出投资。上述支出，应根据财政部门历年批准的“基建投资表”中的有关数据填列。按照财政部印发财基字［1998］4号关于《基本建设财务管理若干规定》的通知，需要注意以下几点：

表 8-6　大中型建设项目概况表

<table>
<tr><td>建设项目（单项工程）名称</td><td colspan="2"></td><td>建设地址</td><td colspan="2"></td><td rowspan="9">基本建设支出</td><td>项　目</td><td>概算（元）</td><td>实际（元）</td><td>备注</td></tr>
<tr><td rowspan="2">主要设计单位</td><td colspan="2" rowspan="2"></td><td rowspan="2">主要施工企业</td><td colspan="2" rowspan="2"></td><td>建筑安装工程投资</td><td></td><td></td><td></td></tr>
<tr><td>设备、工具、器具</td><td></td><td></td><td></td></tr>
<tr><td rowspan="2">占地面积</td><td>设计</td><td>实际</td><td rowspan="2">总投资
（万元）</td><td>设计</td><td>实际</td><td>待摊投资</td><td></td><td></td><td></td></tr>
<tr><td></td><td></td><td></td><td></td><td>其中：
建设单位管理费</td><td></td><td></td><td></td></tr>
<tr><td rowspan="2">新增生产能力</td><td colspan="3">能力（效益）名称</td><td>设计</td><td>实际</td><td>其他投资</td><td></td><td></td><td></td></tr>
<tr><td colspan="3"></td><td></td><td></td><td>待核销基建支出</td><td></td><td></td><td></td></tr>
<tr><td rowspan="2">建设起止时间</td><td colspan="2">设计</td><td colspan="3">从　年　月开工至　年　月竣工</td><td>非经营项目
转出投资</td><td></td><td></td><td></td></tr>
<tr><td colspan="2">实际</td><td colspan="3">从　年　月开工至　年　月竣工</td><td>合　计</td><td></td><td></td><td></td></tr>
<tr><td>设计概算
批准文号</td><td colspan="10"></td></tr>
<tr><td rowspan="3">完成主要
工程量</td><td colspan="5">建设规模</td><td colspan="5">设备（台、套、吨）</td></tr>
<tr><td colspan="3">设计</td><td colspan="2">实际</td><td colspan="2">设计</td><td colspan="3">实际</td></tr>
<tr><td colspan="3"></td><td colspan="2"></td><td colspan="2"></td><td colspan="3"></td></tr>
<tr><td rowspan="2">收尾工程</td><td colspan="3">工程项目、内容</td><td colspan="2">已完成投资额</td><td colspan="2">尚需投资额</td><td colspan="3">完成时间</td></tr>
<tr><td colspan="3"></td><td colspan="2"></td><td colspan="2"></td><td colspan="3"></td></tr>
</table>

A. 建筑安装工程投资支出、设备工器具投资支出、待摊投资支出和其他投资支出构成建设项目的建设成本。

B. 待核销基建支出是指非经营性项目发生的如江河清障、补助群众造林、水土保持、城市绿化、取消项目可行性研究费、项目报废等不能形成资产部分的投资。对于能够形成资产部分的投资，应计入交付使用资产价值。

C. 非经营性项目转出投资支出是指非经营项目为项目配套的专用设施投资，包括专用道路、专用通信设施、送变电站、地下管道等，其产权不属于本单位的投资支出，对于产权归属本单位的，应计入交付使用资产价值。

⑤表中“初步设计和概算批准文号”，按最后经批准的日期和文件号填列。

⑥表中收尾工程是指全部工程项目验收后尚遗留的少量工程，在表中应明确填写收尾工程内容、完成时间、这部分工程的实际成本，可根据实际情况进行估算并加以说明，完工后不再编制竣工决算。

3）大、中型建设项目竣工财务决算表（表 8-7）。竣工财务决算表是竣工财务决算报表的一种，大、中型建设项目竣工财务决算表是用来反映建设项目的全部资金来源和资金占用情况，是考核和分析投资效果的依据。该表反映竣工的大中型建设项目从开工到竣工为止全部资金来源和资金运用的情况。它是考核和分析投资效果，落实结余资金，并作为报告上级核销基本建设支出和基本建设拨款的依据。在编制该表前，应先编制出项目竣工年度财务决算，根据编制出的竣工年度财务决算和历年财务决算编制项目的竣工财务决算。此表采用平衡表形式，即资金来源合计等于资金支出合计。具体编制方法是：

表 8-7　大中型建设项目竣工财务决算表

资金来源	金额	资金占用	金额	补充资料
一、基建拨款		一、基本建设支出		
1. 预算拨款		1. 交付使用资产		1. 基建投资借款期末余额
2. 基建基金拨款		2. 在建工程		
其中：国债专项资金拨款		3. 待核销基建支出		
3. 专项建设基金拨款		4. 非经营性项目转出投资		
4. 进口设备转账拨款		二、应收生产单位投资借款		2. 应收生产单位投资借款期末数
5. 器材转账拨款		三、拨付所属投资借款		
6. 煤代油专用基金拨款		四、器材		
7. 自筹资金拨款		其中：待处理器材损失		
8. 其他拨款		五、货币资金		
二、项目资本金		六、预付及应收款		3. 基建结余资金
1. 国家资本		七、有价证券		
2. 法人资本		八、固定资产		
3. 个人资本		固定资产原价		
三、项目资本公积金		减：累计折旧		
四、基建借款		固定资产净值		
其中：国债转贷		固定资产清理		
五、上级拨入投资借款		待处理固定资产损失		
六、企业债券资金				
七、待冲基建支出				
八、应付款				
九、未交款				
1. 未交税金				
2. 其他未交款				
十、上级拨入资金				
十一、留成收入				
合　计		合　计		

①资金来源包括基建拨款、项目资本金、项目资本公积金、基建借款、上级拨入投资借款、企业债券资金、待冲基建支出、应付款和未交款以及上级拨入资金和企业留成收入等。

A. 项目资本金是指经营性项目投资者按国家有关项目资本金的规定，筹集并投入项目的非负债资金，在项目竣工后，相应转为生产经营企业的国家资本金、法人资本金、个人资本金和外商资本金。

B. 项目资本公积金是指经营性项目投资者实际缴付的出资额超过其资金的差额（包括发行股票的溢价净收入）、资产评估确认价值或者合同协议约定价值与原账面净值的差额、接受捐赠的财产、资本汇率折算差额，在项目建设期间作为资本公积金、项目建成交付使用并办理竣工决算后，转为生产经营企业的资本公积金。

C. 基建收入是基建过程中形成的各项工程建设副产品变价净收入、负荷试车的试运行收入以及其他收入，在表中基建收入以实际销售收入扣除销售过程中所发生的费用和税后的实际纯收入填写。

②表中“交付使用资产”、“预算拨款”、“自筹资金拨款”、“其他拨款”、“项目资本金”、“基建投资借款”、“其他借款”等项目，是指自开工建设至竣工的累计数，上述有关指标应根据历年批复的年度基本建设财务决算和竣工年度的基本建设财务决算中资金平衡表相应项目的数字进行汇总填写。

③表中其余项目费用办理竣工验收时的结余数，根据竣工年度财务决算中资金平衡表的有关项目期末数填写。

④资金支出反映建设项目从开工准备到竣工全过程资金支出的情况，内容包括基建支出、应收生产单位投资借款、库存器材、货币资金、有价证券和预付及应收款以及拨付所属投资借款和库存固定资产等，资金支出总额应等于资金来源总额。

⑤基建结余资金可以按下列公式计算：

基建结余资金＝基建拨款＋项目资本金＋项目资本公积金＋基建投资借款＋企业债券基金＋待冲基建支出－基本建设支出－应收生产单位投资借款　(8-4)

4）大、中型建设项目交付使用资产总表（表 8-8）。该表反映建设项目建成后新增固定资产、流动资产、无形资产和其他资产价值的情况和价值，作为财产交接、检查投资计划完成情况和分析投资效果的依据。小型项目不编制“交付使用资产总表”，直接编制“交付使用资产明细表”，大中型项目在编制“交付使用资产总表”的同时，还需编制“交付使用资产明细表”，大、中型建设项目交付使用资产总表具体编制方法是：

表 8-8　大中型建设项目交付使用资产总表

序号	单项工程项目名称	总计	固定资产				流动资产	无形资产	其他资产
			合　计	建安工程	设　备	其　他			

交付单位：　负责人：　接受单位：　负责人：

盖　章　年　月　日　盖　章　年　月　日

①表中各栏目数据根据“交付使用明细表”的固定资产、流动资产、无形资产、其他资产的各项相应项目的汇总数分别填写，表中总计栏的总计数应与竣工财务决算表中的交付使用资产的金额一致。

②表中第 3 栏、第 4 栏，第 8、9、10 栏的合计数，应分别与竣工财务决算表交付使用

的固定资产、流动资产、无形资产、其他资产的数据相符。

5）建设项目交付使用资产明细表（表 8-9）。该表反映交付使用的固定资产、流动资产、无形资产和其他资产及其价值的明细情况，是办理资产交接和接收单位登记资产账目的依据，是使用单位建立资产明细账和登记新增资产价值的依据。大、中型和小型建设项目均需编制此表。编制时要做到齐全完整，数字准确，各栏目价值应与会计账目中相应科目的数据保持一致。建设项目交付使用资产明细表具体编制方法是：

表 8-9　建设项目交付使用资产明细表

单项工程名称	建筑工程			设备、工具、器具、家具						流动资产		无形资产		其他资产	
	结构	面积（m^2）	价值（元）	名称	规格型号	单位	数量	价值（元）	设备安装费（元）	名称	价值（元）	名称	价值（元）	名称	价值（元）

①表中“建筑工程”项目应按单项工程名称填列其结构、面积和价值。其中“结构”按钢结构、钢筋混凝土结构、混合结构等结构形式填写；面积则按各项目实际完成面积填列；价值按交付使用资产的实际价值填写。

②表中“固定资产”部分要在逐项盘点后，根据盘点实际情况填写，工具、器具和家具等低值易耗品可分类填写。

③表中“流动资产”、“无形资产”、“其他资产”项目应根据建设单位实际交付的名称和价值分别填列。

6）小型建设项目竣工财务决算总表（表 8-10）。由于小型建设项目内容比较简单，因此可将工程概况与财务情况合并编制一张“竣工财务决算总表”，该表主要反映小型建设项目的全部工程和财务情况。具体编制时可参照大、中型建设项目概况表指标和大、中型建设项目竣工财务决算表相应指标内容填写。

（3）建设工程竣工图

建设工程竣工图是真实地记录各种地上、地下建筑物、构筑物等情况的技术文件，是工程进行交工验收、维护、改建和扩建的依据，是国家的重要技术档案。全国各建设、设计、施工单位和各主管部门都要认真做好竣工图的编制工作。国家规定：各项新建、扩建、改建的基本建设工程，特别是基础、地下建筑、管线、结构、井巷、桥梁、隧道、港口、水坝以及设备安装等隐蔽部位，都要编制竣工图。为确保竣工图质量，必须在施工过程中（不能在竣工后）及时做好隐蔽工程的检查记录，整理好设计变更文件。编制竣工图的形式和深度，应根据不同情况区别对待，其具体要求包括：

表 8-10 小型建设项目竣工财务决算总表

<table>
<tr><td>建设项目名称</td><td colspan="3"></td><td colspan="2">建设地址</td><td colspan="2"></td><td colspan="2">资金来源</td><td colspan="2">资金运用</td></tr>
<tr><td>初步设计概算批准文号</td><td colspan="7"></td><td>项 目</td><td>金额（元）</td><td>项 目</td><td>金额（元）</td></tr>
<tr><td rowspan="4">占地面积</td><td rowspan="2">计划</td><td rowspan="2">实际</td><td rowspan="4">总投资（万元）</td><td colspan="2" rowspan="2">计划</td><td colspan="2" rowspan="2">实际</td><td rowspan="2">一、基建拨款其中：预算拨款</td><td rowspan="2"></td><td>一、交付使用资产</td><td></td></tr>
<tr><td>二、待核销基建支出</td><td></td></tr>
<tr><td rowspan="2"></td><td rowspan="2"></td><td>固定资产</td><td>流动资金</td><td>固定资产</td><td>流动资金</td><td>二、项目资本金</td><td></td><td rowspan="2">三、非经营项目转出投资</td><td rowspan="2"></td></tr>
<tr><td></td><td></td><td></td><td></td><td>三、项目资本公积金</td><td></td></tr>
<tr><td rowspan="2">新增生产能力</td><td colspan="2">能力（效益）名称</td><td colspan="2">设计</td><td colspan="3">实际</td><td>四、基建借款</td><td></td><td rowspan="2">四、应收生产单位投资借款</td><td rowspan="2"></td></tr>
<tr><td colspan="2"></td><td colspan="2"></td><td colspan="3"></td><td>五、上级拨入借款</td><td></td></tr>
<tr><td rowspan="2">建设起止时间</td><td colspan="2">计划</td><td colspan="5">从 年 月开工
至 年 月竣工</td><td>六、企业债券资金</td><td></td><td>五、拨付所属投资借款</td><td></td></tr>
<tr><td colspan="2">实际</td><td colspan="5">从 年 月开工
至 年 月竣工</td><td>七、待冲基建支出</td><td></td><td>六、器材</td><td></td></tr>
<tr><td rowspan="9">基建支出</td><td colspan="4">项 目</td><td>概算（元）</td><td colspan="2">实际（元）</td><td>八、应付款</td><td></td><td>七、货币资金</td><td></td></tr>
<tr><td colspan="4">建筑安装工程</td><td></td><td colspan="2"></td><td rowspan="3">九、未付款
其中：
未交基建收入
未交包干收入</td><td rowspan="3"></td><td>八、预付及应收款</td><td></td></tr>
<tr><td colspan="4">设备 工具 器具</td><td></td><td colspan="2"></td><td>九、有价证券</td><td></td></tr>
<tr><td colspan="4" rowspan="2">待摊投资
其中：建设单位管理费</td><td rowspan="2"></td><td colspan="2" rowspan="2"></td><td>十、原有固定资产</td><td></td></tr>
<tr><td>十、上级拨入资金</td><td></td><td></td><td></td></tr>
<tr><td colspan="4">其他投资</td><td></td><td colspan="2"></td><td>十一、留成收入</td><td></td><td></td><td></td></tr>
<tr><td colspan="4">待核销基建支出</td><td></td><td colspan="2"></td><td rowspan="2"></td><td rowspan="2"></td><td></td><td></td></tr>
<tr><td colspan="4">非经营性项目转出投资</td><td></td><td colspan="2"></td><td></td><td></td></tr>
<tr><td colspan="4">合 计</td><td></td><td colspan="2"></td><td>合计</td><td></td><td>合计</td><td></td></tr>
</table>

1）凡按图竣工没有变动的，由承包人（包括总包和分包承包人，下同）在原施工图上加盖“竣工图”标志后，即作为竣工图。

2）凡在施工过程中，虽有一般性设计变更，但能将原施工图加以修改补充作为竣工图的，可不重新绘制，由承包人负责在原施工图（必须是新蓝图）上注明修改的部分，并附以设计变更通知单和施工说明，加盖“竣工图”标志后，作为竣工图。

3）凡结构形式改变、施工工艺改变、平面布置改变、项目改变以及有其他重大改变，不宜再在原施工图上修改、补充时，应重新绘制改变后的竣工图。由原设计原因造成的，由设计单位负责重新绘制；由施工原因造成的，由承包人负责重新绘图；由其他原因造成的，由建设单位自行绘制或委托设计单位绘制。承包人负责在新图上加盖“竣工图”标志，并附以有关记录和说明，作为竣工图。

4）为了满足竣工验收和竣工决算需要，还应绘制反映竣工程全部内容的工程设计平面示意图。

5）重大的改建、扩建工程项目涉及原有工程项目变更时，应将相关项目的竣工图资料统一整理归档，并在原图案卷内增补必要的说明。

（4）工程造价对比分析

对控制工程造价所采取的措施、效果及其动态的变化需要进行认真对比，总结经验教训。批准的概算是考核建设工程造价的依据。在分析时，可先对比整个项目的总概算，然后将建筑安装工程费、设备工器具费和其他工程费用逐一与竣工决算表中所提供的实际数据和相关资料及批准的概算、预算指标、实际的工程造价进行对比分析，以确定竣工项目总造价是节约还是超支，并在对比的基础上，总结先进经验，找出节约和超支的内容和原因，提出改进措施。在实际工作中，应主要分析以下内容：

1）主要实物工程量。对于实物工程量出入比较大的情况，必须查明原因。

2）主要材料消耗量，考核主要材料消耗量，要按照竣工决算表中所列明的三大材料实际超概算的消耗量，查明是在工程的哪个环节超出量最大，再进一步查明超耗的原因。

3）考核建设单位管理费、措施费和间接费的取费标准。建设单位管理费、措施费和间接费的取费标准要按照国家和各地的有关规定，根据竣工决算报表中所列的建设单位管理费与概预算所列的建设单位管理费数额进行比较，依据规定查明多列或少列的费用项目，确定其节约超支的数额，并查明原因。

8.3.3.2　竣工决算的编制

（1）竣工决算的编制依据

1）经批准的可行性研究报告、投资估算书，初步设计或扩大初步设计，修正总概算及其批复文件。

2）经批准的施工图设计及其施工图预算书。

3）设计交底或图纸会审会议纪要。

4）设计变更记录、施工记录或施工签证单及其他施工发生的费用记录。

5）招标控制价，承包合同、工程结算等有关资料。

6）历年基建计划、历年财务决算及批复文件。

7）设备、材料调价文件和调价记录。

8）有关财务核算制度、办法和其他有关资料。

（2）竣工决算的编制要求

为了严格执行建设项目竣工验收制度，正确核定新增固定资产价值，考核分析投资效果，建立健全经济责任制，所有新建、扩建和改建等建设项目竣工后，都应及时、完整、正确地编制好竣工决算。建设单位要做好以下工作：

1）按照规定组织竣工验收，保证竣工决算的及时性。竣工结算是对建设工程的全面考核。所有的建设项目（或单项工程）按照批准的设计文件所规定的内容建成后，具备了投产和使用条件的，都要及时组织验收。对于竣工验收中发现的问题，应及时查明原因，采取措施加以解决，以保证建设项目按时交付使用和及时编制竣工决算。

2）积累、整理竣工项目资料，保证竣工决算的完整性。在建设过程中，建设单位必须随时收集项目建设的各种资料，并在竣工验收前，对各种资料进行系统整理，分类立卷，为编制竣工决算提供完整的数据资料，为投产后加强固定资产管理提供依据。在工程竣工时，建设单位应将各种基础资料与竣工决算一起移交给生产单位或使用单位。

3）清理、核对各项账目，保证竣工决算的正确性。工程竣工后，建设单位要认真核实各项交付使用资产的建设成本；做好各项账务、物资以及债权的清理结余工作，应偿还的及时偿还，该收回的应及时收回，对各种结余的材料、设备、施工机械工具等，要逐项清点核实，妥善保管，按照国家有关规定进行处理，不得任意侵占；对竣工后的结余资金，要按规定上交财政部门或上级主管部门。在完成上述工作，核实了各项数字的基础上，正确编制从年初起到竣工月份止的竣工年度财务决算，以便根据历年的财务决算和竣工年度财务决算进行整理汇总，编制建设项目决算。

按照规定竣工决算应在竣工项目办理验收交付手续后一个月内编好，并上报主管部门，有关财务成本部分，还应送经办行审查签证。主管部门和财政部门对报送的竣工决算审批后，建设单位即可办理决算调整和结束有关工作。

（3）竣工决算的编制步骤

1）收集、整理和分析有关依据资料。在编制竣工决算文件之前，应系统地整理所有的技术资料、工料结算的经济文件、施工图纸和各种变更与签证资料，并分析它们的准确性。完整、齐全的资料，是准确而迅速编制竣工决算的必要条件。

2）清理各项财务、债务和结余物资。在收集、整理和分析有关资料中，要特别注意建设工程从筹建到竣工投产或使用的全部费用的各项账务，债权和债务的清理，做到工程完毕账目清晰，既要核对账目，又要查点库存实物的数量，做到账与物相等，账与账相符，对结余的各种材料、工器具和设备，要逐项清点核实，妥善管理，并按规定及时处理，收回资金。对各种往来款项要及时进行全面清理，为编制竣工决算提供准确的数据和结果。

3）核实工程变动情况。重新核实各单位工程、单项工程造价，将竣工资料与原设计图纸进行查对、核实。必要时可实地测量，确认实际变更情况；根据经审定的承包人竣工结算等原始资料，按照有关规定对原概、预算进行增减调整，重新核定工程造价。

4）编制建设工程竣工决算说明。按照建设工程竣工决算说明的内容要求，根据编制依据材料填写在报表中的结果，编写文字说明。

5）填写竣工决算报表。按照建设工程决算表格中的内容，根据编制依据中的有关资料进行统计或计算各个项目和数量，并将其结果填到相应表格的栏目内，完成所有报表的填写。

6）做好工程造价对比分析。

7）清理、装订好竣工图。

8）上报主管部门审查存档。

将上述编写的文字说明和填写的表格经核对无误，装订成册，即为建设工程竣工决算文件。将其上报主管部门审查，并把其中财务成本部分送交开户银行签证。竣工决算在上报主管部门的同时，抄送有关设计单位。大中型建设项目的竣工决算还应抄送财政部、建设银行总行和省、自治区、直辖市的财政局和建设银行分行各一份。建设工程竣工决算的文件，由建设单位负责组织人员编写，在竣工建设项目办理验收使用一个月之内完成。

8.3.4 新增资产价值的确定

竣工决算是办理交付使用财产价值的依据，正确核定资产的价值，有利于建设项目交付使用后的财产管理。

8.3.4.1 新增资产价值的分类

建设项目竣工投入运营后，所花费的总投资形成相应的资产。按照新的财务制度和企业会计准则，新增资产按资产性质可分为固定资产、流动资产、无形资产和其他资产等四大类。

8.3.4.2 新增资产价值的确定方法

（1）新增固定资产价值的确定

新增固定资产价值是建设项目竣工投产后所增加的固定资产的价值，它是以价值形态表示的固定资产投资最终成果的综合性指标。新增固定资产价值是投资项目竣工投产后所增加的固定资产价值，即交付使用的固定资产价值，是以价值形态表示建设项目的固定资产最终成果的指标。新增固定资产价值的计算是以独立发挥生产能力的单项工程为对象的。单项工程建成经有关部门验收鉴定合格，正式移交生产或使用，即应计算新增固定资产价值。一次交付生产或使用的工程一次计算新增固定资产价值，分期分批交付生产或使用的工程，应分期分批计算新增固定资产价值。新增固定资产价值的内容包括：已投入生产或交付使用的建筑、安装工程造价；达到固定资产标准的设备、工器具的购置费用；增加固定资产价值的其他费用。

在计算时应注意以下几种情况：

1）对于为了提高产品质量、改善劳动条件、节约材料消耗、保护环境而建设的附属辅助工程，只要全部建成，正式验收交付使用后就要计入新增固定资产价值。

2）对于单项工程中不构成生产系统，但能独立发挥效益的非生产性项目，如住宅、食堂、医务所、托儿所、生活服务网点等，在建成并交付使用后，也要计算新增固定资产价值。

3）凡购置达到固定资产标准不需安装的设备、工器具，应在交付使用后计入新增固定资产价值。

4）属于新增固定资产价值的其他投资，应随同受益工程交付使用的同时一并计入。

5）交付使用财产的成本，应按下列内容计算：

①房屋、建筑物、管道、线路等固定资产的成本包括：建筑工程成本和待分摊的待摊投资。

②动力设备和生产设备等固定资产的成本包括：需要安装设备的采购成本，安装工程成本，设备基础、支柱等建筑工程成本或砌筑锅炉及各种特殊炉的建筑工程成本，应分摊的待摊投资。

③运输设备及其他不需要安装的设备、工具、器具、家具等固定资产一般仅计算采购成本，不计分摊的“待摊投资”。

6）共同费用的分摊方法。新增固定资产的其他费用，如果是属于整个建设项目或两个以上单项工程的，在计算新增固定资产价值时，应在各单项工程中按比例分摊。一般情况下，建设单位管理费按建筑工程、安装工程、需安装设备价值总额作比例分摊，而土地征用费、地址勘察和建筑工程设计费等费用则按建筑工程造价比例分摊，生产工艺流程系统设计费按安装工程造价比例分摊。

【例 8-2】 某工业建设项目及其总装车间的建筑工程费、安装工程费，需安装设备费以及应摊入费用见表 8-11，计算总装车间新增固定资产价值。

【解】

表 8-11 分摊费用计算表 单位：万元

项目名称	建筑工程	安装工程	需安装设备	建设单位管理费	土地征用费	建筑设计费	工艺设计费
建设单位竣工决算	3500	750	1000	80	100	50	30
总装车间竣工结算	800	450	560				

计算过程如下：

$$应分摊的建设单位管理费=\frac{800+450+560}{3500+750+1000}\times 80=27.58\text{（万元）}$$

$$应分摊的土地征用费=\frac{800}{3500}\times 100=22.86\text{（万元）}$$

$$应分摊的建筑设计费=\frac{800}{3500}\times 50=11.43\text{（万元）}$$

$$应分摊的工艺设计费=\frac{450}{750}\times 30=18\text{（万元）}$$

总装车间新增固定资产价值＝800＋450＋560＋27.58＋22.86＋11.43＋18＝1889.87（万元）

（2）新增流动资产价值的确定

流动资产是指可以在一年内或者超过一年的一个营业周期内变现或者运用的资产，包括现金及各种存款以及其他货币资金、短期投资、存货、应收及预付款项以及其他流动资产等。

1）货币性资金。货币性资金是指现金、各种银行存款及其他货币资金，其中现金是指企业的库存现金，包括企业内部各部门用于周转使用的备用金；各种存款是指企业的各种不同类型的银行存款；其他货币资金是指除现金和银行存款以外的其他货币资金，根据实际入账价值核定。

2）应收及预付款项。应收账款是指企业因销售商品、提供劳务等应向购货单位或受益单位收取的款项；预付款项是指企业按照购货合同预付给供货单位的购货定金或部分货款。应收及预付款项包括应收票据、应收款项、其他应收款、预付货款和待摊费用。一般情况下，应收及预付款项按企业销售商品、产品或提供劳务时的实际成交金额入账核算。

3）短期投资包括股票、债券、基金。股票和债券根据是否可以上市流通分别采用市场法和收益法确定其价值。

4）存货。存货是指企业的库存材料、在产品、产成品等。各种存货应当按照取得时的实际成本计价。存货的形成，主要有外购和自制两个途径。外购的存货，按照买价加运输费、装卸费、保险费、途中合理损耗、入库前加工整理及挑选费用以及缴纳的税金等计价；自制的存货，按照制造过程中的各项实际支出计价。

（3）新增无形资产价值的确定

根据我国 2001 年颁布的《资产评估准则——无形资产》规定，我国作为评估对象的无形资产通常包括专利权、非专利技术、生产许可证、特许经营权、租赁权、土地使用权、矿产资源勘探权和采矿权、商标权、版权、计算机软件及商誉等。《新会计准则第 6 号——无形资产》对无形资产的规定是：无形资产是指企业拥有或者控制的没有实物形态的可辨认非货币性资产。

1）无形资产的计价原则包括下列几个方面：

①投资者按无形资产作为资本金或者合作条件投入时，按评估确认或合同协议约定的金额计价。

②购入的无形资产，按照实际支付的价款计价。

③企业自创并依法申请取得的，按开发过程中的实际支出计价。

④企业接受捐赠的无形资产，按照发票账单所载金额或者同类无形资产市场价作价。

⑤无形资产计价入账后，应在其有效使用期内分期摊销，即企业为无形资产支出的费用应在无形资产的有效期内得到及时补偿。

2）无形资产的计价方法包括：

①专利权的计价。专利权分为自创和外购两类。自创专利权的价值为开发过程中的实际支出，主要包括专利的研制成本和交易成本。研制成本包括直接成本和间接成本：直接成本是指研制过程中直接投入发生的费用（主要包括材料费用、工资费用、专用设备费、资料费、咨询鉴定费、协作费、培训费和差旅费等）；间接成本是指与研制开发有关的费用（主要包括管理费、非专用设备折旧费、应分摊的公共费用及能源费用）。交易成本是指在交易过程中的费用支出（主要包括技术服务费、交易过程中的差旅费及管理费、手续费、税金）。由于专利权是具有独占性并能带来超额利润的生产要素，因此，专利权转让价格不按成本估价，而是按照其所能带来的超额收益计价。

②非专利技术的计价。非专利技术具有使用价值和价值，使用价值是非专利技术本身应具有的，非专利技术的价值在于非专利技术的使用所能产生的超额获利能力，应在研究分析其直接和间接的获利能力的基础上，准确计算出其价值。如果非专利技术是自创的，一般不作为无形资产入账，自创过程中发生的费用，按当期费用处理。对于外购非专利技术，应由法定评估机构确认后再进行估价，其方法往往通过能产生的收益采用收益法进行估价。

③商标权的计价。如果商标权是自创的，一般不作为无形资产入账，而将商标设计、制作、注册、广告宣传等发生的费用直接作为销售费用计入当期损益。只有当企业购入或转让商标时，才需要对商标权计价。商标权的计价一般根据被许可方新增的收益确定。

④土地使用权的计价。根据取得土地使用权的方式不同，土地使用权可有以下几种计价方式：当建设单位向土地管理部门申请土地使用权并为之支付一笔出让金时，土地使用权作为无形资产核算；当建设单位获得土地使用权是通过行政划拨的，这时土地使用权就不能作为无形资产核算；在将土地使用权有偿转让、出租、抵押、作价入股和投资，按规定补交土地出让价款时，才作为无形资产核算。

8.3.5 竣工结算与竣工决算的关系

建设工程项目竣工决算是以工程竣工结算为基础进行编制的，是在整个建设工程项目各单项工程竣工结算的基础上，加上从筹建开始到工程全部竣工有关基本建设的其他工程费用支出，而构成了建设工程项目竣工决算的主体。它们的主要区别见表 8-12。

表 8-12 竣工结算与竣工决算的比较一览表

项目	竣工结算	竣工决算
含义	竣工结算是由施工单位根据合同价格和实际发生的费用的增减变化情况进行编制，并经发包方或委托方签字确认的，正确反映该项工程最终实际造价，并作为向发包单位进行最终结算工程款的经济文件	建设工程项目竣工决算是指所有建设工程项目竣工后，建设单位按照国家有关规定，由建设单位报告项目建设成果和财务状况的总结性文件
特点	属于工程款结算，因此是一项经济活动	反映竣工项目从筹建开始到项目竣工交付使用为止的全部建设费用、建设成果和财务情况的总结性文件
编制单位	施工单位	建设单位
编制范围	单位或单项工程竣工结算	整个建设工程项目全部竣工决算

8.4 保修费用的处理

8.4.1 保修与保修费用

8.4.1.1 保修的概念

保修是指建设工程项目办理完交工验收手续后，在规定的保修期限内（按合同有关保修期的规定），因勘察设计、施工、材料等原因造成的质量缺陷，应由责任单位负责维修。

建设工程项目保修是项目竣工验收交付使用后，在一定期限内由施工单位进行回访，对于工程发生的确实是由于施工单位责任造成的建筑物使用功能不良或无法使用的问题，由施工单位负责修理，直到达到正常使用的标准。保修回访制度属于建筑工程竣工后管理范畴。

由于建设产品在竣工验收后仍可能存在质量缺陷和隐患，在使用过程中才能逐步暴露出来，例如：屋面漏雨、墙体渗水、建筑物基础超过规定的不均匀沉降、采暖系统供热不佳、设备及安装工程达不到国家或行业现行的技术标准等，需要在使用过程中检查观测和维修。为了使建设工程项目达到最佳状态，确保工程质量，降低生产或使用费用，发挥最大的投资效益，业主应督促设计单位、施工单位、设备材料供应单位认真做好保修工作，并加强保修期间的造价控制。

根据国务院颁布的《建设工程质量管理条例》规定，建设工程项目承包单位在向建设单位提交工程竣工验收报告时，应向建设单位出具质量保修书。质量保修书中应明确建设工程项目的保修范围、保修期限和保修责任等。

建设工程项目质量保修制度是国家所确定的重要法律制度，对于促进承包方加强质量管理、保护用户及消费者的合法权益起到重要的作用。

8.4.1.2 保修的范围与最低保修年限

（1）保修的范围

建筑工程的保修范围应包括地基基础工程、主体结构工程、屋面防水工程和其他土建工程，以及电气管线、上下水管线的安装工程，供热、供冷系统工程等项目。

（2）保修的期限

保修的期限应当按照保证建筑物合理寿命内正常使用，维护使用者合法权益的原则确定。具体的保修范围和最低保修期限，按照国务院《建设工程质量管理条例》第四十条规定执行：

1）基础设施工程、房屋建筑的地基基础工程和主体结构工程，为设计文件规定的该工程的合理使用年限。

2）屋面防水工程、有防水要求的卫生间、房间和外墙面的防渗漏为5年。

3）供热与供冷系统为两个采暖期和供冷期。

4）电气管线、给排水管道、设备安装和装修工程为2年。

5）其他项目的保修范围和保修期限由承发包双方在合同中规定。建设工程项目的保修期自竣工验收合格之日算起。

建设工程项目在保修期内发生质量问题的，承包人应当履行保修义务，并对造成的损失承担赔偿责任。凡是由于用户使用不当而造成建筑功能不良或损坏，不属于保修范围；凡属工业产品项目发生问题，也不属保修范围。以上两种情况应由建设单位自行组织修理。

8.4.1.3　保修费用的概念

保修费用是指对保修期间和保修范围内所发生的维修、返工等各项费用的支出。保修费用应按合同和有关规定合理确定和控制。保修费用一般可参照建筑安装工程造价的确定程序和方法计算，也可以按照建筑安装工程造价或承包工程合同价的一定比例计算（目前取5%）。

8.4.2　保修费用的处理

根据《中华人民共和国建筑法》规定，在保修费用的处理问题上，必须根据修理项目的性质、内容以及检查修理等多种因素的实际情况，区别保修责任的承担问题。对于保修的经济责任的确定，应当由有关责任方承担，由建设单位和施工单位共同商定经济处理办法。

（1）承包单位未按国家有关规范、标准和设计要求施工，所造成的质量缺陷，由承包单位负责返修并承担经济责任。

（2）由于设计方面的原因造成的质量缺陷，由设计单位承担经济责任，可由施工单位负责维修，其费用按有关规定通过建设单位向设计单位索赔，不足部分由建设单位负责协同有关各方解决。

（3）因建筑材料、建筑构配件和设备质量不合格引起的质量缺陷，属于承包单位采购的或经其验收同意的，由承包单位承担经济责任；属于建设单位采购的，由建设单位承担经济责任。

（4）因使用单位使用不当造成的损坏问题，由使用单位自行负责。

（5）因地震、洪水、台风等不可抗拒的原因造成的损坏问题，施工单位、设计单位不承担经济责任，由建设单位负责处理。

（6）根据《中华人民共和国建筑法》第七十五条的规定，建筑施工企业违反该法规定，不履行保修义务的，责令改正，可以处以罚款。在保修期间因屋顶、墙面渗漏、开裂等质量缺陷，有关责任企业应当依据实际损失给予实物或价值补偿。质量缺陷因勘察设计原因、监理原因或者建筑材料、建筑构配件和设备等原因造成的，根据民法规定，施工企业可以在保修和赔偿损失之后，向有关责任者追偿。因建设工程项目质量不合格而造成损害的，受损害人有权向责任者要求赔偿。因建设单位或者勘察设计的原因、施工的原因、监理的原因产生的建设质量问题，造成他人损失的，以上单位应当承担相应的赔偿责任。受损害人可以向任何一方要求赔偿，也可以向以上各方提出共同赔偿要求。有关各方之间在赔偿后，可以在查明原因后向真正责任人追偿。

（7）涉外工程的保修问题，除参照上述办法处理外，还应依照原合同条款的有关规定执行。

上岗工作要点

1. 在实际工作中，做好竣工决算的审查与编制工作。
2. 掌握新增资产价值的确定方法。
3. 学会保修费用的处理方法。

思 考 题

8-1 工程技术资料验收的内容包括哪些？

8-2 工程财务资料验收的内容包括哪些？

8-3 竣工验收的条件有哪些？

8-4 竣工结算的内容包括哪些？

8-5 竣工结算有哪些原则？

8-6 竣工决算有哪些作用？

8-7 新增资产价值的概念及确定。

8-8 竣工结算与竣工决算具有怎样的关系？

习 题

单选题：

8-1 （　　）是建设项目竣工验收的最小单位。

A. 单项工程　　B. 单位工程
C. 分部工程　　D. 分项工程

8-2 （　　）是建设项目竣工验收程序的第一步。

A. 承包商申请动用验收　　B. 承包商申请交工验收
C. 承包商组织初步验收　　D. 承包商会同监理工程师现场初验

8-3 某建设项目，基建拨款为2800万元，项目资本为800万元，项目资本公积金100万元，基建投资借款1000万元，企业债券基金400万元，待冲基建支出300万元，应收生产单位投资借款1500万元，基本建设支出1200万元，则基建结余资金为（　　）万元。

A. 1300　　B. 2700
C. 3000　　D. 5100

8-4 某医院建设项目由甲、乙、丙三个单项工程组成，其中：勘察设计费60万元，建设项目建筑工程费2000万元、设备费3000万元、安装工程费1000万元，丙工程建筑工程费600万元、设备费1000万元、安装工程费200万元，则丙单项工程应分摊的勘察设计费为（　　）万元。

A. 18.00　　B. 19.20
C. 16.00　　D. 18.40

8-5 下列属于无形资产的是（　　）。

A. 建设单位开办费　　B. 长期待摊投资
C. 土地使用权　　D. 短期待摊投资

8-6 屋面防水工程、有防水要求的卫生间、房间和外墙面的防渗漏保修期限为

(　　)年。

A. 2 年　　B. 3 年

C. 4 年　　D. 5 年

8-7　以下关于保修费用处理的说法不正确的是(　　)。

A. 承包单位未按设计要求施工，造成的质量缺陷，由承包单位负责返修并承担经济责任

B. 由于设计方面的原因造成的质量缺陷，由设计单位承担经济责任

C. 因建筑材料、建筑构配件和设备质量不合格引起的质量缺陷，均由承包单位承担经济责任

D. 因可抗力造成的损坏问题，由建设单位负责处理

8-8　土地征用费、勘察设计费等费用则按(　　)分摊。

A. 建筑工程造价分摊

B. 建筑工程和安装工程造价分摊

C. 建筑工程、安装工程和需安装设备价值的总额分摊

D. 建筑工程、安装工程、需安装设备价值和土地征用费之和分摊

多选题：

8-9　工程资料验收包括(　　)验收。

A. 工程监理资料　　B. 建设成本资料

C. 工程技术资料　　D. 工程综合资料

E. 工程财务资料

8-10　大、中型建设项目竣工决算报表包括(　　)。

A. 大、中型建设项目概况表

B. 大、中型建设项目交付使用资产总表

C. 竣工财务决算总表

D. 大、中型建设项目竣工财务决算表

E. 建设项目竣工财务决算审批表

8-11　关于新增固定资产价值的确定，下列表述中正确的是(　　)。

A. 新增固定资产价值的计算是以单项工程为对象的

B. 计算新增固定资产价值，应在生产和使用的工程全部交付后进行

C. 建设单位管理费按单项工程的建筑工程、安装工程、需安装设备价值总额按比例分摊

D. 土地征用费、勘察设计费用按单项工程的建筑、安装工程造价总额比例分摊

E. 运输设备及其他不需安装设备不计入分摊的“待摊投资”

计算题：

8-12　某工程项目施工合同价为 560 万元，合同工期为 6 个月，施工合同中规定：

1. 开工前业主向施工单位支付合同价 20%的预付款。

2. 业主自第一个月起，从施工单位的应得工程款中按 10%的比例扣留保留金，保留金额暂定为合同价的 5%，保留金到第三个月底全部扣完。

3. 预付额在最后两个月扣除，每月扣 50%。

4. 工程进度额按月结算，不考虑调价。

5. 业主供料价额在发生当月的工程额中扣回。

6. 若施工单位每月实际完成值不足计划产值的90%时，业主可按实际完成值的8%的比例扣留工程进度款，在工程竣工结算时将扣留的工程进度额退还施工单位。

7. 经业主签订的施工进度计划和实际完成值见表1。

表1　施工进度计划及完成产值表　　单位：万元

时间（月）	1	2	3	4	5	6
计划完成产值	70	80	110	110	100	80
实际完成产值	70	80	120			
业主供料价款	8	12	15			

附录A 工程量清单计价格式

1. 工程量清单计价表格组成

(1) 封面：

1) 工程量清单：封-1

2) 招标控制价：封-2

3) 投标总价：封-3

4) 竣工结算总价：封-4

(2) 总说明：表-01

(3) 汇总表：

1) 工程项目招标控制价/投标报价汇总表：表-02

2) 单项工程招标控制价/投标报价汇总表：表-03

3) 单位工程招标控制价/投标报价汇总表：表-04

4) 工程项目竣工结算汇总表：表-05

5) 单项工程竣工结算汇总表：表-06

6) 单位工程竣工结算汇总表：表-07

(4) 分部分项工程量清单表：

1) 分部分项工程量清单与计价表：表-08

2) 工程量清单综合单价分析表：表-09

(5) 措施项目清单表：

1) 措施项目清单与计价表（一）：表-10

2) 措施项目清单与计价表（二）：表-11

(6) 其他项目清单表：

1) 其他项目清单与计价汇总表：表-12

2) 暂列金额明细表：表-12-1

3) 材料暂估单价表：表-12-2

4) 专业工程暂估价表：表-12-3

5) 计日工表：表-12-4

6) 总承包服务费计价表：表-12-5

7) 索赔与现场签证计价汇总表：表-12-6

8) 费用索赔申请（核准）表：表-12-7

9) 现场签证表：表-12-8

(7) 规范、税金项目清单与计价表：表-13

(8) 工程款支付申请（核准）表：表-14

______________________________工程

工 程 量 清 单

招 标 人：	______________ （单位盖章）	工程造价 咨 询 人：	______________ （单位资质专用章）
法定代表人 或其授权人：	______________ （签字或盖章）	法定代表人 或其授权人：	______________ （签字或盖章）
编 制 人：	______________ （造价人员签字盖专用章）	复 核 人：	______________ （造价工程师签字盖专用章）
编制时间：	年 月 日	复核时间：	年 月 日

封-1

__________________________工程

招 标 控 制 价

招标控制价(小写)：__________________________

(大写)：__________________________

招　标　人：__________________
(单位盖章)

工程造价
咨　询　人：__________________
(单位资质专用章)

法定代表人
或其授权人：__________________
(签字或盖章)

法定代表人
或其授权人：__________________
(签字或盖章)

编　制　人：__________________
(造价人员签字盖专用章)

复　核　人：__________________
(造价工程师签字盖专用章)

编制时间：　　年　　月　　日

复核时间：　　年　　月　　日

封-2

投 标 总 价

招　　标　　人：______________________

工 程 名 称：______________________

投标总价（小写）：______________________

（大写）：______________________

投　　标　　人：______________________

（单位盖章）

法 定 代 表 人
或 其 授 权 人：______________________

（签字或盖章）

编　　制　　人：______________________

（造价人员签字盖专用章）

编 制 时 间：　　年　　月　　日

封-3

____________________工程

竣工结算总价

中标价（小写）：____________ （大写）：____________

结算价（小写）：____________ （大写）：____________

发　包　人：________ 　承　包　人：________ 　工程造价咨询人：________
（单位盖章）　（单位盖章）　（单位资质专用章）

法定代表人或其授权人：________ 　法定代表人或其授权人：________ 　法定代表人或其授权人：________
（签字或盖章）　（签字或盖章）　（签字或盖章）

编　制　人：____________ 　核　对　人：____________
（造价人员签字盖专用章）　（造价工程师签字盖专用章）

编制时间：　年　月　日　核对时间：　年　月　日

封-4

总　　说　　明

工程名称：　　　　　　　　　　　　　　　　　　　　第　　页共　　页

表-01

工程项目招标控制价/投标报价汇总表

工程名称：　　　　　　　　　　　　　　　　　　　　　　　第　　页共　　页

<table>
<tr><th rowspan="2">序号</th><th rowspan="2">单 项 工 程 名 称</th><th rowspan="2">金额（元）</th><th colspan="3">其　中</th></tr>
<tr><th>暂估价
（元）</th><th>安全文明
施工费（元）</th><th>规费
（元）</th></tr>
<tr><td></td><td></td><td></td><td></td><td></td><td></td></tr>
<tr><td colspan="2">合　计</td><td></td><td></td><td></td><td></td></tr>
</table>

注：本表适用于工程项目招标控制价或投标报价的汇总。

表-02

单项工程招标控制价/投标报价汇总表

工程名称：　　　　　　　　　　　　　　　　　　　　　　　　　　第　　页共　　页

序号	单位工程名称	金额（元）	其中		
			暂估价（元）	安全文明施工费（元）	规费（元）
合计					

注：本表适用于单项工程招标控制价或投标报价汇总。暂估价包括分部分项工程中的暂估价和专业工程暂估价。

表-03

单位工程招标控制价/投标报价汇总表

工程名称： 标段： 第 页共 页

序号	汇 总 内 容	金额（元）	其中：暂估价（元）
1	分部分项工程		
1.1			
1.2			
1.3			
1.4			
1.5			
2	措施项目		—
2.1	安全文明施工费		—
3	其他项目		—
3.1	暂列金额		—
3.2	专业工程暂估价		—
3.3	计日工		—
3.4	总承包服务费		—
4	规费		—
5	税金		—
招标控制价合计=1+2+3+4+5			

注：本表适用于单项工程招标控制价或投标报价汇总，如无单位工程划分，单项工程也使用本表汇总。

表-04

工程项目竣工结算汇总表

工程名称：　　　　　　　　　　　　　　　　　　　　　　　　第　　页共　　页

序号	单 项 工 程 名 称	金额（元）	其　中	
			安全文明施工费（元）	规费（元）
合　计				

表-05

单项工程竣工结算汇总表

工程名称：　　　　　　　　　　　　　　　　　　　　　　第　　页共　　页

序号	单位工程名称	金额（元）	其中	
			安全文明施工费（元）	规费（元）
合计				

表-06

单位工程竣工结算汇总表

工程名称：　　　　　　　　　　标段：　　　　　　　　　　第　　页共　　页

序号	汇　总　内　容	金额（元）
1	分部分项工程	
1.1		
1.2		
1.3		
1.4		
1.5		
2	措施项目	
2.1	安全文明施工费	
3	其他项目	
3.1	专业工程结算价	
3.2	计日工	
3.3	总承包服务费	
3.4	索赔与现场签证	
4	规费	
5	税金	
竣工结算总价合计＝1＋2＋3＋4＋5		

注：如无单位工程划分，单项工程也使用本表汇总。

表-07

分部分项工程量清单与计价表

工程名称：　　　　　　　　　　　　标段：　　　　　　　　　　　　第　　页共　　页

序号	项目编码	项目名称	项目特征描述	计量单位	工程量	金额（元）		
						综合单价	合价	其中：暂估价
本页小计								
合　计								

注：根据原建设部、财政部发布的《建筑安装工程费用组成》（建标［2003］206号）的规定，为计取规费等的使用，可在表中增设其中："直接费"、"人工费"或"人工费＋机械费"。

表-08

工程量清单综合单价分析表

工程名称：　　　　　　　　　　　　　　标段：　　　　　　　　　　　　　第　　页共　　页

项目编码			项目名称				计量单位				
清单综合单价组成明细											
定额编号	定额名称	定额单位	数量	单价				合价			
				人工费	材料费	机械费	管理费和利润	人工费	材料费	机械费	管理费和利润
人工单价		小计									
元/工日		未计价材料费									
清单项目综合单价											
材料费明细	主要材料名称、规格、型号					单位	数量	单价（元）	合价（元）	暂估单价（元）	暂估合价（元）
	其他材料费							—		—	
	材料费小计							—		—	

注：1. 如不使用省级或行业建设部门发布的计价依据，可不填定额项目、编码等。

2. 招标文件提供了暂估单价的材料，按暂估的单价填入表内“暂估单价”栏及“暂估合价”栏。

表-09

措施项目清单与计价表（一）

工程名称： 标段： 第 页共 页

序号	项 目 名 称	计算基础	费率（%）	金额（元）
1	安全文明施工费			
2	夜间施工费			
3	二次搬运费			
4	冬雨期施工			
5	大型机械设备进出场及安拆费			
6	施工排水			
7	施工降水			
8	地上、地下设施、建筑物的临时保护设施			
9	已完工程及设备保护			
10	各专业工程的措施项目			
11				
12				
合 计				

注：1. 本表适用于以“项”计价的措施项目。

2. 根据原建设部、财政部发布的《建筑安装工程费用组成》（建标［2003］206号）的规定，“计算基础”可为“直接费”、“人工费”或“人工费＋机械费”。

表-10

措施项目清单与计价表（二）

工程名称：　　　　　　　　　　　　　　　　标段：　　　　　　　　　　　　　第　　页共　　页

序号	项目编码	项目名称	项目特征描述	计量单位	工程量	金额（元）	
						综合单价	合　价
本页小计							
合　　计							

注：本表适用于以综合单价形式计价的措施项目。

表-11

其他项目清单与计价汇总表

工程名称：　　　　　　　　　　　　　标段：　　　　　　　　　　第　　页共　　页

序号	项目名称	计量单位	金额（元）	备　注
1	暂列金额			明细详见表-12-1
2	暂估价			
2.1	材料暂估价		—	明细详见表-12-2
2.2	专业工程暂估价			明细详见表-12-3
3	计日工			明细详见表-12-4
4	总承包服务费			明细详见表-12-5
5				
合　计				—

注：材料暂估单价进入清单项目综合单价，此处不汇总。

表-12

暂列金额明细表

工程名称：　　　　　　　　　　　　　　　　　标段：　　　　　　　　　　　　第　　页共　　页

序号	项目名称	计量单位	暂定金额（元）	备　注
1				
2				
3				
4				
5				
6				
7				
8				
9				
10				
11				
合　计				—

注：此表由招标人填写，如不能详列，也可只列暂定金额总额，投标人应将上述暂列金额计入投标总价中。

表-12-1

材料暂估单价表

工程名称：　　　　　　　　　　　　　　　　标段：　　　　　　　　　　　　第　　页共　　页

序号	材料名称、规格、型号	计量单位	单价（元）	备　注

注：1. 此表由招标人填写，并在备注栏说明暂估价的材料拟用在哪些清单项目上，投标人应将上述材料暂估单价计入工程量清单综合单价报价中。

2. 材料包括原材料、燃料、构配件以及按规定应计入建筑安装工程造价的设备。

表-12-2

专业工程暂估价表

工程名称：　　　　　　　　　　　　　　　　标段：　　　　　　　　　　　　第　　页共　　页

序号	工程名称	工程内容	金额（元）	备　　注
合　　计				—

注：此表由招标人填写，投标人应将上述专业工程暂估价计入投标总价中。

表-12-3

计 日 工 表

工程名称： 标段： 第 页共 页

编号	项目名称	单位	暂定数量	综合单价	合 价
一	人 工				
1					
2					
3					
4					
人 工 小 计					
二	材 料				
1					
2					
3					
4					
5					
6					
材 料 小 计					
三	施工机械				
1					
2					
3					
4					
施工机械小计					
总 计					

注：此表项目名称、数量由招标人填写，编制招标控制价时，单价由招标人按有关计价规定确定；投标时，单价由投标人自主报价，计入投标总价中。

表-12-4

总承包服务费计价表

工程名称：　　　　　　　　　　　　　　　　标段：　　　　　　　　　　　　第　　页共　　页

序号	项目名称	项目价值（元）	服务内容	费率（%）	金额（元）
1	发包人发包专业工程				
2	发包人供应材料				
合　计					

注：此表由招标人填写，投标人应将上述专业工程暂估价计入投标总价中。

表-12-5

索赔与现场签证计价汇总表

工程名称：　　　　　　　　　　　　　　标段：　　　　　　　　　　　　第　　页共　　页

序号	签证及索赔项目名称	计量单位	数　量	单价（元）	合价（元）	索赔及签证依据
本页小计						—
合　　计						—

注：签证及索赔依据是指经双方认可的签证单和索赔依据的编号。

表-12-6

费用索赔申请（核准）表

工程名称： 标段： 编号：

<table>
<tr><td colspan="2">致：________________________（发包人全称）
根据施工合同条款第______条的约定，由于______原因，我方要求索赔金额（大写）______元，（小写）______元，请予核准。
附：1. 费用索赔的详细理由和依据：
2. 索赔金额的计算：
3. 证明材料：

承包人（章）
承包人代表______
日　　期______</td></tr>
<tr><td>复核意见：
根据施工合同条款第______条的约定，你方提出的费用索赔申请经复核：
□不同意此项索赔，具体意见见附件。
□同意此项索赔，索赔金额的计算，由造价工程师复核。

监理工程师______
日　　期______</td><td>复核意见：
根据施工合同条款第______条的约定，你方提出的费用索赔申请经复核，索赔金额为（大写）______元，（小写）______元。

造价工程师______
日　　期______</td></tr>
<tr><td colspan="2">审核意见：
□不同意此项索赔。
□同意此项索赔，与本期进度款同期支付。

发包人（章）
发包人代表______
日　　期______</td></tr>
</table>

注：1. 在选择栏中的“□”内做标识“✓”。

2. 本表一式四份，由承包人填写，发包人、监理人、造价咨询人、承包人各存一份。

表-12-7

现场签证表

工程名称：　　　　　　　　　　　　　　　　标段：　　　　　　　　　　　　　　　　编号：

<table>
<tr><td>施工部位</td><td></td><td>日　期</td><td></td></tr>
<tr><td colspan="4">致：________________________________（发包人全称）
根据________（指令人姓名）　年　月　日的口头指令或你方________（或监理人）　年　月　日的书面通知，我方要求完成此项工作应支付价款金额为（大写）________元，（小写）________元，请予核准。
附：1. 签证事由及原因：
2. 附图及计算式：

承包人（章）
承包人代表________
日　　期________</td></tr>
<tr><td colspan="2">复核意见：
你方提出的此项签证申请经复核：
□不同意此项签证，具体意见见附件。
□同意此项签证，签证金额的计算，由造价工程师复核。

监理工程师________
日　　期________</td><td colspan="2">复核意见：
□此项签证按承包人中标的计日工单价计算，金额为（大写）________元，（小写）________元。
□此项签证因无计日工单价，金额为（大写）________元，（小写）________元。

造价工程师________
日　　期________</td></tr>
<tr><td colspan="4">审核意见：
□不同意此项签证。
□同意此项签证，价款与本期进度款同期支付。

发包人（章）
发包人代表________
日　　期________</td></tr>
</table>

注：1. 在选择栏中的“□”内做标识“√”。

2. 本表一式四份，由承包人在收到发包人（监理人）的口头或书面通知后填写，发包人、监理人、造价咨询人、承包人各存一份。

表-12-8

规费、税金项目清单与计价表

工程名称：　　　　　　　　　　　　标段：　　　　　　　　第　　页共　　页

序号	项目名称	计算基础	费率（%）	金额（元）
1	规费			
1.1	工程排污费			
1.2	社会保障费			
(1)	养老保险费			
(2)	失业保险费			
(3)	医疗保险费			
1.3	住房公积金			
1.4	危险作业意外伤害保险			
1.5	工程定额测定费			
2	税金	分部分项工程费＋措施项目费＋其他项目费＋规费		
合　　计				

注：根据原建设部、财政部发布的《建筑安装工程费用组成》（建标［2003］206号）的规定，“计算基础”可为“直接费”、“人工费”或“人工费＋机械费”。

表-13

工程款支付申请（核准）表

工程名称：　　　　　　　　　　　　　　　　　　　标段：　　　　　　　　　　　　　　编号：

致：＿＿＿＿＿＿＿＿＿＿＿＿＿＿＿＿＿＿（发包人全称）

我方于＿＿＿＿至＿＿＿＿期间已完成了＿＿＿＿工作，根据施工合同的约定，现申请支付本期的工程款额为（大写）＿＿＿＿元，（小写）＿＿＿＿元，请予核准。

序号	名　　称	金额（元）	备　注
1	累计已完成的工程价款		
2	累计已实际支付的工程价款		
3	本周期已完成的工程价款		
4	本周期完成的计日工金额		
5	本周期应增加和扣减的变更金额		
6	本周期应增加和扣减的索赔金额		
7	本周期应抵扣的预付款		
8	本周期应扣减的质保金		
9	本周期应增加或扣减的其他金额		
10	本周期实际应支付的工程价款		

承包人（章）

承包人代表＿＿＿＿

日　　期＿＿＿＿

复核意见：

□与实际施工情况不相符，修改意见见附件。

□与实际施工情况相符，具体金额由造价工程师复核。

监理工程师＿＿＿＿

日　　期＿＿＿＿

复核意见：

你方提出的支付申请经复核，本期间已完成工程款额为（大写）＿＿＿＿元，（小写）＿＿＿＿元，本期间应支付金额为（大写）＿＿＿＿元，（小写）＿＿＿＿元。

造价工程师＿＿＿＿

日　　期＿＿＿＿

审核意见：

□不同意。

□同意，支付时间为本表签发后的15天内。

发包人（章）

发包人代表＿＿＿＿

日　　期＿＿＿＿

注：1. 在选择栏中的“□”内做标识“√”。

2. 本表一式四份，由承包人填写，发包人、监理人、造价咨询人、承包人各存一份。

表-14

2. 计价表格使用规定

（1）工程量清单与计价宜采用统一格式。各省、自治区、直辖市建设行政主管部门和行业建设主管部门可根据本地区、本行业的实际情况，在本规范计价表格的基础上补充完善。

（2）工程量清单的编制应符合下列规定：

1）工程量清单编制使用表格包括：封-1、表-01、表-08、表-10、表-11、表-12（不含表-12-6～表-12）、表-13。

2）封面应按规定的内容填写、签字、盖章，造价员编制的工程量清单应有负责审核的造价工程师签字、盖章。

3）总说明应按下列内容填写：

①工程概况：建设规模、工程特征、计划工期、施工现场实际情况、自然地理条件、环境保护要求等。

②工程招标和分包范围。

③工程量清单编制依据。

④工程质量、材料、施工等的特殊要求。

⑤其他需要说明的问题。

（3）招标控制价、投标报价、竣工结算的编制应符合下列规定：

1）使用表格：

①招标控制价使用表格包括：封-2、表-01、表-02、表-03、表-04、表-08、表-09、表-10、表-11、表-12（不含表-12-6～表-12-8）、表-13。

②投标报价使用的表格包括：封-3、表-01、表-02、表-03、表-04、表-08、表-09、表-10、表-11、表-12（不含表-12-6～表-12-8）、表-13。

③竣工结算使用的表格包括：封-4、表-01、表-05、表-06、表-07、表-08、表-09、表-10、表-11、表-12、表-13、表-14。

2）封面应按规定的内容填写、签字、盖章，除承包人自行编制的投标报价和竣工结算外，受委托编制的招标控制价、投标报价、竣工结算若为造价员编制的，应有负责审核的造价工程师签字、盖章以及工程造价咨询人盖章。

3）总说明应按下列内容填写：

①工程概况：建设规模、工程特征、计划工期、合同工期、实际工期、施工现场及变化情况、施工组织设计的特点、自然地理条件、环境保护要求等。

②编制依据等。

（4）投标人应按照招标文件的要求，附工程量清单综合单价分析表。

（5）工程量清单与计价表中列明的所有需要填写的单价和合价，投标人均应填写，未填写单价和合价，视为此项费用已包含在工程量清单的其他单价和合价中。

附录 B　年金现值系数表

n	1%	2%	3%	4%	5%	6%	8%	10%	12%	14%	15%	16%	18%	20%	22%	24%	25%	30%	35%	40%	45%	50%
1	0. 990	0. 980	0. 970	0. 961	0. 952	0. 943	0. 925	0. 909	0. 892	0. 877	0. 869	0. 862	0. 847	0. 833	0. 819	0. 806	0. 799	0. 769	0. 740	0. 714	0. 689	0. 666
2	1. 970	1. 941	1. 913	1. 886	1. 859	1. 833	1. 783	1. 735	1. 690	1. 646	1. 625	1. 605	1. 565	1. 527	1. 491	1. 456	1. 44	1. 360	1. 289	1. 224	1. 165	1. 111
3	2. 940	2. 883	2. 828	2. 775	2. 723	2. 673	2. 577	2. 486	2. 401	2. 321	2. 283	2. 245	2. 174	2. 106	2. 042	1. 981	1. 952	1. 816	1. 695	1. 588	1. 483	1. 407
4	3. 901	3. 807	3. 717	3. 629	3. 545	3. 465	3. 312	3. 169	3. 037	2. 913	2. 854	2. 798	2. 690	2. 588	2. 493	2. 404	2. 361	2. 166	1. 996	1. 849	1. 719	1. 604
5	4. 853	4. 713	4. 579	4. 451	4. 329	4. 212	3. 992	3. 790	3. 604	3. 433	3. 352	3. 274	3. 127	2. 990	2. 863	2. 745	2. 689	2. 435	2. 219	2. 035	1. 875	1. 736
6	5. 795	5. 601	5. 417	5. 242	5. 075	4. 917	4. 622	4. 355	4. 111	3. 888	3. 784	3. 684	3. 497	3. 325	3. 166	3. 020	2. 951	2. 642	2. 385	2. 167	1. 983	1. 824
7	6. 728	6. 471	6. 230	6. 020	5. 786	5. 582	5. 026	4. 868	4. 563	4. 288	4. 160	4. 038	3. 811	3. 604	3. 415	3. 242	3. 161	2. 802	2. 507	2. 262	2. 057	1. 882
8	7. 651	7. 325	7. 019	6. 732	6. 463	6. 209	5. 746	5. 334	4. 967	4. 638	4. 487	4. 343	4. 077	3. 837	3. 619	3. 421	3. 328	2. 924	2. 598	2. 330	2. 108	1. 921
9	8. 566	8. 162	7. 786	7. 435	7. 107	6. 801	6. 246	5. 759	5. 328	4. 946	4. 771	4. 606	4. 303	4. 030	3. 786	3. 565	3. 463	3. 019	2. 665	2. 378	2. 143	1. 947
10	9. 471	8. 982	8. 530	8. 110	7. 721	7. 360	6. 710	6. 144	5. 650	5. 216	5. 018	4. 833	4. 494	4. 192	3. 923	3. 681	3. 570	3. 091	2. 715	2. 413	2. 168	1. 965
11	10. 367	9. 786	9. 252	8. 760	8. 306	7. 886	7. 138	6. 495	5. 937	5. 452	5. 233	5. 028	4. 656	4. 327	4. 035	3. 775	3. 656	3. 147	2. 751	2. 438	2. 184	1. 976
12	11. 255	10. 575	9. 954	8. 385	8. 863	8. 383	7. 536	6. 813	6. 194	5. 660	5. 420	5. 197	4. 793	4. 439	4. 127	3. 851	3. 725	3. 190	2. 779	2. 455	2. 196	1. 984
13	12. 133	11. 348	10. 634	9. 985	9. 393	8. 852	7. 903	7. 103	6. 423	5. 842	5. 583	5. 342	4. 909	4. 532	4. 202	3. 912	3. 780	3. 223	2. 799	2. 468	2. 204	1. 989
14	13. 003	12. 106	11. 296	10. 563	9. 898	9. 294	8. 244	7. 366	6. 628	6. 002	5. 742	5. 467	5. 008	4. 610	4. 264	3. 961	3. 824	3. 248	2. 814	2. 477	2. 209	1. 993

续表

n	1%	2%	3%	4%	5%	6%	8%	10%	12%	14%	15%	16%	18%	20%	22%	24%	25%	30%	35%	40%	45%	50%
15	13.865	12.849	11.937	11.118	10.379	9.712	8.559	7.606	6.810	6.142	5.847	5.575	5.091	4.675	4.315	4.001	3.859	3.268	2.825	2.483	2.213	1.995
16	14.717	13.577	12.561	11.652	10.837	10.105	8.851	7.823	6.973	6.265	5.954	5.668	5.162	4.729	4.356	4.033	3.887	3.283	2.833	2.488	2.216	1.996
17	15.562	14.291	13.166	12.165	11.274	10.477	9.121	8.021	7.119	6.372	6.047	5.748	5.222	4.774	4.390	4.059	3.909	3.294	2.839	2.491	2.218	1.997
18	16.398	14.992	13.753	12.659	11.689	10.827	9.371	8.201	7.249	6.467	6.127	5.817	5.273	4.812	4.418	4.079	3.927	3.303	2.844	2.494	2.219	1.998
19	17.226	15.678	14.323	13.133	12.085	11.158	9.603	8.364	7.365	6.550	6.198	5.877	5.316	4.843	4.441	4.096	3.942	3.310	2.847	2.495	2.220	1.999
20	18.045	16.351	14.877	13.590	12.462	11.469	9.818	8.513	7.469	6.623	6.259	5.928	5.352	4.869	4.460	4.110	3.953	3.315	2.850	2.497	2.220	1.999
21	18.856	17.011	15.415	14.029	12.821	11.764	10.016	8.648	7.562	6.686	6.312	5.973	5.383	4.891	4.475	4.121	3.963	3.319	2.851	2.497	2.221	1.999
22	19.660	17.658	15.936	14.451	13.163	12.041	10.200	8.771	7.644	6.742	6.358	6.011	5.409	4.909	4.488	4.129	3.970	3.322	2.853	2.498	2.221	1.999
23	20.455	18.292	16.443	14.856	13.488	12.303	10.371	8.883	7.718	6.792	3.398	6.044	5.432	4.924	4.498	4.137	3.976	3.325	2.854	2.498	2.221	1.999
24	21.243	18.913	16.935	15.246	13.798	12.550	10.528	8.984	7.784	6.835	6.433	6.072	5.450	4.937	4.507	4.142	3.981	3.327	2.855	2.499	2.221	1.999
25	22.023	19.523	17.413	15.622	14.093	12.783	10.674	9.077	7.843	6.872	6.464	6.097	5.466	4.947	4.513	4.147	3.984	3.328	2.855	2.499	2.222	1.999
26	22.795	20.121	17.876	15.982	14.375	13.003	10.809	9.160	7.895	6.906	6.490	6.118	5.480	4.956	4.519	4.151	3.987	3.329	2.855	2.499	2.222	1.999
27	23.559	20.706	18.327	16.329	14.643	13.210	10.935	9.237	7.942	6.935	6.513	6.136	5.491	4.963	4.524	4.154	3.990	3.330	2.856	2.499	2.222	1.999
28	24.316	21.281	18.764	16.663	14.898	13.406	11.051	9.306	7.984	6.960	6.533	6.152	5.501	4.969	4.528	4.156	3.992	3.331	2.856	2.499	2.222	1.999
29	25.065	21.844	19.188	16.983	15.141	13.590	11.158	9.369	8.021	6.983	6.550	63.165	5.509	4.974	4.531	4.158	3.993	3.331	2.856	2.199	2.221	1.999
30	25.807	22.396	19.600	17.292	15.372	13.764	11.257	9.426	8.055	7.002	6.565	6.177	5.516	4.978	4.533	4.160	3.995	3.332	2.856	2.499	2.222	1.999
40	32.834	27.355	23.114	19.792	17.159	15.046	11.924	9.779	8.243	7.105	6.641	6.233	5.548	4.996	5.543	4.165	3.999	3.333	2.857	2.499	2.222	1.999
50	39.196	31.423	25.729	21.482	18.255	15.761	12.233	9.914	8.304	7.132	6.660	6.246	5.554	4.999	5.545	4.166	3.999	36.333	2.857	2.499	2.222	1.999

参 考 文 献

[1] 中华人民共和国住房和城乡建设部．建设工程工程量清单计价规范 GB 50500—2008［S］．北京：中国计划出版社，2008.

[2] 建设部标准定额研究所．建设工程工程量清单计价规范 GB 50500—2008 宣贯辅导教材［M］．北京：中国计划出版社，2008.

[3] 李建峰．工程定额原理［M］．北京：人民交通出版社，2008.

[4] 姬晓辉，程鸿群等．工程造价管理［M］．湖北：武汉大学出版社，2004.

[5] 殷慧光．建设工程造价［M］．北京：中国建筑工业出版社，2004.

[6] 王斌霞．工程造价计价与控制原理［M］．郑州：黄河水利出版社，2004.

[7] 计富元等．工程量清单计价基础知识与投标报价［M］．北京：中国建材工业出版社，2005.

[8] 马楠．建设工程项目造价管理［M］．北京：清华大学出版社，2006.

[9] 刘元芳．建设工程造价管理［M］．北京：中国电力出版社，2008.

[10] 陈建新．工程计量与造价管理［M］．上海：同济大学出版社，2001.